## 4桁の原子量表 ($^{12}C$ の相対原子質量＝12)

| 原子番号 | 元素名 | 元素記号 | 原子量 | 原子番号 | 元素名 | 記号 | 原子量 |
|---|---|---|---|---|---|---|---|
| 1 | 水素 | H | 1.008 | 60 | ネオジム | Nd | 144.2 |
| 2 | ヘリウム | He | 4.003 | 61 | プロメチウム | Pm | (145) |
| 3 | リチウム | Li | 6.941* | 62 | サマリウム | Sm | 150.4 |
| 4 | ベリリウム | Be | 9.012 | 63 | ユウロピウム | Eu | 152.0 |
| 5 | ホウ素 | B | 10.81 | 64 | ガドリニウム | Gd | 157.3 |
| 6 | 炭素 | C | 12.01 | 65 | テルビウム | Tb | 158.9 |
| 7 | 窒素 | N | 14.01 | 66 | ジスプロシウム | Dy | 162.5 |
| 8 | 酸素 | O | 16.00 | 67 | ホルミウム | Ho | 164.9 |
| 9 | フッ素 | F | 19.00 | 68 | エルビウム | Er | 167.3 |
| 10 | ネオン | Ne | 20.18 | 69 | ツリウム | Tm | 168.9 |
| 11 | ナトリウム | Na | 22.99 | 70 | イッテルビウム | Yb | 173.1 |
| 12 | マグネシウム | Mg | 24.31 | 71 | ルテチウム | Lu | 175.0 |
| 13 | アルミニウム | Al | 26.98 | 72 | ハフニウム | Hf | 178.5 |
| 14 | ケイ素 | Si | 28.09 | 73 | タンタル | Ta | 180.9 |
| 15 | リン | P | 30.97 | 74 | タングステン | W | 183.8 |
| 16 | 硫黄 | S | 32.07 | 75 | レニウム | Re | 186.2 |
| 17 | 塩素 | Cl | 35.45 | 76 | オスミウム | Os | 190.2 |
| 18 | アルゴン | Ar | 39.95 | 77 | イリジウム | Ir | 192.2 |
| 19 | カリウム | K | 39.10 | 78 | 白金 | Pt | 195.1 |
| 20 | カルシウム | Ca | 40.08 | 79 | 金 | Au | 197.0 |
| 21 | スカンジウム | Sc | 44.96 | 80 | 水銀 | Hg | 200.6 |
| 22 | チタン | Ti | 47.87 | 81 | タリウム | Tl | 204.4 |
| 23 | バナジウム | V | 50.94 | 82 | 鉛 | Pb | 207.2 |
| 24 | クロム | Cr | 52.00 | 83 | ビスマス | Bi | 209.0 |
| 25 | マンガン | Mn | 54.94 | 84 | ポロニウム | Po | (210) |
| 26 | 鉄 | Fe | 55.85 | 85 | アスタチン | At | (210) |
| 27 | コバルト | Co | 58.93 | 86 | ラドン | Rn | (222) |
| 28 | ニッケル | Ni | 58.69 | 87 | フランシウム | Fr | (223) |
| 29 | 銅 | Cu | 63.55 | 88 | ラジウム | Ra | (226) |
| 30 | 亜鉛 | Zn | 65.38* | 89 | アクチニウム | Ac | (227) |
| 31 | ガリウム | Ga | 69.72 | 90 | トリウム | Th | 232.0 |
| 32 | ゲルマニウム | Ge | 72.63 | 91 | プロトアクチニウム | Pa | 231.0 |
| 33 | ヒ素 | As | 74.92 | 92 | ウラン | U | 238.0 |
| 34 | セレン | Se | 78.97† | 93 | ネプツニウム | Np | (237) |
| 35 | 臭素 | Br | 79.90 | 94 | プルトニウム | Pu | (239) |
| 36 | クリプトン | Kr | 83.80 | 95 | アメリシウム | Am | (243) |
| 37 | ルビジウム | Rb | 85.47 | 96 | キュリウム | Cm | (247) |
| 38 | ストロンチウム | Sr | 87.62 | 97 | バークリウム | Bk | (247) |
| 39 | イットリウム | Y | 88.91 | 98 | カリホルニウム | Cf | (252) |
| 40 | ジルコニウム | Zr | 91.22 | 99 | アインスタイニウム | Es | (252) |
| 41 | ニオブ | Nb | 92.91 | 100 | フェルミウム | Fm | (257) |
| 42 | モリブデン | Mo | 95.95* | 101 | メンデレビウム | Md | (258) |
| 43 | テクネチウム | Tc | (99) | 102 | ノーベリウム | No | (259) |
| 44 | ルテニウム | Ru | 101.1 | 103 | ローレンシウム | Lr | (262) |
| 45 | ロジウム | Rh | 102.9 | 104 | ラザホージウム | Rf | (267) |
| 46 | パラジウム | Pd | 106.4 | 105 | ドブニウム | Db | (268) |
| 47 | 銀 | Ag | 107.9 | 106 | シーボーギウム | Sg | (271) |
| 48 | カドミウム | Cd | 112.4 | 107 | ボーリウム | Bh | (272) |
| 49 | インジウム | In | 114.8 | 108 | ハッシウム | Hs | (277) |
| 50 | スズ | Sn | 118.7 | 109 | マイトネリウム | Mt | (276) |
| 51 | アンチモン | Sb | 121.8 | 110 | ダームスタチウム | Ds | (281) |
| 52 | テルル | Te | 127.6 | 111 | レントゲニウム | Rg | (280) |
| 53 | ヨウ素 | I | 126.9 | 112 | コペルニシウム | Cn | (285) |
| 54 | キセノン | Xe | 131.3 | 113 | ニホニウム | Nh | (278) |
| 55 | セシウム | Cs | 132.9 | 114 | フレロビウム | Fl | (289) |
| 56 | バリウム | Ba | 137.3 | 115 | モスコビウム | Mc | (289) |
| 57 | ランタン | La | 138.9 | 116 | リバモリウム | Lv | (293) |
| 58 | セリウム | Ce | 140.1 | 117 | テネシン | Ts | (293) |
| 59 | プラセオジム | Pr | 140.9 | 118 | オガネソン | Og | (294) |

原子量値の信頼度は，有効数字の4桁目で±1以内であるが，*を付したものは±2以内，†を付したものは±3以内である．また，安定同位体がなく，特定の天然同位体組成を示さない元素については，その元素の代表的な放射性同位体の中から1種を選んでその質量数を( )の中に表示してある（したがってその値を他の元素の原子量と同等に取扱うことはできない)．

「化学と工業」，第70巻，第4号（2017）より転載．©日本化学会　原子量専門委員会

# 生命系の
# 基礎有機化学

赤路健一・福田常彦 著

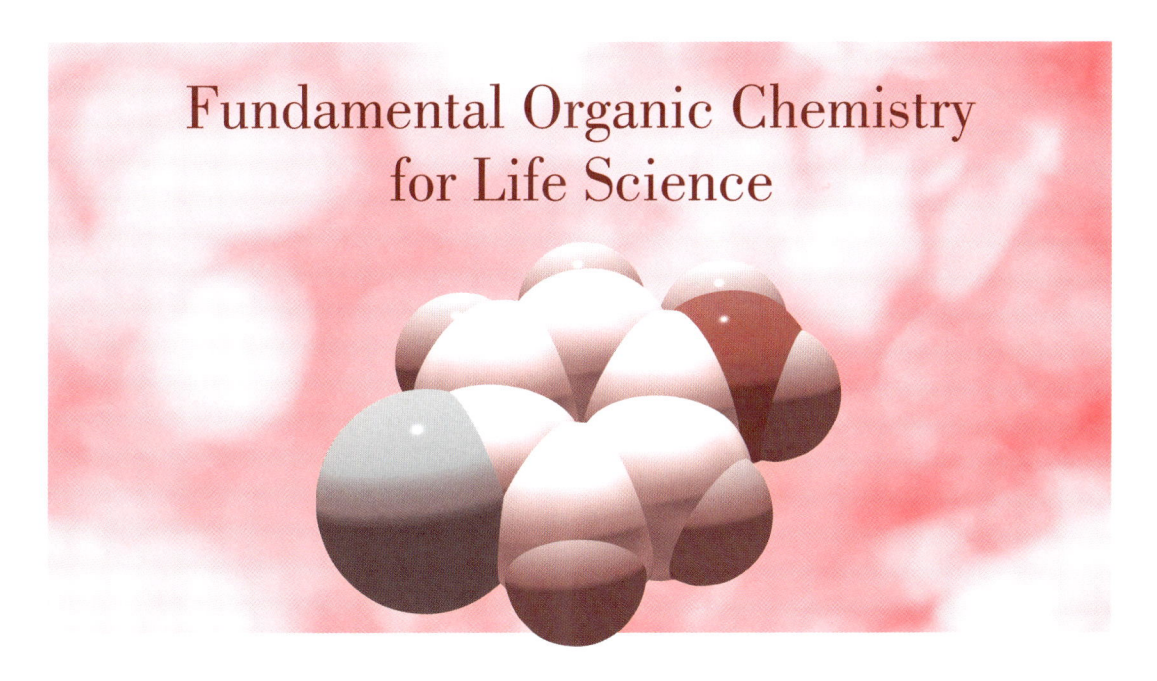

Fundamental Organic Chemistry
for Life Science

化学同人

## はじめに

　生物が生きていくためにはさまざまな化合物を必要とする．たいていは食物として取り入れられ，必要な生体成分あるいはエネルギーに変換される．酸素は，生物が生きるために必要なエネルギーを生みだす電子の最終的な受け手となる．このような生物の営みを化学のレベルで解明できるようになると，ヒトの病気も化学のレベルで理解し治療できるようになるであろう．実際，いくつかの病気にかかわる原因はすでに化学として理解され，ピンポイントでの治療が行われている．

　この本は，生命現象にかかわる化合物の大部分を占める有機化合物を対象とし，その化合物としての性質と，生物のなかでの振舞いを理解するための必要最小限を解説することを目的としている．このため，前半で有機化学の基礎を，後半で生体分子の挙動を取り扱っている．前半で述べる有機化学は，いわゆる有機電子論に基づく有機化学の理解を目的としたもので，電子の流れを構造から理解する基本事項をできるだけ詳しく述べるように努めた．有機化学は暗記だけの学問ではないことを理解していただけたらと思っている．後半で述べる生体分子の化学では，生体内での化合物の振舞いを，有機化学の基礎知識をもとに構造のレベルで理解できるように配慮した．生物が使う基本反応はそれほど多くないことがわかっていただけるのではないかと期待している．本書をひととおり読むことで，化合物の構造と反応性の関連，生体分子の合理性・柔軟性や特異的相互作用の原動力などのイメージをつくっていただけたらと思う．多くの病気はさまざまな要因が複雑に絡み合って起こる．化合物の異常だけで単純に理解できるものでは到底ないが，絡み合いの一部分でも化合物の構造でイメージできる手助けになればと願っている．

　執筆にあたっては，生命系の学部学生で有機化学を専門としないであろう読者を念頭においた．また，化学系の専門学部で生命系科目を専門としないであろう読者にとっても有益な内容となるように努めた．前半1章から4章を赤路が，後半5章から9章を福田が担当し，ほぼ半期で通読できるようにした．

　本書の出版にあたり，企画段階から熱心にご尽力いただいた化学同人の稲見國男氏に深く感謝する．

2008年　盛夏

赤路　健一
福田　常彦

# 目次

## 1章 有機化合物の結合と構造　　1

- 1.1　有機化合物 …… *1*
- 1.2　化学結合 …… **2**
  - 1.2.1　原子の電子構造 …… *2*
  - 1.2.2　イオン結合 …… *4*
  - 1.2.3　共有結合 …… *5*
  - 1.2.4　結合の軌道論 …… *8*
  - 1.2.5　混成軌道 …… *11*
- 1.3　官能基と命名法 …… **13**
  - 1.3.1　分子骨格による分類 …… *13*
  - 1.3.2　官能基による分類 …… *15*
  - 1.3.3　有機化合物の命名法 …… *15*
- 1.4　有機反応のかたち …… **18**
  - ● 章末問題　*19*／本章のまとめ　*20*

**COLUMN**　フッ素とオゾンホール　*9*／寿限無寿限無……　*17*

## 2章 有機化合物の立体構造　　21

- 2.1　立体配座 …… **22**
  - 2.1.1　鎖状アルカンの立体配座 …… *22*
  - 2.1.2　環状アルカンの立体配座 …… *23*
- 2.2　立体配置 …… **25**
- 2.2.1　不斉炭素と鏡像体 …… *26*
- 2.2.2　立体化学の表し方 …… *27*
  - ● 章末問題　*31*／本章のまとめ　*32*

**COLUMN**　薬と毒は紙一重　*26*

## 3章 炭素骨格の性質と反応　　33

- 3.1　アルカンの性質と反応 …… **33**
  - 3.1.1　アルカンの性質 …… *33*
  - 3.1.2　アルカンの反応 …… *34*
- 3.2　アルケンの性質と反応 …… **35**
  - 3.2.1　アルケンへの求電子付加反応 …… *36*
  - 3.2.2　共役ジエン …… *39*
- 3.3　芳香族化合物 …… **40**
  - 3.3.1　芳香族化合物の性質 …… *40*
  - 3.3.2　芳香族化合物の反応 …… *41*
  - ● 章末問題　*47*／本章のまとめ　*47*

**COLUMN**　ブルーベリーやニンジンは目にいい？　*37*／「亀の甲」の功罪　*41*

## 4章 官能基の性質と反応　49

- 4.1 有機ハロゲン化合物 …………… **49**
  - 4.1.1 求核置換反応 …………… *49*
  - 4.1.2 脱離反応 …………… *53*
- 4.2 アルコールとエーテル …………… **57**
  - 4.2.1 アルコールの性質 …………… *57*
  - 4.2.2 アルコールの反応 …………… *60*
  - 4.2.3 エーテル …………… *62*
- 4.3 アルデヒドとケトン …………… **63**
  - 4.3.1 カルボニル基 …………… *64*
  - 4.3.2 求核付加反応 …………… *64*
- 4.4 カルボン酸とその誘導体 …………… **69**
  - 4.4.1 カルボン酸 …………… *69*
  - 4.4.2 カルボン酸誘導体 …………… *71*
- 4.5 アルドール反応 …………… **74**
  - 4.5.1 ケト-エノール互変異性 …………… *74*
  - 4.5.2 アルドール型反応 …………… *77*
- 4.6 アミンとその誘導体 …………… **81**
  - 4.6.1 構造と性質 …………… *82*
  - 4.6.2 合成と反応 …………… *85*
  - ● 章末問題 *87*／本章のまとめ *88*

**COLUMN** においの話 *59*／ホルマリンとシックハウス症候群 *65*

## 5章 糖質の化学　91

- 5.1 単糖の構造と性質 …………… **91**
  - 5.1.1 単糖の立体異性体 …………… *92*
  - 5.1.2 単糖の環状構造 …………… *94*
  - 5.1.3 変旋光 …………… *95*
  - 5.1.4 単糖の誘導体 …………… *95*
  - 5.1.5 グリコシド結合の形成 …………… *97*
- 5.2 二糖の構造と性質 …………… **97**
- 5.3 多糖類の構造と性質 …………… **98**
  - 5.3.1 ホモ多糖 …………… *98*
  - 5.3.2 ヘテロ多糖 …………… *103*
  - 5.3.3 糖タンパク質 …………… *105*
  - ● 章末問題 *107*／本章のまとめ *108*

**COLUMN** 甘味料のいろいろ *100*／酵素をだます糖尿病治療薬 *102*／PSA（前立腺特異的抗原）によるがんの診断 *106*

## 6章 脂質の性質とその働き　109

- 6.1 脂質の分類 …………… **109**
  - 6.1.1 脂肪酸 …………… *109*
  - 6.1.2 ろう …………… *110*
  - 6.1.3 トリアシルグリセロール …………… *111*

| | | | |
|---|---|---|---|
| 6.1.4 | グリセロリン脂質 …………… *112* | 6.3 | 膜 …………………………………… ***118*** |
| 6.1.5 | スフィンゴ脂質 ……………… *113* | | ● 章末問題 *119*／本章のまとめ *120* |
| 6.1.6 | イソプレノイド ……………… *114* | | |
| 6.2 | リポタンパク質 …………………… ***117*** | **COLUMN** コレステロールを減らせ！ *116* | |

## 7章 アミノ酸・ペプチド・タンパク質の化学　　121

| | | | |
|---|---|---|---|
| 7.1 | アミノ酸とタンパク質の一次構造 …… ***121*** | 7.5.2 | タンパク質の一次構造の決定 ………… *131* |
| 7.1.1 | 非極性で中性のアミノ酸 ……… *122* | 7.5.3 | タンパク質の二次構造 ………… *135* |
| 7.1.2 | 極性をもつ中性のアミノ酸 …… *124* | 7.5.4 | タンパク質の三次構造 ………… *138* |
| 7.1.3 | 塩基性アミノ酸 ……………… *124* | 7.5.5 | タンパク質の四次構造 ………… *139* |
| 7.1.4 | 酸性アミノ酸 ………………… *124* | 7.6 | ミオグロビンとヘモグロビン …… ***139*** |
| 7.2 | アミノ酸の等電点 ………………… ***125*** | 7.6.1 | ミオグロビンの構造と機能 …… *139* |
| 7.3 | タンパク質やペプチド中でのアミノ酸の修飾 … ***126*** | 7.6.2 | ヘモグロビン ………………… *140* |
| 7.4 | いろいろな生理活性ペプチド ………… ***127*** | | ● 章末問題 *141*／本章のまとめ *141* |
| 7.5 | タンパク質の構造と性質 ……………… ***130*** | **COLUMN** 前立腺がん治療薬 *129*／固相法によるペプチド合成 *130* | |
| 7.5.1 | タンパク質の構造 …………… *131* | | |

## 8章 核酸の構造と役割　　143

| | | | |
|---|---|---|---|
| 8.1 | 核酸の構造 ………………………… ***143*** | 8.4.1 | DNA の複製 …………………… *151* |
| 8.2 | 核酸の立体構造 …………………… ***146*** | 8.4.2 | RNA の生合成：転写 ………… *154* |
| 8.2.1 | DNA の二重らせん構造 ……… *146* | 8.4.3 | タンパク質の生合成：mRNA の翻訳 …… *156* |
| 8.2.2 | 一本鎖 RNA 分子の構造 ……… *149* | | ● 章末問題 *158*／本章のまとめ *158* |
| 8.3 | 核タンパク質 ……………………… ***149*** | **COLUMN** PCR（Polymerase Chain Reaction；ポリメラーゼ連鎖反応）*152*／DNA の配列決定法（サンガー法）*153*／抗ウイルス薬の仕組み *155* | |
| 8.3.1 | クロマチン …………………… *149* | | |
| 8.3.2 | リボソーム …………………… *150* | | |
| 8.4 | 核酸の複製とタンパク質の合成 ……… ***151*** | | |

viii 目次

## 9章 代謝とエネルギー　159

9.1 酵　素 ............................................ **159**
9.2 補酵素の構造と機能 ....................... **160**
   9.2.1 ニコチンアミドアデニンジヌクレオチド(NAD)およびニコチンアミドアデニンジヌクレオチドリン酸(NADP)... *160*
   9.2.2 フラビンモノヌクレオチド (FMN) およびフラビンアデニンジヌクレオチド(FAD) ................ *161*
   9.2.3 補酵素 A(Coenzyme A ; CoA) とアシルキャリアータンパク質(ACP) ............ *162*
   9.2.4 ピリドキサル 5′- リン酸 ..................... *163*
9.3 生体成分の同化反応 ....................... **165**
   9.3.1 糖新生 ............................................ *167*
   9.3.2 グリコーゲンの合成 ........................ *167*
   9.3.3 脂肪酸の合成 .................................. *168*
   9.3.4 アミノ酸の生合成 ........................... *169*
9.4 生体成分の異化反応 ....................... **170**
   9.4.1 脂肪酸の β 酸化 .............................. *170*
   9.4.2 アミノ酸の分解 ............................... *171*
   9.4.3 解　糖 ............................................ *172*
   9.4.4 クエン酸回路 .................................. *173*
   9.4.5 電子伝達系と酸化的リン酸化 ........... *175*
   9.4.6 異化経路の概観 ............................... *176*
   ● 章末問題　*177*／本章のまとめ　*177*

**COLUMN**　フェニルケトン尿症　*163*

● 参考図書 ................................................................................................ **178**
● 索　引 ................................................................................................... **179**

# 1章 有機化合物の結合と構造

## 1.1 有機化合物

現在，われわれの生活になくてはならない有機化合物（合成繊維，プラスチック，ポリマー，染料，農薬，医薬品など）は膨大な数に上る（図 1-1）．これら多種多様な有機化合物を一言で定義することは難しいが，本書では有機化合物を“炭素を含む化合物”として考える．ただし，一酸化炭素や二酸化炭素なども炭素を含む化合物ではあるが，このような分子量の小さい簡単な化合物は除く．

本書が対象とするおもな有機化合物は，生命体に含まれる炭素化合物である．ここでは生命体を，“自己増殖可能で動的平衡状態にあるもの”ととらえる．すなわち，「つねに栄養素（食物）を取り込み，生体構成成分の更新を行いながら，生命を維持し子孫を残すもの」という意味である．このような生命体が，その生命を維持し，子孫を残すためにはさまざまな有機化合物を必要とし，またその有効利用にエネルギーを必要とする．生命体が必要とす

**生命体のとらえ方**
この点については，福岡伸一氏の非常に示唆に富む次の書がある．〈講談社現代新書〉『生物と無生物のあいだ』，講談社（2007）．

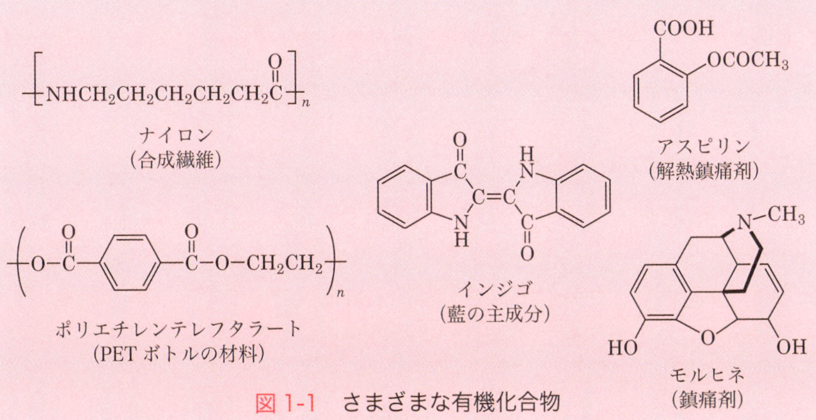
NHCH2CH2CH2CH2CH2C(=O)
ナイロン
（合成繊維）
COOH
OCOCH3
アスピリン
（解熱鎮痛剤）
インジゴ
（藍の主成分）
O−C(=O)−C6H4−C(=O)−O−CH2CH2
ポリエチレンテレフタラート
（PET ボトルの材料）
N−CH3
HO
OH
モルヒネ
（鎮痛剤）

図 1-1　さまざまな有機化合物

るエネルギーや生体成分を自らつくりだす反応を代謝反応とよぶが，この反応は外界から摂取した有機化合物の化学変換反応にほかならない．したがってこれらの生体内反応は，試験管のなかで有機化合物が示す反応と基本的にまったく同じ原理で進行する．違っているのは，これらの反応が試験管内反応でしばしば必要とされる体温以上の高熱や，皮膚を溶かすような強い反応剤を必要としない点である．

生命体が温和な条件下でも有機化合物の変換反応を行えるのは，酵素を利用しているからである．酵素は代表的な生体構成成分であるタンパク質であり，タンパク質は典型的な有機化合物の一種であるアミノ酸が多数結合したものである．つまり，酵素は高分子有機化合物といえる．したがって，有機化合物の構造や反応を規定する基本概念を理解すれば，アミノ酸の振舞いを化学的に捉えることが可能になり，酵素の働きを構造式のレベルで理解できるようになる．このような生体反応の理解の基盤となるのが，本書の前半で述べる有機化学の基本概念である．まず，有機化合物をつくり上げている原子の結合から説明を始めよう．

## 1.2　化学結合

本書で取り上げるほぼすべての有機化合物は，炭素以外に水素，酸素，窒素，硫黄，あるいはリンなどの複数の元素を含む．有機分子はこのような元素がさまざまな順序と強さで結合することによって成り立っている．この結合—化学結合—は単に1本の線で表されることが多いが，実際に原子どうしの結合の仲立ちをしているのは負電荷をもつ電子である．そして，有機分子中に含まれるある特定の原子間の結合が開裂し，新たな結合が形成される過程が有機反応である．したがって，有機反応では結合を形成していた電子の移動が必ず起こる．この電子の移動をできる限り系統的に理解しようとするのが有機化学である．そこでまず，有機分子を形成する原子中の電子の配置とその振舞いから説明を始めよう．

### 1.2.1　原子の電子構造

原子は原子核とその周りを取り囲む電子からなる（図1-2）．原子核は正の電荷をもち，正電荷をもつ陽子と電荷をもたない中性子からなっている．原子核の正電荷は原子核を取り巻く電子の負電荷で中和され，原子全体としては電荷をもたない．原子番号は原子核に含まれる陽子の数（したがって原子に含まれる電子の数）を示し，原子番号の順に元素を配列したものが周期表である．原子番号が大きいほど多くの陽子と電子を含み，原子は重く大きく

---

**ヘテロ原子**
有機化学では，炭素と水素以外の元素をヘテロ元素（ヘテロ原子）とよぶ．

**有機電子論**
1940年代にC. K. Ingold（インゴールド）やR. Robinson（ロビンソン）などのイギリス学派によって導入された．その後1960年代以降，有機電子論だけでは説明できない反応を，量子論に基づく軌道の概念で理解できるようになった．これを軌道論とよぶ．本書では，もっぱら有機電子論による有機化学の基礎を説明する．

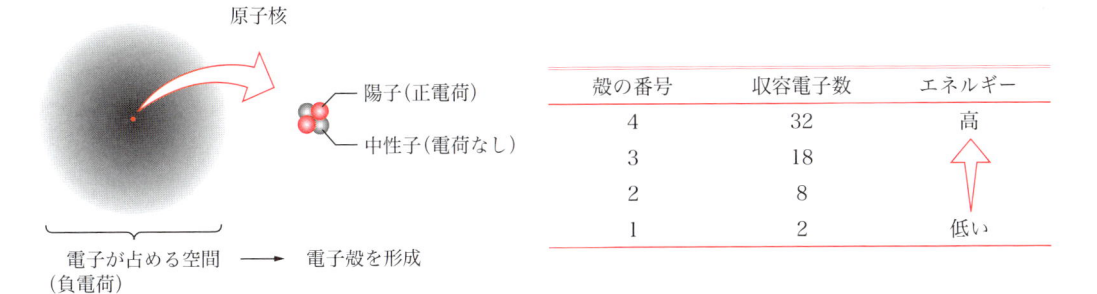

図1-2 原子の構造

| 殻の番号 | 収容電子数 | エネルギー |
|---|---|---|
| 4 | 32 | 高 |
| 3 | 18 | ↑ |
| 2 | 8 | |
| 1 | 2 | 低い |

なる．ただ，電子は陽子や中性子に比べきわめて軽いので，原子の重さはほとんど原子核の重さに等しい．したがって，原子の重さを表す原子量は，原子核に含まれる陽子の数と中性子の数の和にほぼ等しくなる．

原子核の周りにある電子は，ある特定の空間に集中して存在している．このような空間を軌道とよび，一つの軌道に2個までの電子を入れることができる．それぞれの軌道は特有の形をもち（後述），s，p，およびdという文字で表すことになっている．それぞれの軌道はある特定のエネルギーをもつが，エネルギーの等しい軌道をまとめて電子殻とよび，エネルギーレベルの低い順に1，2，3…という数字で表す．エネルギーレベルが上がるほど原子核から遠くに離れて電子が広がっていることになり，それだけ原子核の引力を受けにくく，電子が動きやすい状態にある．したがって，最も外側の殻に入っている一番エネルギーが高い電子が一番動きやすい（つまり結合の外側にでていきやすい）．このような電子を最外殻電子とよんでいる．

それぞれの殻は，異なる種類と異なる数の軌道を収容できる．この関係を原子番号18までの元素についてまとめたものが表1-1である．第1殻は1sで表される1種類の軌道のみを収容するが，第2殻は2sおよび2pで表される2種類の軌道を収容できる．さらに，ある特定の殻に収容できるs軌道は1個だが，p軌道は3個まで収容できる．あとで説明するように，s軌道は1種類の形しかとれないが，p軌道ではエネルギーレベルは等しいが，方向性が異なる3種類の軌道の形をとれるためである．各軌道には電子が2個まで入れるので，1s軌道のみからなる第1殻には2個までの電子が入る．一方，第2殻には2sと3種類の2p軌道が含まれるので4軌道分8個までの電子が入れる．したがって，第1殻と第2殻のすべての軌道に電子が入っているネオン原子は計10個の電子をもつ．ただし，化学結合に関与するのは，これらの電子のうち最も外側の殻に含まれる，最もエネルギーレベルが高く動きやすい最外殻電子である．第2殻までもっている原子では，第1殻の電子（内殻電子）は結合にはまったく関与しない．同様に第3殻までも

周期表（periodic table）
1869年，ドミトリー・メンデレーエフ（D. I. Mendeleev）によって提案された．単に元素を原子量順に並べるだけでなく，性質の似たものがまとまるようにした．対応する元素が見当たらないときには空欄にした．あとになって実際にこの空欄にあてはまる元素が次つぎに見つけられた．

表 1-1　元素の電子配置

| 原子番号 | 元素 | 第1殻 | 第2殻 | | 第3殻 | |
|---|---|---|---|---|---|---|
| | | 1s | 2s | 2p | 3s | 3p |
| 1 | H | 1 | | | | |
| 2 | He | 2 | | | | |
| 3 | Li | 2 | 1 | | | |
| 4 | Be | 2 | 2 | | | |
| 5 | B | 2 | 2 | 1 | | |
| 6 | C | 2 | 2 | 2 | | |
| 7 | N | 2 | 2 | 3 | | |
| 8 | O | 2 | 2 | 4 | | |
| 9 | F | 2 | 2 | 5 | | |
| 10 | Ne | 2 | 2 | 6 | | |
| 11 | Na | 2 | 2 | 6 | 1 | |
| 12 | Mg | 2 | 2 | 6 | 2 | |
| 13 | Al | 2 | 2 | 6 | 2 | 1 |
| 14 | Si | 2 | 2 | 6 | 2 | 2 |
| 15 | P | 2 | 2 | 6 | 2 | 3 |
| 16 | S | 2 | 2 | 6 | 2 | 4 |
| 17 | Cl | 2 | 2 | 6 | 2 | 5 |
| 18 | Ar | 2 | 2 | 6 | 2 | 6 |

つ原子では，第1殻と第2殻の電子は結合に関与しない．つまり，化学結合の組換えを取り扱う有機化学では，最外殻電子(価電子)の動きのみを考えればよい．このように，化学反応の前後で原子核は変化せず，原子の組合せが変わるだけである（このため化学反応にかかわるエネルギーは比較的小さい）．原子そのものが変わってしまう反応(太陽のなかで起こっている原子核反応など；膨大なエネルギーが放出される)は物理学の守備範囲である．

以上の電子配置をもとにして，原子どうしがどのように電子をだし合って結合を形成するかについて次に説明しよう．

### 1.2.2　イオン結合

上に述べた原子の電子配置から，それぞれの殻に電子がすべて詰まっていると，電子がそれ以上増えたり減ったりせず安定な状態であることがわかる．実際，このような電子配置をもつヘリウムやネオンは単体で非常に安定な気体で，不活性気体とよばれている．不活性気体以外の原子では，このような安定な電子配置が得られるように原子間で結合を形成しようとする．このとき，安定な電子配置を得るには二つの方法がある．一つの原子からほかの原子に完全に電子を移動させるか，二つの原子で電子を共有するかである．前者をイオン結合とよび，後者を共有結合とよぶ．まず，イオン結合について

**価　電　子**
最外殻電子は価電子あるいは原子価電子ともよばれる．原子価とは，ある元素の原子がもちうる結合の数をさす．たとえば水素やハロゲンは1，酸素は2，窒素は3，炭素は4である．

図1-3 塩化ナトリウムの生成

説明しよう．

　イオン結合は，ある原子から1個以上の電子がほかの原子に移動することによって形成される．電子をだした原子はプラスに帯電してカチオン（陽イオン）となり，逆に電子を受け入れた原子はマイナス電荷が増えたのでアニオン（陰イオン）となる．こうしてできたカチオンとアニオンが，電荷間のクーロン力で結びつくのがイオン結合である．典型的な例として，ナトリウム原子と塩素原子からの塩化ナトリウム（食塩）の生成がある（図1-3）．

　塩化ナトリウムの生成では，ナトリウム原子がもっていた1個の最外殻（第3殻）電子が放出され，ナトリウムは安定なネオンと同じ電子配置をもつナトリウムカチオンになる．一方，7個の最外殻（第3殻）電子をもつ塩素原子は，ナトリウム原子から放出された1個の電子を受け入れ，安定なアルゴンと同じ電子配置をもつ塩素アニオンになる（オクテット則）．一般に，周期表の左側にある原子は，最外殻にある1個あるいは2個の電子を放出して安定電子配置をもったカチオンになりやすい．逆に，周期表の右側にある原子は，1個あるいは2個の電子を受け入れてアニオンになりやすい．つまり，周期表の右端と左端の原子はイオン結合をつくりやすい．では，周期表のちょうど真ん中あたりの原子はどうやって結合をつくるのだろうか．

### 1.2.3　共有結合

　周期表の真ん中あたりの原子が完全にカチオンやアニオンになろうとすると，4個や5個もの電子を移動させなければならない．これらの原子では，完全に電子を移動させる代わりに，電子を互いに共有することで安定な電子配置をとろうとする．まず，最も簡単な水素原子の結合—水素分子の形成—を例にとって共有結合の考え方を説明する．

#### (a) 水素の共有結合

　それぞれの水素原子は第1殻に1個の電子をもつが，2個の原子の間で電子を共有することによって，それぞれの水素原子について第1殻が満たされた状態（電子2個が入っているヘリウムの電子配置）をとることができる〔図1-4(a)〕．このように，ほかの原子と電子を共有することによって形成される結合を共有結合とよぶ．

　水素原子では，1個の電子が1個の原子核に引きつけられている．一方，

---

**オクテット則**
このように第3殻までの元素では，最外殻が8電子で満たされた電子配置をとろうとする．この規則性をオクテット則とよぶ．

**水素分子**
水素原子の最外殻は第1殻なので，ここには2個の電子しか入れない．したがって，1個の最外殻電子しかもたない水素原子が共有結合を形成するときには，2個の原子から1個の共有結合を形成することができるだけである．3個の水素原子が水素分子をつくらないのはこのためである．

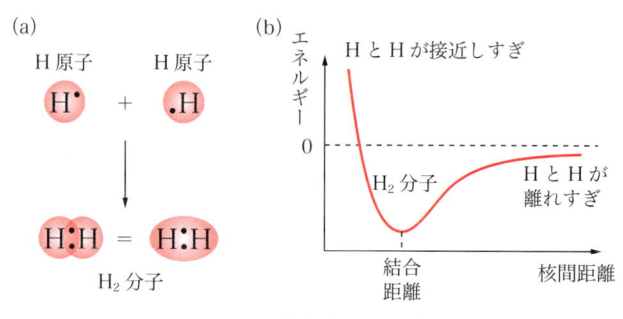

図1-4　水素分子の形成

H–H結合では，共有電子対は二つの原子核によって引きつけられている．このため，原子どうしが強く結合することができるようになり，この結合を開裂させるためにはエネルギーが必要となる．水素原子からH–H結合が形成されるときには，同じだけのエネルギー(熱)が発生する．このエネルギーを結合エネルギーとよび，結合の種類によって異なった値をとる．1モルのH–H結合のもつ結合エネルギーは，435 kJ(104 kcal)である．

水素分子の共有電子対は，二つの水素原子核をつなぐ接着剤の役割を果たしているが，原子核どうしがあまりに近づきすぎると，原子核の正荷電間での反発が急激に大きくなる〔図1-4(b)〕．実際の共有結合では，電子を仲立ちとする結合力と，原子核間の反発力がつり合う距離で二つの原子が連結されている．この状態の原子核間の距離を結合距離とよぶ．結合距離は，結合する原子の種類と共有電子対の数によって決まり，結合が強くなるほど結合距離も短くなる．水素分子の結合距離は 0.741 Å である．

### (b) 炭素の共有結合

炭素は周期表のちょうど真ん中に位置している．カチオンをつくるためには4個の電子を放出し，アニオンになるためには4個の電子を受け入れなければならない．炭素原子はこのような多くの電子の受け取りで限られた相手と結合をつくるかわりに，上で述べた電子の共有という方法でさまざまな種類の原子とさまざまな強さの結合をつくっている．たとえば，図1-5(a)に示すように，炭素と水素は1個ずつ電子をだし合い共有することによってC–H結合を形成することができる．同様に，塩素と電子を共有することでC–Cl結合を形成することもできる．また，炭素原子どうしで電子を共有することによってC–C結合を形成できる．4個の最外殻電子をもっているので，4種類の原子と共有結合を同時につくることもできる．このように炭素原子は，電気的に陰性の原子とでも陽性の原子とでも共有結合できるし，電気的に中性の炭素どうしでも結合を形成できる．この結合様式により，炭素原子はさまざまな原子と結合を形成し，膨大な数の分子をつくり上げるこ

---

**オングストローム**
1 Å (オングストローム) = 1 × $10^{-10}$ m = 0.1 nm (ナノメートル)

**C–C 結合**
エタンのC–C結合の結合エネルギーは 368 kJ(88 kcal)で，結合距離は 1.54 Å である．これらの値から，C–C結合はH–H結合よりもいくぶん弱い結合であることがわかる．つまり無理をすればC–C結合を切ることはできるが，H–H結合を切るのはそれよりも難しいことがわかる．デンプンの消化物であるグルコースをさらに分解する生体内反応(解糖系)ではC–C結合が開裂する．

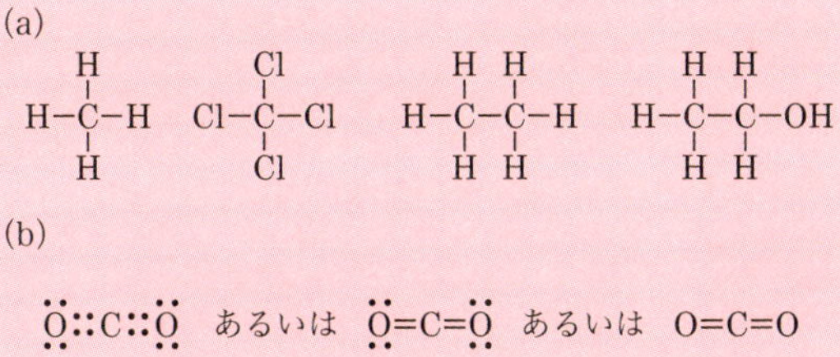

1.2 化学結合

(a)
```
     H              Cl             H  H            H  H
H–C–H        Cl–C–Cl         H–C–C–H        H–C–C–OH
     H              Cl             H  H            H  H
```

(b)
Ö::C::Ö　あるいは　Ö=C=Ö　あるいは　O=C=O

**図 1-5** 炭素原子を含む共有結合

とができる．この性質のゆえに，有機化合物は炭素原子の化合物といわれているのである．

共有結合では，原子どうしが2個以上の電子を共有することもできる．二酸化炭素 $CO_2$ はその一例である．炭素原子は4個の最外殻電子をもち，酸素原子は6個の最外殻電子をもつ．二酸化炭素に含まれる炭素原子と酸素原子がそれぞれその8個の電子をもつことができる結合は図1-5(b)に示すような構造になる．このとき，炭素原子と酸素原子では4個の電子が共有されている．二酸化炭素のC=O結合は，先に述べたH–H結合やC–H結合（単結合）の2倍の電子を共有することによって形成されているので，二重結合とよばれる．なおこの構造では，酸素原子上に結合に関与しない電子対が存在するが，このような電子対は非共有電子対（あるいは孤立電子対）とよばれる．同様の二重結合は炭素原子間でも形成することができる．また，原子間で6個の電子を共有する三重結合も存在する．

### (c) 分極した共有結合

共有結合が同じ原子間で形成されるとき，共有されている電子は二つの原子間に均等に分布している．しかし，異なる原子間で電子が共有される場合，共有電子対はどちらかの原子に偏って分布する．このような結合は分極した共有結合とよばれ，極性をもつ．この電子対の偏りは，元素によって電気陰性度が異なることによって生じる．電気陰性度は電子を引きつける度合いを表す尺度で，周期表の右上にいくに従って大きくなる．したがってフッ素の電気陰性度が最大で，便宜的にフッ素の電気陰性度を4として各元素の電気陰性度の度合いを表す（表1-2）．

電気陰性度の異なる二つの原子間の共有電子対は，電気陰性度の大きいほうの原子にひきつけられる．その結果，分子中に部分的正電荷（$\delta+$；デルタプラス）と部分的負電荷（$\delta-$；デルタマイナス）が生じ，極性が生じる（図1-6）．炭素と水素の結合では電荷の偏りはほとんど生じないが，炭素原子がヘテロ原子と結合する際には，多少とも電荷の偏りが生じる．小さな変化であるが，この電荷の偏りがこれから述べる有機反応を引き起こすドライビン

**単結合**
はっきり区別する意味で，2個の電子を共有する共有結合を単結合とよぶことがある．

**電気陰性度**
電気陰性度は電子を引きつける度合いを表す．したがって，原子核の正電荷が大きくなるほど電気陰性度は大きくなる．周期表の右側の元素の電気陰性度が高いのはそのためである．一方，元素が大きくなると電子殻も多くなる．有機化学では最外殻電子の振舞いを考えるが，大きい原子になるほど内殻に含まれる電子の数が増える．原子核の正電荷が増えても内殻の電子がその作用をキャンセルしてしまい，最外殻電子には弱い引力しか伝わらない．このため，価電子の数が同じであれば（周期表の同じ縦の並び—族—であれば），周期表の上の元素（つまり小さい元素）ほど電気陰性度が大きくなる．

図1-6 極性結合

表1-2 電気陰性度

| H 2.2 | | | | | | |
|---|---|---|---|---|---|---|
| Li 1.0 | Be 1.6 | B 2.0 | C 2.5 | N 3.0 | O 3.4 | F 4.0 |
| Na 0.9 | | | | P 2.2 | S 2.6 | Cl 3.2 |
| K 0.8 | | | | | | Br 3.0 |
| | | | | | | I 2.7 |

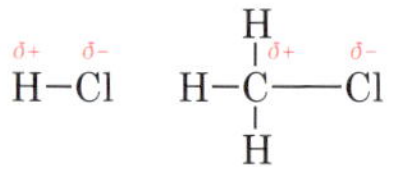

グフォースとなる．

**(d) 共　鳴**

極性結合では部分電荷が生じるが，この部分電荷が特定の原子だけではなく，いくつかの原子に均等に分散して存在する場合がある．たとえば，酢酸イオン $CH_3COO^-$ では，C–O 単結合の酸素原子上に負電荷が存在し，C=O 結合の酸素原子上に負電荷がない構造式が書ける（図1-7）．しかし，実際の酢酸イオンでは二つの酸素原子に性質の違いはなく，電荷をもつものともたないものに区別することはできない．つまり，電荷は二つの酸素原子上に等しく存在し，C=O 結合と C–O 結合の結合距離は同じである．このことは，酢酸イオンでは図1-7(a) に示すように電荷が一つの酸素原子上に局在しているのではなく，2個の酸素原子上に均等に分散している〔図1-7(b)〕ことを意味する（結合電子の非局在化）．つまり，真の酢酸イオンは2種の仮想構造式の重ね合わせ（あるいは平均）として考えなければならない．このように真の状態をいくつかの仮想構造式の重ね合わせで考える方法を共鳴とよび，重ね合わせに用いるそれぞれの構造を共鳴構造あるいは限界構造式とよぶ．実際に存在するただ1種の真の構造〔図1-7(b)〕は，共鳴構造式の混成体とよばれる．

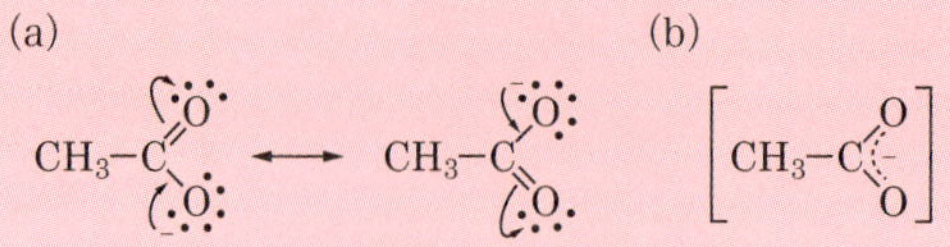

図1-7 酢酸イオンの共鳴構造

### 矢印の意味

有機化学における矢印の意味；化学式の矢印にはそれぞれ特有の意味がある．ここで矢印の使い方を簡単に説明しておく．
曲がった矢印⌒；共鳴構造式あるいは反応における電子対の動きを表す．電子の出発点から終着点に向かう．
曲がった片矢印⌒；一電子の動きを表す．おもにラジカル反応で使われる．
直線形矢印→；化学反応における反応物から生成物への変化を表す．
一対の直線形片矢印⇌；反応が可逆（平衡反応）であることを表す．
直線形の両頭矢印↔；互いに共鳴構造であることを表す．

**1.2.4 結合の軌道論**

ここまで，i) 化学結合は電子によってつくられるものであり，ii) その電子の偏りによって結合の性質が変わる，ことを説明してきた．では，化学結

合をつくる電子はどこに存在しているのだろうか．二つの原子核をつなぐ直線上に並んでいるのであろうか．化学結合をつくる電子の存在範囲は，その結合によってできる分子の空間構造を決定する．分子の空間構造はその生理活性発現を左右する最大の要因であり，化学結合の三次元的構造がわからなければその分子の生理作用も理解できない．本節では，化学結合の三次元構造を理解する鍵となる軌道の概念について説明しよう．

原子の電子構造の説明（p.2を参照）で，原子に含まれる電子はある特定の空間に集中して存在しており，この範囲を軌道(原子軌道)とよんでいると

## COLUMN　フッ素とオゾンホール

有機化合物のほとんど（90％以上）は，炭素・水素・酸素・窒素・硫黄のわずか5種類の元素の組合せでできています．しかし，数は少ないものの，フッ素を含む有機化合物も日常生活でよく用いられています．フッ素原子の高い電気陰性度のため，炭素-フッ素共有結合には分極によるイオン結合性が加味され，非常に安定だからです．また，フッ素が電子を近くに引き込むため，フッ素を含む化合物の分子間に働く力が小さくなります．つまりフッ素を含む化合物は，同程度の大きさの分子よりも沸点が低くなり，摩擦が小さく（つるつるすべることに）なります．

このようなフッ素を含む化合物の性質をうまく利用しているのがテフロン®です．テフロン®はアメリカの化学会社デュポン社の研究室で偶然に見つけられた高分子で，テトラフルオロエチレンが重合したポリテトラフルオロエチレン（polytetrafluoroethylene；PTFE）という化合物で

$$\left(\begin{matrix} F & F \\ | & | \\ -C-C- \\ | & | \\ F & F \end{matrix}\right)_n$$

ポリテトラフルオロエチエン

す．テフロンでつくられたチューブやコックは化学薬品に対して非常に安定で，研究室の必需品です．また，テフロン加工されたフライパンは焦げつきにくく，高い耐熱性を示します．

一方，同じくデュポン社が開発したフロンは，炭素，フッ素，塩素，水素からなる非常に安定な化合物です．安定ですからほかの化合物とは反応せず，毒性も低いので，冷蔵庫やクーラーの冷媒・スプレーのガス・機械類の洗浄溶媒などに大量に用いられました．

$$\begin{matrix} & F & & & F \\ & | & & & | \\ Cl-&C&-Cl & Cl-&C&-F \\ & | & & & | \\ & Cl & & & Cl \end{matrix}$$
　　フロン11　　フロン12

しかし，安定だからといって大量に使えば，当然のことながら環境に蓄積していきます．こうして地上に残ったフロンがゆっくり上昇し，上空で太陽からの強い紫外線を浴びると炭素-塩素結合が切れ，塩素ラジカルが発生します．ラジカルはきわめて高い反応性をもち，連鎖的に上空のオゾンと反応し，オゾン層を破壊することになってしまいました（オゾンホールの生成）．オゾン層は太陽からの紫外線をカットするのに非常に重要な役割を果たしてきました．かりに地球上のオゾン層が激減することになれば，紫外線による皮膚がんや白内障が増加し，陸上の穀物成長にも影響がでると予想されています．現在，フロンの製造と放出は法律で規制されていますが，21世紀中ごろまで，南極上のオゾンホールは残ったままだろうといわれています．

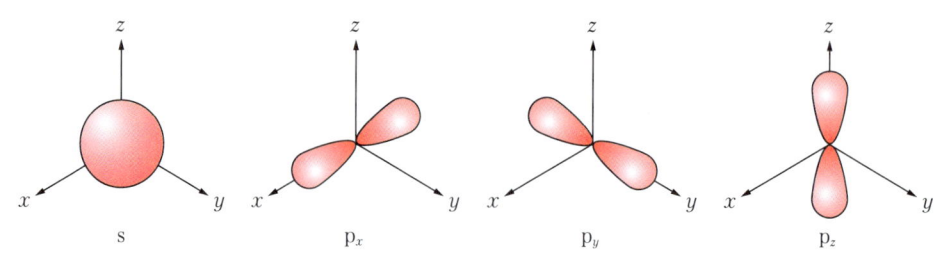

図1-8　原子軌道──s軌道とp軌道

**原子軌道**
原子核のまわりに存在する1個の電子の状態を表す波動関数．波動関数から電子の位置や運動量などの期待値（確率）を計算できる．s軌道以外の電子軌道はその形状からローブともよばれる．

**分子軌道法（MO法）**
分子全体に広がる個々の電子の状態を記述する軌道関数をいう．原子軌道の線形一次結合（Linear Combination of Atomic Orbitals）によって近似できる（LCAO分子軌道法）．

述べた．このうちs軌道は球状であり，s軌道の電子は原子核の周りの球状の空間領域に存在する．一方，3個のp軌道はアレイ形で，それぞれ直交するx, y, zの方向にそった軸をもつ．これらの軌道の概略を図1-8に示す．

化学結合はそれぞれの原子がもつこのような軌道が重なり合うことによって形成される．たとえば水素分子の形成では，二つの水素原子がもつs軌道が重なり合って二つの水素原子を取り囲む新しい軌道をつくる．この新しい軌道は分子軌道とよばれ，2個までの電子を収容できる．水素分子ではこれらの電子はおもに2個の原子核の間の空間を占めている．同じような原子軌道の重なりは，軸に沿ったp軌道との重なりによっても形成することができる．これらの結合（分子軌道）は，二つの原子核を結ぶ軸に沿って円筒形の対称性（軸の周りで回転させても形が変わらない）をもっている．このような軌道をσ軌道とよぶ〔図1-9(a)〕．一方，p軌道どうしの重なりでは二つの原子核を結ぶ軸の垂直方向の側面で互いに重なることもできる．このような

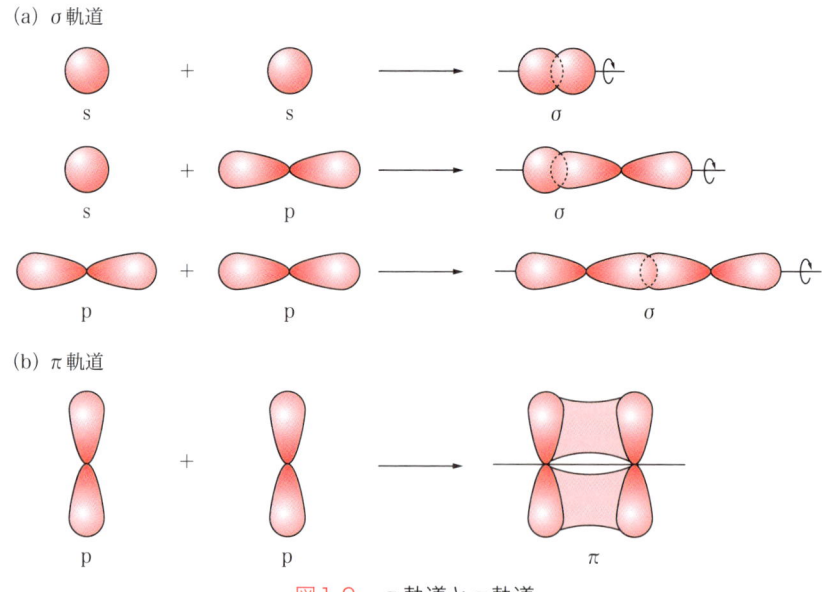

(a) σ軌道

(b) π軌道

図1-9　σ軌道とπ軌道

軌道をπ軌道とよんでいる〔図1-9(b)〕. π軌道では,結合電子が二つの原子核を結ぶ軸の上下に広がる空間に広く薄く分布することになる. このため, π電子対はσ電子対よりも動きやすく(原子核からの束縛が小さく),したがってほかの分子の電子とも相互作用しやすい.

### 1.2.5 混成軌道

有機化合物の中心元素である炭素は表1-1(p. 4を参照)に示したように最外殻に4個(2s軌道に2個, 2p軌道に2個)の電子をもっている. 炭素原子が4個の単結合をつくるとき, それぞれの単結合はすべて同じ性質をもっているが, 異なった空間構造をもつs軌道とp軌道を使って, どのようにして四つの同種類の結合を形成しているのであろうか. また, これらの最外殻電子をどのように使って二重結合をつくっているのであろうか. 炭素原子の多種多様な結合様式を軌道で説明するために用いられるのが, 混成軌道の考え方である.

混成軌道法で炭素原子の4個の単結合を考えるときには, エネルギーレベルの異なる2sと2p軌道に入っている4個の電子をすべてまとめて, 中間状態のエネルギーレベルをもつ新しい軌道に入れる. つまり, 1個の2s軌道と3個の2p軌道からあらたに4個のsp³軌道をつくり, この4個のsp³軌道に2s軌道の2個と2p軌道の2個の電子を一つずつ入れなおす. 4個のsp³軌道はすべて同じ性質をもっているので, このときの炭素原子の軌道はそれぞれが等しく離れた方向を向くピラミッド状の空間配置をとる(図1-10). メタンCH₄の4個のC–H結合は, この4個のsp³軌道と水素のs軌道の重なりによってつくられる. こうしてできる4本のσ結合は, 炭素

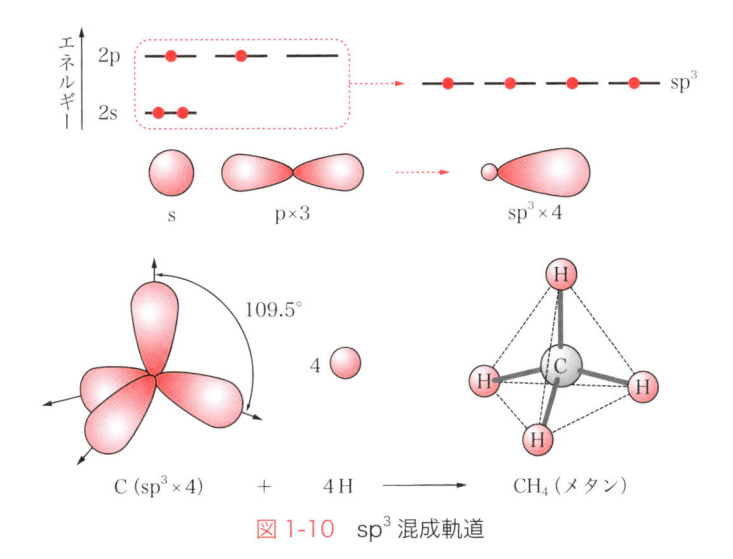

> **混成軌道**
> エネルギー準位が大きく異ならない軌道の重ね合わせで原子価状態に合う軌道関数をつくる方法.

図1-10 sp³混成軌道

の原子核から正四面体の各頂点に向かっており，すべてのH–C–Hの結合角は等しく109.5°になる．この構造をとることにより，どのσ結合の電子対も，ほかの結合の電子対からの反発を最小限に抑えることができる．

では，炭素の二重結合ではどうであろうか．炭素が二重結合を形成すると，3個の原子としか結合できない．したがってこのときの炭素に対しては，$sp^3$軌道ではない別の混成軌道を考えなければならない．ここでつくられる混成軌道が，$sp^2$とよばれる混成軌道である．$sp^2$混成軌道では，1個の2s軌道と2個の2p軌道を合わせて3個の等価な$sp^2$軌道をつくり，p軌道を1個だけそのまま残しておく．そして新しくつくった3個の$sp^2$軌道に，2s軌道の2個と2p軌道の1個の電子を一つずつ入れなおす．残しておいたp軌道の電子はそのままである．こうしてつくった$sp^2$軌道は同一平面内にあり，正三角形の頂点に向かう形をとる（図1-11）．つまり各軌道間の角度は120°となり，こうすることで各軌道の電子間の反発を最小に抑えることができる．

エチレンの4個のC–H結合は，この$sp^2$軌道と水素原子のs軌道の重なりによるσ結合で，同一平面上にある．炭素‐炭素間の1本の結合もそれぞれの炭素の$sp^2$軌道どうしの重なりによって形成されるσ結合である．しかし，炭素‐炭素間のもう1本の結合は，残ったp軌道の重なりによって形成されるπ結合である．p軌道は$sp^2$軌道の平面に垂直に立っているので，ここで形成されるπ結合はエチレン分子平面の上下に広がって存在する．つまり，エチレンの炭素‐炭素二重結合は異なった性質をもつ2種類の結合—σ結合とπ結合—からなっている．したがって，炭素‐炭素二重結合を結合軸のまわりで回転させようとすると，π結合を切断しなければならない．このため，二重結合のシス体とトランス体は異なった二つの化合物として存在する．また，π結合のほうがσ結合よりも外側に広がっているので，二重結合

**シス体とトランス体**

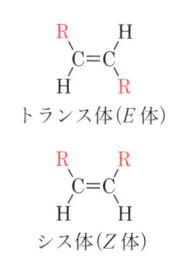

トランス体（*E*体）

シス体（*Z*体）

トランス体を*E*体〔ドイツ語のentgegen（逆の）に由来〕，シス体を*Z*体〔ドイツ語のzusammen（一緒に）に由来〕ともいう．

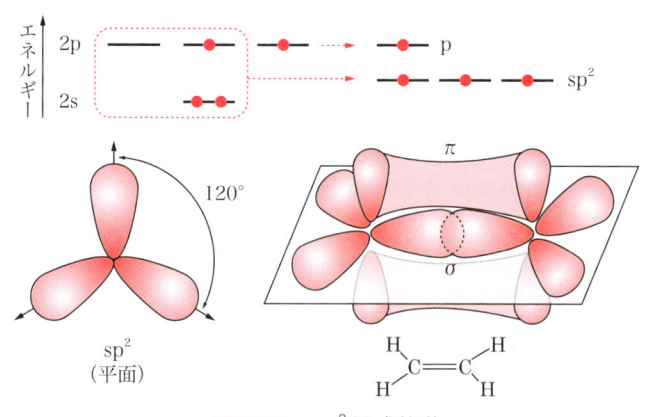

図1-11　$sp^2$混成軌道

の反応ではπ電子が反応に関与する(アルケンの反応，p. 36 を参照).

なおここでは詳しく述べないが，三重結合を形成する炭素では 2 個の sp 軌道と 2 個の p 軌道を考える．これにより，炭素 - 炭素三重結合は一つのσ結合と二つのπ結合から構成されることになる．

## 1.3　官能基と命名法

炭素原子は自分自身やほかの原子ときわめて多様な結合をつくり，膨大な種類の有機化合物をつくることができる．ここでは，系統的に有機化合物を理解するために有効な，構造をもとにした分類法について簡単に説明しよう．この分類法には，炭素骨格の特徴に従って分類する方法と，その骨格に結合した官能基によって分類する方法の二つがある．

### 1.3.1　分子骨格による分類

有機化合物の分子骨格は，非環式化合物，炭素環式化合物，および複素(ヘテロ)環式化合物，の 3 種類に分類される(図 1-12)．非環式化合物の炭素鎖には，枝分れのないものとあるものが含まれる．炭素環式化合物の炭素環に

**有機化合物の分類**
有機化合物を扱う分野によって以下のように分類することもできる．
天然物；ペプチド，アルカロイド，テルペンなど．
生体内物質；酵素，受容体，ホルモン，伝達物質など．
高分子化合物；樹脂，ゴムなど．
機能性分子；シクロデキストリン，人工酵素など．

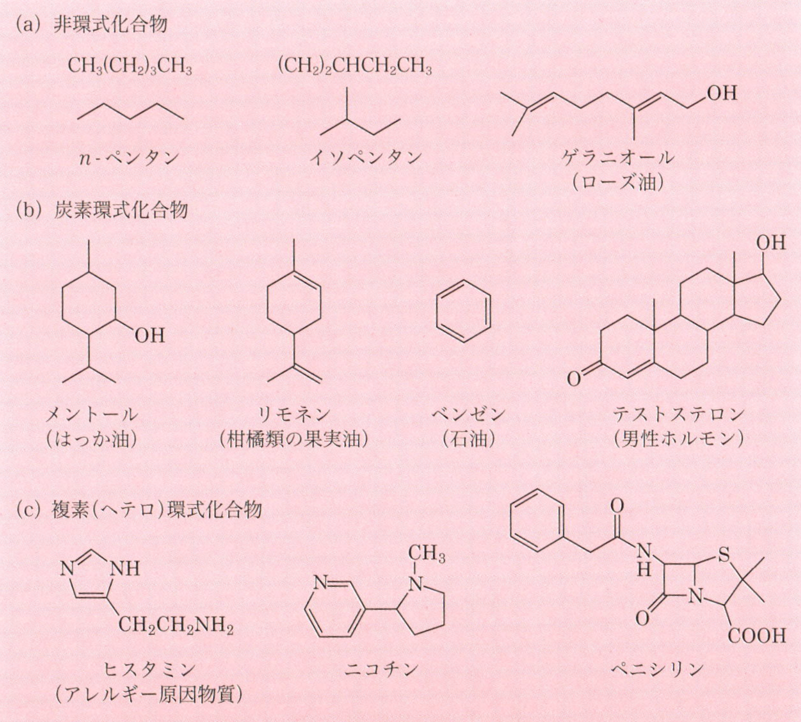
(a) 非環式化合物
$CH_3(CH_2)_3CH_3$
$(CH_3)_2CHCH_2CH_3$
OH
n-ペンタン
イソペンタン
ゲラニオール
(ローズ油)
(b) 炭素環式化合物
OH
OH
O
メントール
(はっか油)
リモネン
(柑橘類の果実油)
ベンゼン
(石油)
テストステロン
(男性ホルモン)
(c) 複素(ヘテロ)環式化合物
N
NH
$CH_2CH_2NH_2$
$CH_3$
N
N
O
N
H
S
N
O
COOH
ヒスタミン
(アレルギー原因物質)
ニコチン
ペニシリン

図 1-12　有機化合物の分子骨格

は多重結合が含まれることもある．また炭素環を複数個もつものも含まれる．複素環式化合物では，環内に最低1個のヘテロ原子が含まれている．自然界には，ヘテロ原子の種類や環の大きさなどが異なる多種多様な複素環式化合物が存在する．

表1-3 おもな官能基の名称と構造

(a) 分子骨格の一部となっている官能基

| 構造 | 分類 | 例 | 化合物名 |
|---|---|---|---|
| —C—C— | アルカン | CH₃–CH₃ | エタン |
| C=C | アルケン | CH₂=CH₂ | エチレン |
| —C≡C— | アルキン | CH≡CH | アセチレン |
|  ベンゼン環 | 芳香族化合物 | 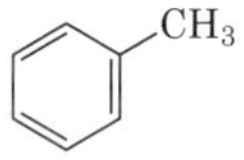 トルエン構造 | トルエン |

(b) ヘテロ原子を含む官能基

| 構造 | 分類 | 例 | 化合物名 |
|---|---|---|---|
| —C–OH | アルコール | CH₃CH₂OH | エタノール |
| —C–O–C— | エーテル | CH₃CH₂OCH₂CH₃ | ジエチルエーテル |
| —C(=O)–H | アルデヒド | CH₂=O | ホルムアルデヒド |
| —C–C(=O)–C— | ケトン | CH₃–CO–CH₃ | アセトン |
| —C(=O)–OH | カルボン酸 | CH₃–CO–OH | 酢酸 |
| —C(=O)–O–C— | エステル | CH₃–CO–OCH₂CH₃ | 酢酸エチル |
| —C–NH₂ | アミン | CH₃CH₂NH₂ | エチルアミン |
| —C≡N | ニトリル | CH₃CN | アセトニトリル |
| —C(=O)–NH₂ | アミド | H–CO–NH₂ | ホルムアミド |
| —C–Cl | ハロゲン化アルキル | CH₃–Cl | 塩化メチル |

## 1.3.2 官能基による分類

有機化合物はさまざまな構造をもつが，有機化合物の性質や反応性は必ずしもこれらの構造によって決まるわけではない．分子骨格が鎖状であっても環状であっても，よく似た性質を示すことがしばしば見られる．これは有機化合物の性質やその反応性が，ある特定の原子団に由来することが多いからである．このような原子団を官能基とよぶ．有機反応のほとんどは官能基に由来する反応で，化合物のそのほかの骨格は反応には関与しない．したがって，化合物一つ一つについて調べる代わりに，官能基ごとに注目してその性質と反応を理解できれば，有機化合物を系統的に理解できる．以後，本書で取り扱う官能基を表1-3にまとめた．

**官 能 基**
官能基の性質や反応性は，その官能基に含まれる原子とその結合様式によって決まる．ヘテロ原子に結合する炭素原子は部分的正電荷をもつし，二重結合があればそのπ軌道電子は動きやすい．化学結合が官能基の性質を決め，官能基の性質が有機化合物の反応を決める．この意味からも，化学結合の理解は有機化合物理解の基本である．

## 1.3.3 有機化合物の命名法

膨大な数の有機化合物すべてに固有の名称がある．古くから知られている化合物にはそれぞれの特徴を表す名称(慣用名)がつけられているが，すべての化合物に慣用名をつけることは不可能である．このため，現在では構造に

**IUPAC**
International Union of Pure and Applied Chemistry. 日本語では，国際純正・応用化学連合．1919年に設立された国際学術機関．元素名や化合物名についての国際基準を制定している．

表1-4 炭化水素骨格の名称

| アルカン名<br>(アルキル基名) | 構 造 | 環状化合物 |
|---|---|---|
| メタン（メチル） | $CH_4$ | |
| エタン（エチル） | $H_3C-CH_3$ | |
| プロパン（プロピル） | $H_3C\diagup CH_3$ | シクロプロパン △ |
| ブタン（ブチル） | $H_3C(CH_2)_2CH_3$ | シクロブタン □ |
| ペンタン（ペンチル） | $H_3C(CH_2)_3CH_3$ | シクロペンタン ⬠ |
| ヘキサン（ヘキシル） | $H_3C(CH_2)_4CH_3$ | シクロヘキサン ⬡ |
| ヘプタン（ヘプチル） | $H_3C(CH_2)_5CH_3$ | シクロヘプタン |
| オクタン（オクチル） | $H_3C(CH_2)_6CH_3$ | シクロオクタン |
| ノナン（ノニル） | $H_3C(CH_2)_7CH_3$ | シクロノナン |
| デカン（デシル） | $H_3C(CH_2)_8CH_3$ | シクロデカン |

## 1章 ◆ 有機化合物の結合と構造

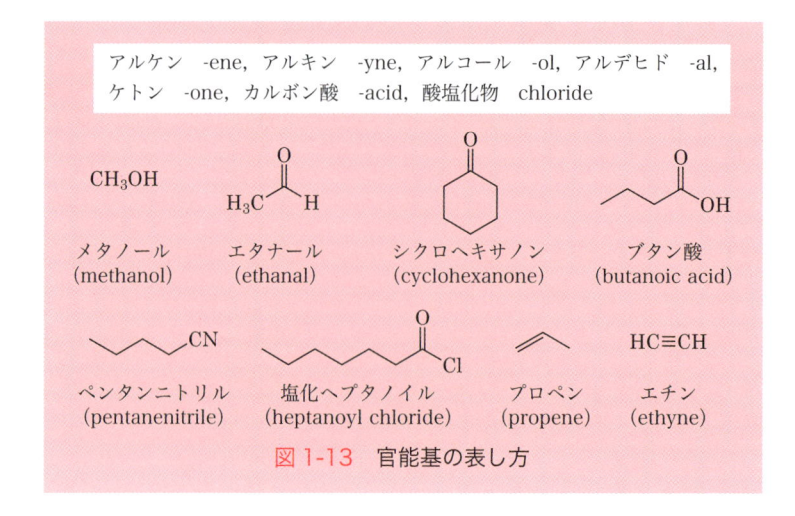

> アルケン -ene, アルキン -yne, アルコール -ol, アルデヒド -al, ケトン -one, カルボン酸 -acid, 酸塩化物 chloride
>
> - メタノール (methanol): CH₃OH
> - エタナール (ethanal)
> - シクロヘキサノン (cyclohexanone)
> - ブタン酸 (butanoic acid)
> - ペンタンニトリル (pentanenitrile)
> - 塩化ヘプタノイル (heptanoyl chloride)
> - プロペン (propene)
> - エチン (ethyne): HC≡CH
>
> **図 1-13** 官能基の表し方

### 倍 数 詞
参考までにいくつかの倍数詞をあげておく. 1：モノ, 2：ジ, 3：トリ, 4：テトラ, 5：ペンタ, 6：ヘキサ, 7：ヘプタ, 8：オクタ, 9：ノナ, 10：デカ, 11：ウンデカ, 12：ドデカ, 13：トリデカ, 20：イコサ.

### 官能基の表し方
ほとんどの官能基は接尾語として表されるが, ハロゲン基, ニトロ基, アルコキシ基は接頭語として表される.

### 置換基の慣用名
参考までに, よく用いられる置換基の慣用名を構造と略号とともにあげておく (図 1-14).

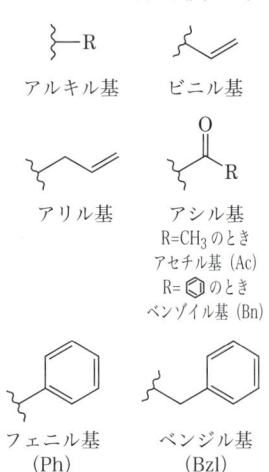

- アルキル基 (R)
- ビニル基
- アリル基
- アシル基　R=CH₃ のときアセチル基 (Ac)　R=○のときベンゾイル基 (Bn)
- フェニル基 (Ph)
- ベンジル基 (Bzl)

**図 1-14** よく用いられる置換基の慣用名

基づく系統名が用いられる (IUPAC 命名法). 本書では系統名の基本的な考え方を説明する. どのような官能基が含まれているかを名前から判断できるようになるはずである.

基本となる炭化水素骨格 (アルカン) の構造と名称を表 1-4 に示す. 炭素 4 個までは慣用名を用いるが, それ以上のものは倍数詞の語尾に "-ane" をつける. 環状化合物の場合, 頭に "シクロ" をつける. また, アルカンから水素原子 1 個を除いた原子団をアルキル基とよび, アルカンの語尾 "-ane" を "-yl" に換えて表す. アルキル基は一般に R で表されることが多い.

官能基の存在は, 基本骨格に接頭語や接尾語をつけることによって表す.

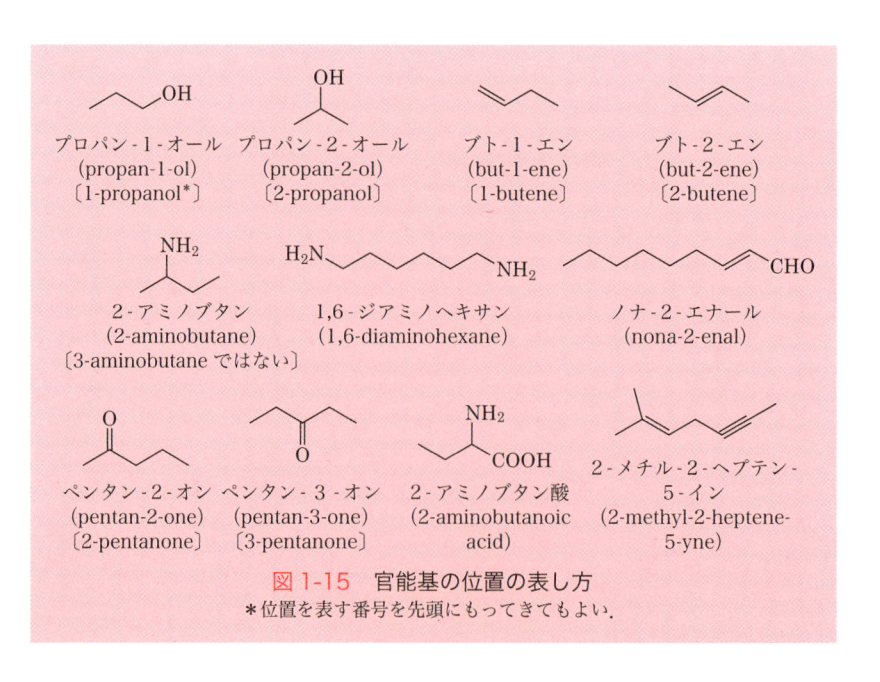

- プロパン-1-オール (propan-1-ol) 〔1-propanol*〕
- プロパン-2-オール (propan-2-ol) 〔2-propanol〕
- ブト-1-エン (but-1-ene) 〔1-butene〕
- ブト-2-エン (but-2-ene) 〔2-butene〕
- 2-アミノブタン (2-aminobutane) 〔3-aminobutane ではない〕
- 1,6-ジアミノヘキサン (1,6-diaminohexane)
- ノナ-2-エナール (nona-2-enal)
- ペンタン-2-オン (pentan-2-one) 〔2-pentanone〕
- ペンタン-3-オン (pentan-3-one) 〔3-pentanone〕
- 2-アミノブタン酸 (2-aminobutanoic acid)
- 2-メチル-2-ヘプテン-5-イン (2-methyl-2-heptene-5-yne)

**図 1-15** 官能基の位置の表し方
＊位置を表す番号を先頭にもってきてもよい.

# COLUMN

### 寿限無寿限無……

　星の数ほどある有機化合物の名前は，万国共通の規則で一つ一つ決められています．正確を期すために必要なこととはいえ，ちょっと複雑な化合物になると，それこそ落語でいう"寿限無寿限無…"の世界に迷い込んでしまいます．構造式があればわかりやすいのですが，何行にもなろうかという正式名を見ただけでその化合物をイメージすることは，専門家でも難しい場合があります．こういうときのために，有機化合物には記憶に残りやすいような別名がよく用いられます．

　一つの例が化合物の形を予想させる名前です．とくに珍しい構造の化合物によく用いられます．たとえば，化合物 1 のようなさいころ型（立方体）の化合物はキュバンといいます．ねじれたような形の化合物 2 はツイスタン，化合物 3 は見てのとおりプロペランとよばれています．

　化合物が天然由来のものであるときには，もとの天然材料の名前がとられることもあります．ヒノキやマツタケの香りの成分はそれぞれ，ヒノキチオール（化合物 4），マツタケオール（化合物 5）とよばれます．虫下しとして使われていた海人草に含まれる化合物 6 はカイニン酸（kainic acid），麦の根にある化合物 7 はムギネ酸（mugineic acid）といいます．ムギネ酸は土から鉄分を吸収するのにかかわっている化合物で，植物にとって非常に重要な化合物です．

　また，天然から見つけられた毒や薬の成分に地名を含むものもあります．たとえば，静岡県で採れた貝に由来する毒に，スルガトキシンという化合物があります．構造式は示しませんが，非常に複雑な構造をもった化合物で，正式名を書くのは大変です．まれにですが，人名を含むものもあります．化合物 8 はオカダ酸（okadaic acid）とよばれています．この化合物は，*Halichondria okadai* という学名の日本産海綿の成分で，学名に含まれる人名が間接的に化合物名に反映された例です．今まで知られていなかった化合物を天然から取りだして構造を決めることに成功すると，構造を決めた人がその化合物を命名することができます．このため天然由来の化合物には，とくにいろいろな由来をもった名前が多くなるようです．

化合物 1
（キュバン）

化合物 2
（ツイスタン）

化合物 3
（プロペラン）

化合物 4
（ヒノキチオール）

化合物 5
（マツタケオール）

化合物 6
（カイニン酸）

化合物 7
（ムギネ酸）

化合物 8
（オカダ酸）

図 1-16 環状化合物の表し方

- 1-ブチルシクロプロパノール (1-butylcyclopropanol)
- 2-アミノシクロヘキサノール (2-aminocyclohexanol)
- シクロペンタジエン (cyclopentadiene)
- シクロオクタ-1,5-ジエン (cycloocta-1,5-diene)
- シクロドデカ-1,5,9-トリエン (cyclododeca-1,5,9-triene)

おもな官能基の接頭語と接尾語ならびにその使用例を図 1-13 に示す．

官能基の位置は，基本骨格の炭素鎖に番号をつけて表す．このとき，最も長い炭素鎖を基本骨格(母体鎖)とし，置換基がついている炭素の番号が小さくなるように炭素鎖の端から番号をつける．多重結合を含む場合，母体鎖には多重結合を含む最も長い炭素鎖を選ぶ．二重結合を三重結合に優先させ，二重結合の位置番号が最も小さくなるように番号をつける．一例を図 1-15 に示すので，感覚をつかんでほしい．

環状化合物では，環状構造を基本骨格にとる．官能基の位置は鎖状構造の場合と同様に番号で表す(図 1-16)．

## 1.4 有機反応のかたち

有機反応ではどこかの結合が切れ，どこかに新たな結合が生成する．結合は電子がつくっているので，結合の組換えでは必ず電子の移動が起こる．開裂する結合に含まれる2個の電子が対になって移動する場合，カチオンとアニオンの二つの成分が生じる．このような結合の切断〔不均一結合開裂：ヘテロリシス，図 1-17(a)〕から起こる反応は，イオン反応である．イオン反応は電荷の偏りをもった成分の反応であるので，極性反応である．極性反

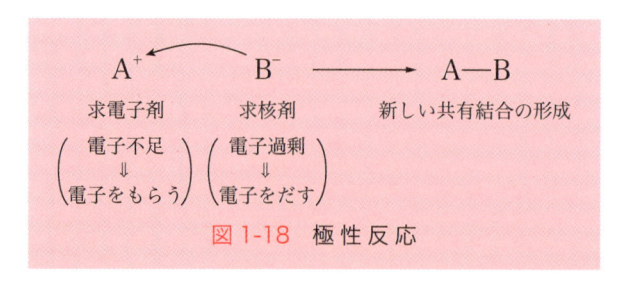

(a) ヘテロリシス(2電子移動)
$A:B \longrightarrow A^+ + B:^-$

(b) ホモリシス(1電子移動)
$A:B \longrightarrow A^{\cdot} + B^{\cdot}$

図 1-17 ホモリシス反応とヘテロシス反応

$A^+$ ← $B^-$ ⟶ $A-B$

求電子剤 / 求核剤 / 新しい共有結合の形成

（電子不足 ⇓ 電子をもらう）（電子過剰 ⇓ 電子をだす）

図 1-18 極性反応

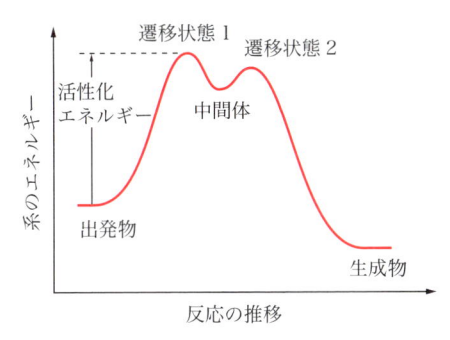

図 1-19　反応のエネルギー図

応では，電子過剰のアニオン成分から電子不足のカチオン成分へ電子が移動することで新しい結合ができる．このときの電子過剰成分を求核剤とよび，電子不足成分を求電子剤とよぶ (図 1-18)．一方，結合の電子が二つの成分に均等に配分される〔均一結合開裂：ホモリシス，図 1-17(b)〕と，ラジカルが生成する．通常，ラジカルを含む反応(ラジカル反応)では極性成分は生じず，反応の方向性をコントロールするのが困難な場合が多い．本書で取り扱う反応はほとんどがイオン反応である．

通常，化学反応は図 1-19 に示すような経路で進行する．図 1-19 はエネルギー図とよばれ，横軸は時間軸を表し，縦軸はエネルギーを表す．反応出発物が外からエネルギーを取り入れ，遷移状態とよばれる結合の組換え状態を経て生成物に移っていく過程を表している．通常，反応の途中で中間体を形成するが，多くの場合，中間体はカチオンやアニオンなどの不安定・短寿命の化学種である．遷移状態のエネルギーレベルが高いほど反応は進行しにくく，このエネルギー障壁を越えられるだけの大きなエネルギーを外から与えてやる必要がある．

**遷移状態**
酵素反応が温和な条件で進むのは，酵素がさまざまな化学結合様式を利用して，反応の遷移状態のエネルギーレベルを下げているためである．

### 章末問題

1. $CCl_2F_2$ (冷却剤)分子の構造を書き，各結合の分極の様子を δ+，δ− で表せ．

2. $NO_2^-$ の共鳴構造式を書け．

3. C=C（炭素 - 炭素二重結合）が C–C（炭素 - 炭素単結合）の 2 倍ではなく，それよりも少し小さい結合エネルギーをもつのはなぜか．

4. $C_4H_7NO$ に当てはまる異なる構造式を三つ書け．

5．以下の二つの分子に含まれる官能基をすべてあげよ．

6．次の化合物の構造を書け．
 (a) propyne  (b) ethoxyethane  (c) 2-methyl-2-butene  (d) 3-buten-2-one

---

## ■ 本章のまとめ ■

### 1. 有機化合物をつくる化学結合

a) イオン結合は電子の移動でできるカチオンとアニオンが結びついてできる．

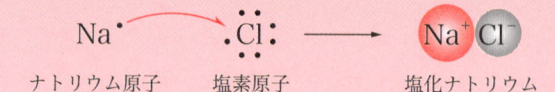

b) 共有結合は電子を共有することでできる．

c) ヘテロ原子との共有結合では電荷のかたより，分極，が生じる．

d) 電子が複数の結合にわたって分布できると非局在化が生じ，共鳴構造を考えることができる．

e) 炭素原子は $sp^3$, $sp^2$, sp とよばれる混成軌道を形成する．

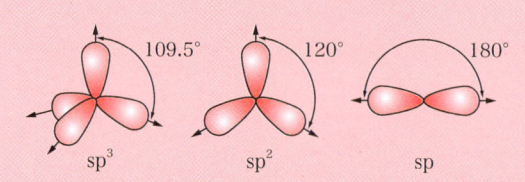

### 2. 有機化合物の性質と反応は官能基によって決まる

R–OH　R–O–R'　R–C(=O)–H　R–C(=O)–R'　R–C(=O)–OH　R–C(=O)–OR'　R–NH₂　C=C　芳香族
アルコール　エーテル　アルデヒド　ケトン　カルボン酸　エステル　アミン　アルケン　芳香族

# 2章 有機化合物の立体構造

　ある有機化合物に含まれる原子の数と種類が同じ（つまり分子式が同じ）でありながら，2通り以上の形で原子を配置できる場合がある．このような一群の分子を異性体とよぶ．異性体のうち，結合様式（すなわち原子のつながり方）が異なるものが構造異性体である．構造異性体の例としては，直鎖状ペンタンと枝分れ構造をもつペンタンや，エタノールとメトキシメタンなどがある（図2-1）．

　結合様式が同じで空間的な形が異なれば，それらは立体異性体である．立体異性体のうち，単結合の回転によって互いに相互変換できるものを配座異性体あるいはコンホーマーとよぶ．結合の開裂と再結合によってのみ相互変換できる場合，それらは配置異性体とよばれる．配置異性体には，シス-トランス異性体（幾何異性体, p. 12を参照）も含まれる．シス-トランスを入れ替えるにはπ結合を切らなければならないからである．生体内での有機化合物の作用に最も重要なのはその有機化合物の空間的な形であり，結合様式が同じ化合物でも空間的な形が変われば，その生理的作用が劇的に変化することがある．本章では，有機化合物の空間的な形を決める因子について説明しよう．

**配座異性体と配置異性体**
配座異性体では同じ分子が異なった立体構造をとる．配置異性体では異なる分子の間での立体構造の違いを考える．配座はコンホーメーション，配置はコンフィギュレーションともよばれる．

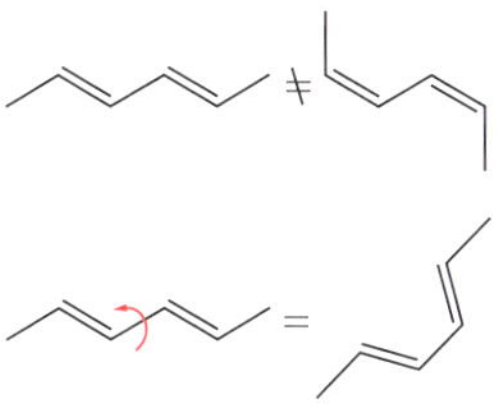

$CH_3CH_2CH_2CH_2CH_3$ と $CH_3-CH(CH_3)-CH_2CH_3$ と $CH_3-C(CH_3)_2-CH_3$

n-ペンタン　　　イソペンタン　　　ネオペンタン
　　　　　　　（2-メチルブタン）　（2,2-ジメチルプロパン）

$CH_3CH_2OH$ と $CH_3-O-CH_3$

エチルアルコール　　ジメチルエーテル
（エタノール）　　　（メトキシメタン）

図2-1　構造異性体

## 2.1 立体配座

### 2.1.1 鎖状アルカンの立体配座

σ結合による炭素-炭素結合は円筒形で，二つの炭素原子を結ぶ軸の周りで回転させても結合の形は変わらない（p. 10の図1-9を参照）．このため，一方の炭素原子を他方の炭素原子に対して回転させることができる．エタンのような簡単な分子でも，この回転によって無限個の構造をとることができる．こうしてできるそれぞれの形をもった分子を配座異性体あるいはコンホーマーとよぶ（図2-2）．配座異性体の炭素原子についた置換基の配置を表すときには，Newman投影式がよく用いられる．図2-2(a)に示すように，手前の炭素上とうしろの炭素上の水素が重なっている状態を重なり形とよび，ずれているときをねじれ形とよんでいる．重なり形ではC–H σ結合の電子対がねじれ形よりも近くなるので，電子対どうしの反発が大きくなる．このため重なり形はねじれ形よりもやや不安定になるが，二つの状態間のエネルギー差はさほど大きくない．室温ではエタンの炭素-炭素結合はほぼ自由に回転している．

炭素原子4個からなるブタンになると事情はやや複雑になる．ブタン分子の中央のC–C結合に着目したときの配座異性体を図2-3に示す．重なり形でも，メチル基と水素原子が重なる**B**の形よりも，かさの大きなメチル基どうしが重なる**D**の形のほうがやや不安定になる．ねじれ形では，メチル基どうしが隣にくる配座**C**（ゴーシュ形とよばれる）よりも，互いに逆方向を向く配座**A**（アンチ形とよばれる）のほうがやや安定になる．結局一番安定で最も多く存在するのは**A**のアンチ形配座をとった分子となる．炭素

---

**Newman投影式**
Newman投影式では，C–C結合の末端側から見た状態を模式的に表す（図2-2の矢印の方向から分子を見る）．手前の炭素上の結合は円の中心と結び，うしろの炭素上の結合は円周上から伸ばす．

**破線-くさび型表示法**
紙面上にある結合を実線，紙面からうしろへ伸びる結合を破線，紙面から手前に伸びる結合をくさび型線で表す方法．

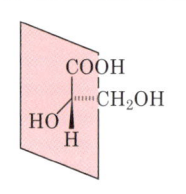

環状化合物の場合には，環構造が紙面上にあるとして（実際はp. 23以降で述べるように平面ではないが），上にでる結合をくさび型線で，下にでる結合を破線で表す．

図2-2 エタンの立体配座

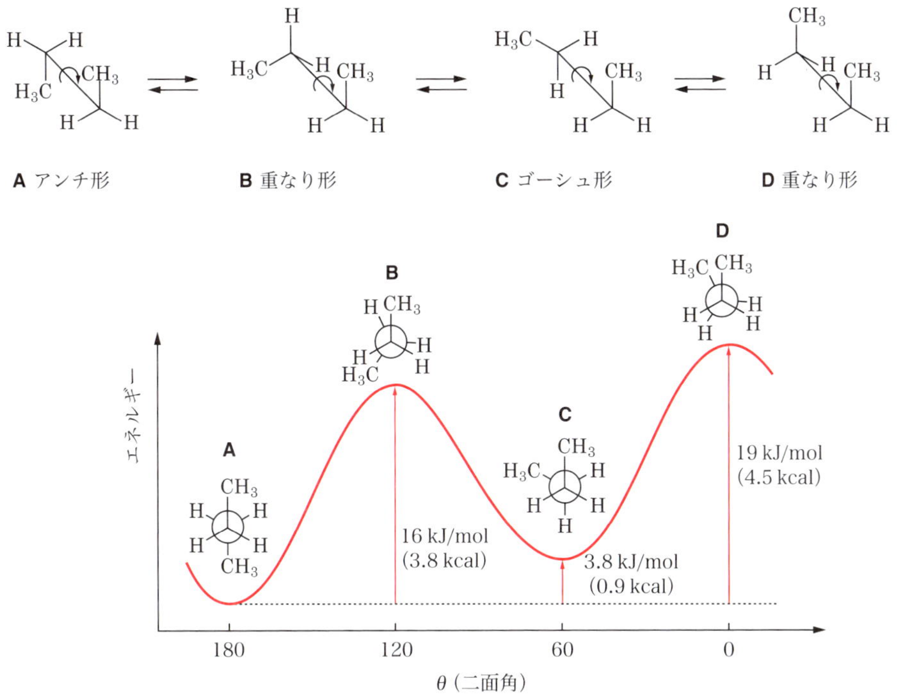

A アンチ形　　B 重なり形　　C ゴーシュ形　　D 重なり形

図 2-3　ブタンの立体配座

鎖が伸びても事情は基本的に同じで，炭素鎖の各部分がアンチ形をとって分子全体がジグザグ状に伸びた配座が一番安定な形となる．

## 2.1.2　環状アルカンの立体配座

　環状アルカンがとれる立体配座の数は，鎖状アルカンに比べはるかに少ない．環構造によって結合が固定されているためである．炭素原子3個からなるシクロプロパンは必然的に平面構造をとる（図2-4）．シクロプロパン炭素原子の結合角60°は，通常の正四面体 $sp^3$ 炭素がつくる結合角 109.5°よりもはるかに小さい．このため，シクロプロパン結合には大きなひずみがかかっている．シクロプロパン化合物はこのひずみを解消するため，独特の反応性を示す．炭素4個からなるシクロブタンと5個からなるシクロペンタンで

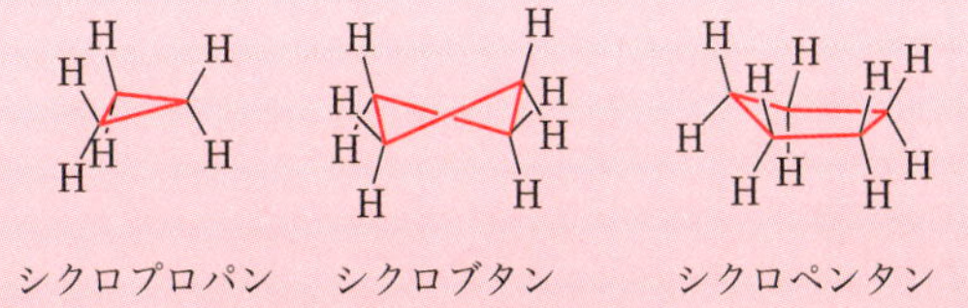

結 合 角

環が平面構造をとったと仮定すると，それぞれの内角は以下のようになる．実際は立体的な環構造をとることにより，このひずみを小さくしている．

| 環員数 | 平面上の環の内角(°) | 109.5°との差 |
|---|---|---|
| 3 | 60 | 49.5 |
| 4 | 90 | 19.5 |
| 5 | 108 | 1.5 |
| 6 | 120 | −10.5 |
| 7 | 158.5 | −19 |
| 8 | 135 | −25.5 |

図 2-4　シクロプロパン，シクロブタン，シクロプロパンの立体配座

(a) いす形配座

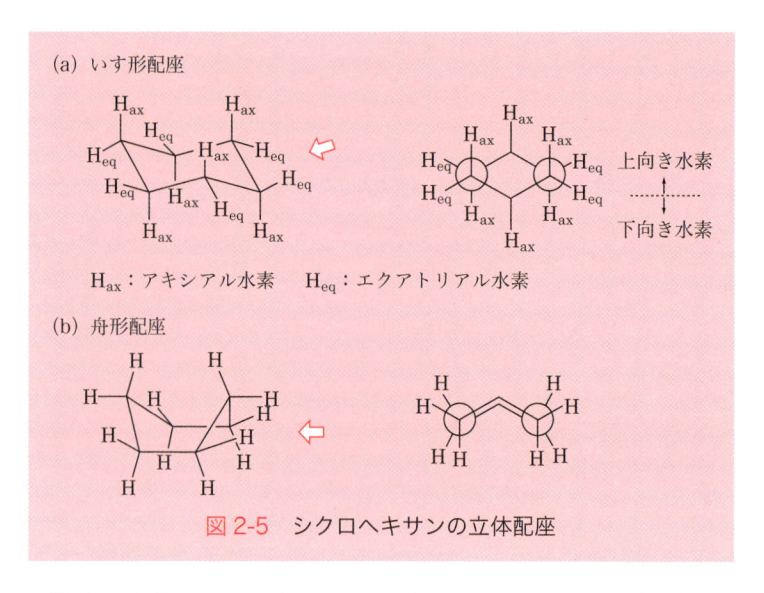

H_ax：アキシアル水素　H_eq：エクアトリアル水素

(b) 舟形配座

**図 2-5　シクロヘキサンの立体配座**

は，環構造は平面から少しずれた立体配座をとっている．平面構造をとったときよりも炭素原子の結合角はわずかに小さくなるが，このひずみは隣接する水素原子どうしの重なりが少なくなることによって十分補われるからである．五員環構造の結合角105°はsp$^3$炭素原子の結合角109.5°とほぼ同じなのでひずみが小さく，五員環構造は自然界でもよく見られる．

　自然界で最もよく見られる環構造は六員環である．シクロヘキサンは，シクロブタンやシクロペンタンと同じように非平面構造をとっている．非平面構造をとることにより，炭素の結合角をsp$^3$炭素原子の結合角109.5°と同じに保つことができるからである．シクロヘキサンの代表的な配座には，いす形と舟形がある（図2-5）．最も安定ないす形配座では，すべての炭素結合角は正常な角度109.5°になり，隣接する炭素原子上の水素どうしはすべて完全なねじれ形配座をとる．いす形配座をとるシクロヘキサンの12個の水素は，アキシアルとエクアトリアルとよばれる二組に分類される．アキシアル水素はシクロヘキサン環がつくる平面に対して上下交互にでている．エクアトリアル水素はシクロヘキサン環の外側に向き，交互に少しずつ環平面の上下にでる．一方，舟形配座では二組の炭素結合が重なり形をとり，環上部の水素原子どうしも近くなる．このため，どちらも結合角のひずみはないが，舟形配座はいす形配座よりも不安定になる．

　いす形シクロヘキサンでは図2-6に示すような配座変換が可能である．たとえば，図2-6のNewman投影式で表したシクロヘキサンのaの炭素結合が時計回りに60°回転すると，この炭素に結合している▲で示したアキシアル水素は回転によってエクアトリアル結合に変化する．同様に■で示したエクアトリアル水素は配座変換によってアキシアル結合に変わる．同時に，反

いす形配座と舟形配座
いす形：chair form，舟形：boat form．

図2-6 シクロヘキサンの反転（フリップ）

対側のbの炭素は反時計回りに60°回転する．このような配座の変換を環の反転(フリップ)とよんでいる．この反転により，アキシアル結合とエクアトリアル結合は互いに入れ替わる．ただし，下向きアキシアル結合は下向きのエクアトリアル結合に変わり，上向きの結合にはならない．つまり，どの変換も環平面の同じ側で起こる．

いす形シクロヘキサンの空間充填モデル(図2-7)を見ると，環の上下にでているアキシアル水素は互いにほとんど接触していない．しかし，この水素がかさの大きな置換基(たとえばメチル基)に変わると，アキシアル位での混み合いが大きくなり反発が起こる．置換基が大きくなればなるほどこの反発が大きくなり，環のフリップが起こって置換基がエクアトリアル方向に向く配座が優勢になる(図2-8)．

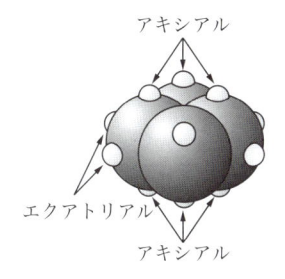

図2-7 いす形シクロヘキサンの空間充填モデル

図2-8 メチルシクロヘキサンの配座

## 2.2 立体配置

これまで，同一化合物が単結合周りの回転によってとる立体構造の変化—配座の変化—について述べてきた．基本的に配座間の変換は小さなエネルギーで可能である．しかし，結合様式の変化による立体構造の変化—配置の変化—には結合の切断が必要であり，配座の変換に比べはるかに大きなエネルギーが必要となる．生命体は配置の異なる左右非対称な有機化合物（生体分子）をつくりわけることができるし，立体構造の違いを簡単に見分けることもできる．時には立体構造の違いだけで薬が毒になる．本節では，生命体に関連の深い炭素原子を中心とする立体配置に焦点を絞って説明する．

立体構造と薬(毒)
典型的な例がサリドマイドである（次ページのコラム参照）．ある立体構造のサリドマイドは薬になるが，ほかの立体構造のサリドマイドには強い催奇形性がある．

### 2.2.1 不斉炭素と鏡像体

　生体分子がもつ左右非対称な立体構造は，炭素原子に四つの異なった置換基が結合した化合物に由来する．このような化合物は光学活性化合物とよばれ，振動面のそろった光（偏光）を一定の方向に回転させる性質をもっている．この性質を分子の旋光性とよぶ．光学活性化合物の中心炭素を不斉炭素，あるいはキラル炭素（キラル中心）とよび，このようなキラル化合物はキラリティーをもつという．旋光面を右に回すキラル化合物を右旋性とよび，左に回すものを左旋性として区別する．光学活性分子がどちらの方向にどれくらい偏向面を回すかは，その化合物固有の性質である．

　光学活性分子の結合を切断し，二つの置換基を入れ替えると，互いに鏡像となる一対の分子ができるが，これら二つの分子は重ね合わせることができない．これは，右手用のグローブに左手を入れる（右足用の靴に左足を入れる）

> キラリティー
> ギリシャ語の手（cheir）に由来する．

---

## COLUMN　薬と毒は紙一重

　ヒトの体は非対称で，光学異性体を判別することができます．ヒトの体を構成するタンパク質や糖が光学活性体で，しかも「右手系」あるいは「左手系」（$R$体あるいは$S$体のことです）のどちらかに偏っているからです．ですから，平面構造が同じで立体構造が違うだけの甘い化合物と苦い化合物を簡単に識別できます．ところが，この「右手系」と「左手系」でヒトに対する作用がまったく異なると，大きな問題になることがあります．その最もよく知られた例がサリドマイドです．

　サリドマイドは1957年，催眠鎮静剤としてドイツで開発された薬剤です．しかし，この薬を妊婦が飲むと，母体には影響がないものの胎児に大きな影響がでることがわかりました．アザラシのような手足をもった「四肢欠損症」の子供が生まれてしまったのです．サリドマイドには「右手系」と「左手系」の2種類がありますが，この両者を分けることは簡単にはできません．そこで混合物のまま投与したため，一方は鎮静作用を示すものの他方が催奇形性を示したと考えられました．このため現在では，新薬に対して光学活性体それぞれの性質を調べることが求められています．ただ，サリドマイドはヒトに投与されたとき容易にラセミ化するようで，光学活性体の作用の区別は今まで思われていたよりも難しそうです．

　ところが1998年，サリドマイドはハンセン氏病に伴う皮膚炎の治療薬としてアメリカで販売が認められました．以前からサリドマイドが激痛を伴うこの種の症状に有効であることが知られていましたので，きちんとした管理下で使用しようという趣旨のようです．さらに，「自己免疫疾患」の治療薬やがんの治療薬としても注目を浴びるようになりました．サリドマイドには血管が新しくつくられるのを阻害する作用があるようで，これを利用してがん細胞への栄養補給を止めるのに利用するのです．しかし，サリドマイドの作用の仕組みはまだわかっていません．危険な薬であることは確かなので，厳重な管理のもとで使わなければならないまさに諸刃の剣といえるでしょう．薬と毒は紙一重なのです．

2.2 立体配置

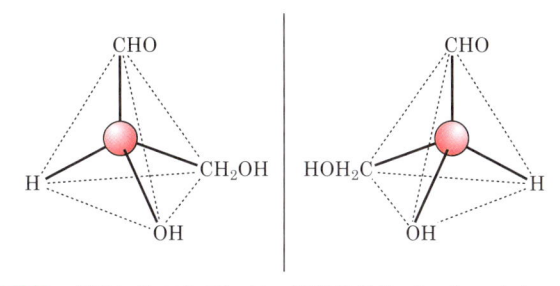

図 2-9 グリセルアルデヒドの鏡像異性体（エナンチオマー）

ことができないのと同じ関係である．つまりこれら二つの鏡像関係にある分子は互いに異なった分子であり，異なる立体配置をもっている．このように，同一の構造式をもちながらその立体配置が異なる化合物を光学異性体とよぶ（図 2-9）．光学異性体のなかでも，とくに鏡像関係にあって重ね合わせられない分子を互いに鏡像異性体（エナンチオマー）とよぶ．

エナンチオマーどうしは光の偏向面を回す方向が互いに逆方向になるが，そのほかの物理化学的性質は同じで，通常の分離方法では区別することができない．したがって，エナンチオマーどうしの等量混合体（これをラセミ体という）は，光学活性を示さなくなるほかはもとのエナンチオマーと同じ性質を示す．このため，エナンチオマーどうしを区別するためには，何らかの方法でキラルな環境をつくりだし，そのもとでのそれぞれの挙動を調べなければならない．生体成分であるタンパク質や糖はキラルな化合物であるため，生体内をキラルな環境に保つことができる．この性質があるため，生命体は光学異性体を区別できる．

### 2.2.2 立体化学の表し方

不斉炭素の立体配置を表す方法には，*RS* 表示法，DL 表示法，および Fischer 投影法の三つがある．*RS* 表示法は生体分子を含む一般の有機化合物の立体配置表示に広く用いられる．糖や α アミノ酸の立体配置を表すためには，DL 表示法あるいは Fischer 投影法がよく用いられる．

#### (a) Fischer 投影法と DL 表示法

Fischer 投影法は，最も簡単な糖化合物であるグリセルアルデヒドを基準物質とする立体配置の表記法で，100 年以上も前に考案され，今でも用いられている（図 2-10）．Fischer 投影法では，炭素鎖を縦の線で表し，ヒドロキシ基 (-OH) などの置換基や水素原子を横向きの線で表す．このとき，酸化度の高いアルデヒド基を上に書き，炭素鎖が紙面の向こう側へ曲がっていくように配置する．したがって，この書き方では横の結合は紙面の手前側にでる．α アミノ酸を Fischer 投影法で書き表すときには，酸化度の高いカルボキシ

**D と L**
偏光面を右に回す性質を右旋性といい，小文字斜体の *d*〔ギリシャ語の *dextvo*（右）に由来〕で表す．左に回す性質は左旋性で，小文字斜体 *l*〔ギリシャ語の *levol*（左）に由来〕で表す．大文字の D と L で表す立体配置は，この旋光性とは直接関係せず，基準化合物であるグリセルアルデヒドの二つの光学異性体を D- および L- で表記したことに由来する．ただ幸運なことに，グリセルアルデヒドの右旋性異性体は D-体であった．

## 2章 ◆ 有機化合物の立体構造

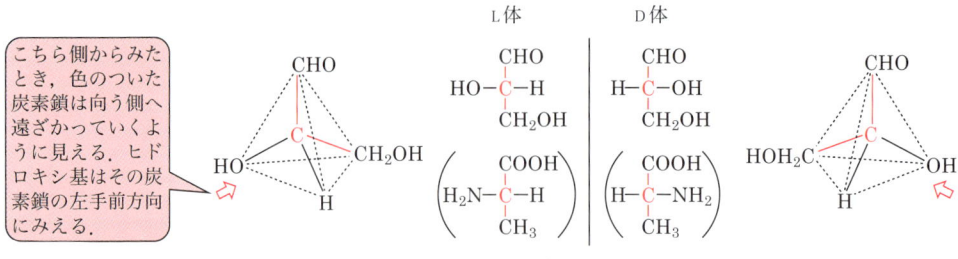

こちら側からみたとき，色のついた炭素鎖は向う側へ遠ざかっていくように見える．ヒドロキシ基はその炭素鎖の左手前方向にみえる．

図 2-10　Fischer 投影式

**Fischer 投影式**
1891 年にエミール・フィッシャーが糖類の立体配置を表現するためにはじめて使用した．

**Hermann Emil Fischer**
(1852 〜 1919 年)．ドイツ出身の有機化学者．Fischer 投影式の考案，エステル合成法の発見などの功績がある．1902 年にノーベル化学賞を受賞．

基を上に書く．この関係を，不斉炭素を中心とする十字で書き表したものが Fischer 投影図である．

Fischer 投影法で糖あるいはアミノ酸を書いたとき，両横にでる置換基のうち，水素原子ではない置換基が左右どちらになるかで立体配置を区別したのが DL 表示法である．糖のヒドロキシ基あるいはアミノ酸のアミノ基が右にでれば D，左にでれば L とする．この方法では，糖やアミノ酸が D 型か L 型かを示しておけば，実際の旋光度の回転方向とは関係なく，それらの立体配置が同一であるかどうかがわかる．

Fischer 投影法で表した構造式は，平面構造ではなく立体構造を表しているので，不用意に構造式を動かすと立体配置が逆転してしまう．Fischer 投影式を紙の上で動かすときには，次の二つの点に注意しなければならない．

(1) 180°の回転は許されるが，90°の回転は許されない(図 2-11)．Fischer 投影式では，上下の線は紙面の向こう側，左右の線は紙面のこちら側の結合を意味しているので，90°の回転を行うと紙面のこちら側と向こう側が入れ替わってしまうためである．180°の回転では，向こう側とこちら側が入れ替わることがないので同じ立体配置を表せる．

(2) どれか一つの結合を固定しておいて，ほかの三つを順に回していくことは許される．これは，固定した結合の周りでの自由回転（つまり配座の変化）を表していることになるためである(図 2-12)．

図 2-11　Fischer 投影式のきまり(1)

図 2-12　Fischer 投影式のきまり(2)

## (b) *RS* 表示法

Fischer 投影法や DL 表示法は一定の基本構造をもっている糖やアミノ酸には有効な方法だが，複数のキラル中心をもつ化合物や，注目すべき置換基がはっきりしない場合には曖昧さが残る．*RS* 表示法は，一般の有機化合物の立体配置表記にも適用できる系統的な立体構造の表示法である．この方法では，まず不斉炭素に結合している置換基に優先順位をつける．優先順位は，原子番号の大きいものほど高い．もし不斉炭素に同じ原子が結合していたらその先の原子に着目して優先順位をつける．グリセルアルデヒドを例にとれば(図 2-13)，不斉炭素に直接結合している原子は CHO の炭素，OH の酸素，$CH_2OH$ の炭素，水素の四つとなる．このなかで，原子番号が一番大きいのは酸素の 16 なので，OH の優先順位が 1 位となる．次に優先順位が高いのは炭素だが，これは二つの置換基 CHO と $CH_2OH$ に含まれている．このとき，CHO の炭素には酸素が二つ結合しているとみなされる（C=O 二重結合は C–O 単結合二つとみなすため）が，$CH_2OH$ には酸素が一つ結合しているだけなので，CHO のほうが $CH_2OH$ よりも順位が上とみなされる．したがって，このときの順位は OH > CHO > $CH_2OH$ > H となる．ついで順位の一番低い置換基(たいていは水素原子)を自分から一番遠くにおいてほかの三つの置換基を見たとき，その回り方が右回りに OH → CHO → $CH_2OH$ なら *R*，その逆なら *S* とする．Fischer 投影式から *R*, *S* を判定したいときには，まず Fischer 投影式の動かし方の規則に従って最も優先順位の低い原子が十字の一番下にくるように書き換える．こうすると，優先順位の最も低い原子が自分から一番遠くなることになるので，残り三つの置換基の順位をたどって右回りになればその不斉炭素の立体配置は *R* であり，逆に左回りなら *S* となる．

*RS* 表示法は曖昧さの残らない優れた表記法であるが，同一立体配置でも置換基の種類が異なれば *R* と *S* が逆転することがある．たとえば，グリ

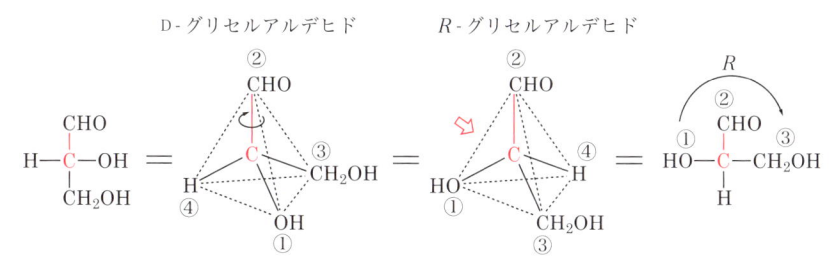

> *RS* 表示
> 三人の化学者（Cahn, Ingold, Prelog）によって考案された置換基の順位則に基づく立体配置の表示法．三人のうちの C. K. Ingold は，有機電子論を完成させたイギリスの化学者．本書の 4 章で述べる求核置換反応や脱離反応に関する多くの業績がある．

D-グリセルアルデヒド　　　*R*-グリセルアルデヒド

CHO 基と不斉炭素を結ぶ結合のまわりで 120°回転させ，もとの $CH_2OH$ 基の位置に H がくるようにする．

得られた立体図を Fischer 投影図に書きなおし，OH, CHO, $CH_2OH$ を順にたどると右回りになる．この回り方は，不斉炭素と H を結ぶ結合の反対側から OH, CHO, $CH_2OH$ を見たときと同じになる．

図 2-13　*RS* 表 示

表 2-1　DL 表示と RS 表示

|  | CHO<br>H-C-OH<br>CH₂OH | CHO<br>H-C-OH<br>CH₂SH |
|---|---|---|
| 立体配置 | 同じ | 同じ |
| DL 表示 | D | D |
| RS 表示 | R | S |

セルアルデヒドの $CH_2OH$（アルコール）が $CH_2SH$（チオール）に変わると，置換基の優先順位が $OH > CH_2SH > CHO > H$ と入れ替わるので，二つの化合物の立体配置は同じでも，RS 表記では R が S に逆転してしまう．このとき，DL 表記法では Fischer 投影式における OH 基の向きにのみに注目するので，ほかの置換基が入れ替わってももとの D 配置はそのままであり，立体配置の転換が起こっていないことが明示できる（表 2-1）．一定の基本構造をもつ糖やアミノ酸の立体配置の表示に DL 法が今でも利用されているのは，このような利点によるところが大きい．

### (c) ジアステレオマー

不斉炭素が二つ以上ある場合，可能な立体配置の種類は格段に多くなる．これは，一つの不斉炭素あたり二つの立体配置が可能なので，不斉炭素が $n$ 個あれば，すべての可能な立体配置は $2^n$ 個となるためである．エナンチオマー（鏡像異性体）は，全部の不斉炭素での立体配置が逆になった一対の化合物のみを表している．エナンチオマー以外の光学異性体はまとめてジアステレオマーとよばれる（図 2-14）．ジアステレオマーのうち，1 か所の不斉炭素の立体配置のみが逆になった化合物はエピマーとよばれる．

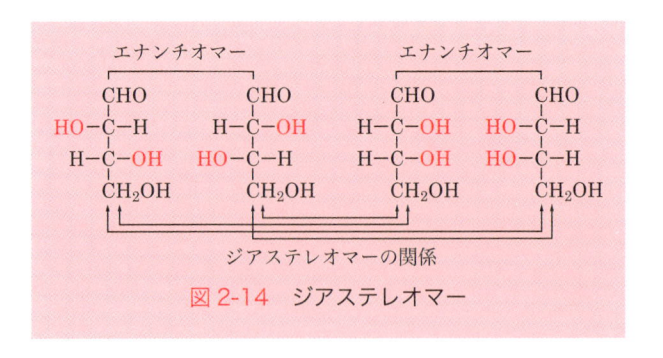

図 2-14　ジアステレオマー

### 酒石酸

酒石酸はブドウやワインに多く含まれるヒドロキシ酸．ワインの樽にたまる沈殿（酒石）からカリウム塩として発見されたのでこの名がつけられた．化学合成された酒石酸の塩の結晶に 2 種類の形があるのに最初に気づいたのはルイ・パスツール（L. Pasteur）である．根気よく 2 種類の結晶を分離することにより，はじめてキラル分子の存在が実証された．

ただし，二つの不斉炭素があると常に $2^2 = 4$ 個の光学異性体が存在するわけではない．図 2-15 に示す酒石酸では，四つの異性体，つまり (2R, 3R) 体，(2S, 3S) 体，(2R, 3S) 体，(2S, 3R) 体を書くことができる．このうち，(2R, 3R) 体と (2S, 3S) 体はエナンチオマーの関係にあるが，(2R, 3S) 体を

図 2-15　酒石酸の光学異性体

180°回転させる（Fischer 投影式で許される回転）と (2S, 3R) 体に一致し，この二つの構造が同一の化合物を表していることがわかる．これは，これら二つの構造が分子内に対称の要素（図に点線で示した対称面）をもっているため，2 位と 3 位での不斉の要素が打ち消されてしまうことによる．したがって，このような化合物は偏向面を回転させない．このように，不斉炭素をもっているにもかかわらず，分子内での対称面のために光学活性を示さない化合物をメソ化合物とよぶ．二つの不斉炭素をもった酒石酸には，四つではなく三つの光学異性体（二つの酒石酸エナンチオマーとメソ酒石酸）しか存在しない．

Louis Pasteur
（1822～1895 年）．フランスの生化学者，細菌学者．ロベルト・コッホとともに「近代細菌学の開祖」とされる．初期の化学研究における功績として，分子の光学異性体の発見がある．その後，牛乳やワインなどの腐敗を防ぐ低温殺菌法の開発や，狂犬病ワクチン，ニワトリコレラワクチンの発明などの業績をあげた．

## 章末問題

1．小・中員環環状アルカンのうち，シクロヘキサンが最も安定となるのはなぜか．

2．次の分子の立体配座がわかるように構造式を書け．

3．アミノ酸の一種であるイソロイシンの構造は下記のとおりである．イソロイシンにはいくつのジアステレオマーが考えられるか．またそれらの構造を Fischer 投影式で書け．

4．アミノ酸の一種であるシステインの Fischer 投影式は下記のとおりである．セリンの不斉炭素の立体配置を RS 表示で表せ．

■■■ **本章のまとめ** ■■■

**1. 立体配座**：単結合を軸とする回転による同一化合物の形の変化

　a) 鎖状アルカンの例

　　　アンチ形　　　　重なり形　　　　ゴーシュ形　　　　重なり形

　b) 環状アルカンの例

**2. 立体配置**：置換基の結合様式が異なる化合物間の空間構造の変化

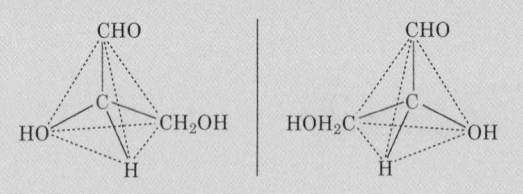

　a) エナンチオマー

　b) ジアステレオマー

　　　　エナンチオマー　　　　　　エナンチオマー

　　　　　　　ジアステレオマーの関係

　c) 表示法には Fischer 投影法，DL 表示法，RS 表示法がある．

# 3章 炭素骨格の性質と反応

本章と次章で，有機化合物の性質と反応を官能基に基づいて説明する．本章では，炭素と水素だけからなる骨格をもつ化合物—炭化水素—について述べる．炭化水素は炭素-炭素結合の形式により，飽和炭化水素・不飽和炭化水素・芳香族炭化水素の3種類に分類される．炭化水素は石油と天然ガスの主成分である．石油は有機化合物が複雑に混合した液体であるが，主成分はアルカンおよびシクロアルカンである．液化石油ガス（LPG）の主成分はプロパンであり，天然ガスの主成分はメタン（約80％）である．天然ガスにはエタン（5〜10％）と少量の長鎖アルカンも含まれる．

**脂肪族炭化水素**
飽和炭化水素と不飽和炭化水素をあわせて脂肪族炭化水素とよぶことがある．

**LPG（liquefied petroleum gas）**
油田などから得られる副生ガスから不純物を除き，圧縮して液化させた気体燃料．一般にはプロパンガスともよばれる．

## 3.1 アルカンの性質と反応

最も小さいアルカンはメタン $CH_4$ である．メタンから炭素鎖を伸ばすことによってさまざまなアルカンの構造を書くことができる（1章の p. 15，表 1-4）．このうち，枝分れのない炭素鎖をもつものを直鎖アルカンとよんでいる．この系列の化合物では $CH_2$（メチレン）単位で構造が変化している．このような規則性のある繰り返し構造をもつ互いに似かよった化合物群を同族体とよぶ．アルカンには枝分れのある化合物も含まれるが，すべてのアルカンは一般式 $C_nH_{2n+2}$ で表すことができる．

### 3.1.1 アルカンの性質

アルカンは水とは溶け合わない．水分子は極性分子であるが，アルカンは非極性であるためである．水分子の O–H 結合は分極した共有結合で，水素原子に部分的正電荷が生じ，酸素原子に部分的負電荷が生じる．その結果，ある水分子の水素原子はほかの水分子の酸素原子に引き寄せられる．水分子はこの分子間での吸引力のネットワークにより互いに引きつけあっている．

**分子間での吸引力**
このような分子と分子の間に働く力を分子間力とよんでいる．水分子に見られるような，水素原子を仲立ちとする分子間の結合を水素結合とよぶ（図3-1）．

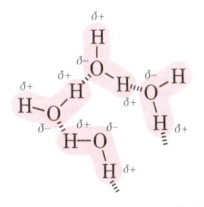

図 3-1 水分子の水素結合

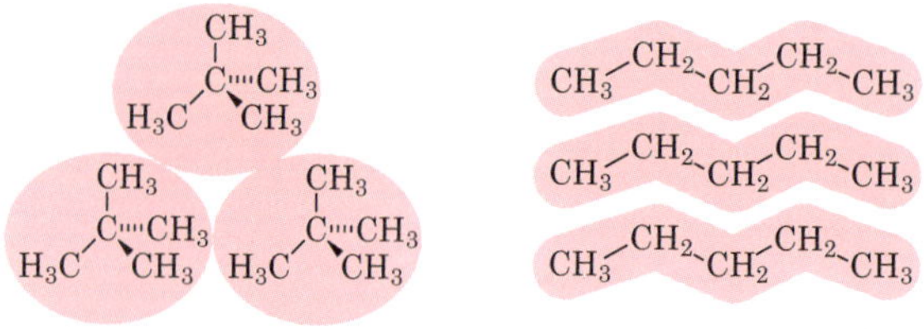

2,2-ジメチルプロパン
bp(沸点) 10 ℃

ペンタン
bp(沸点) 36 ℃

図 3-2　ジメチルプロパンとペンタンの沸点

アルカンは非極性分子なので，水分子のこのような分子間ネットワークに入り込むことができない．このためアルカンは水に不溶となる．

では非極性分子であるアルカンどうしはどのような力で引き合っているのであろうか．非極性分子間で働く力は一般にファンデルワールス力とよばれている．非極性分子は水分子のような部分的電荷はもたない．しかし，分子のなかの電子は静止しているわけではないので，分子内に不均等に分布する瞬間もある．このとき分子内に一時的な電荷の偏りが生じ，この一時的な偏りを利用して互いに引き合う力がファンデルワールス力である．したがって，ファンデルワールス力が分子どうしを結びつける力は弱い．このため，非極性分子であるアルカンは極性化合物に比べ低い沸点を示す（少しのエネルギーを与えると互いに離れてしまう）．つまり気体になりやすい（炭素4個のブタンまでは常温常圧でガスである）．ファンデルワールス力は分子表面間の短い距離で働くので，分子が互いに接触できる表面積が大きいほど強い．したがって分子量に比例するが，分子量が同じならばコンパクトな形をとる分岐構造よりも，伸びた鎖状構造のほうが大きく働く(図 3-2)．

### 3.1.2　アルカンの反応

アルカンに含まれる共有結合は分極のない単結合である．したがって，イオン反応を起こしにくく安定である．反応性が低いのでほかの有機分子への変換も難しく，広く用いられる反応は酸化（つまり燃焼，ガソリンとしての利用）である．

イオン反応の代わりにラジカル反応を利用すれば，アルケンをハロゲン化することができる．アルカンとハロゲンガスの混合物を 300 ℃ 以上に加熱するか，混合物に紫外線を照射すると，アルカンの水素原子がハロゲン原子に置換される（図 3-3）．ハロゲンとして塩素を用いれば塩素化（クロル化）が起こり，臭素を用いると臭素化（ブロム化）が起こる．図 3-3 に示したメタンのハロゲン化では，反応条件を調節することにより生成物のうちの1種を優先的に得ることができる．しかし，長鎖アルカンでは複雑な混合物となり，

---

**アルカンの性質**
植物はこの性質をうまく利用している．植物の葉や果実の表皮にはワックスが含まれている．ワックスには直鎖アルカンが含まれており，葉や果実から水分が失われるのを防いでいる．

**ファンデルワールス(van der Waals)力**
タンパク質がその立体構造を維持するために用いる疎水性結合はファンデルワールス力によるものが多い．

**アルカンの燃焼と地球温暖化**
炭化水素であるアルカンを燃やせば当然 $CO_2$ と $H_2O$ ができる．$CO_2$ は地球温暖化の原因ガスであり，石油の代替エネルギー開発などにより，その発生量を減らす努力が強く求められている．$CO_2$ が地球温暖化を促進するのは，$CO_2$ が赤外線を吸収するためである．$CO_2$ が増えると，太陽によって温められた地表の熱が地球から逃げにくくなり，温暖化が進行する

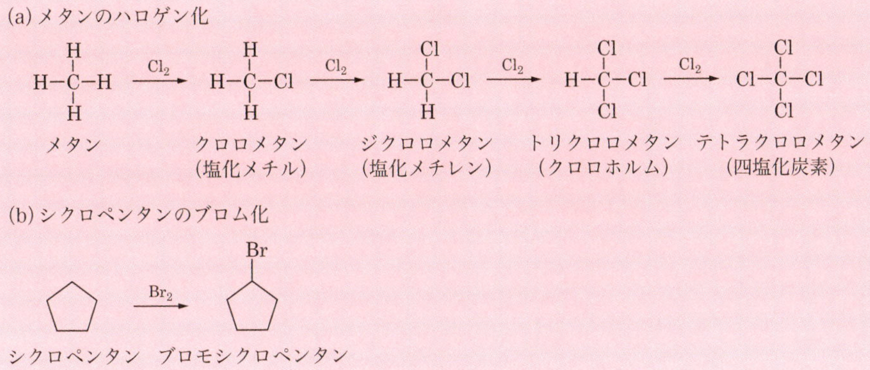

(a) メタンのハロゲン化

メタン → クロロメタン（塩化メチル） → ジクロロメタン（塩化メチレン） → トリクロロメタン（クロロホルム） → テトラクロロメタン（四塩化炭素）

(b) シクロペンタンのブロム化

シクロペンタン → ブロモシクロペンタン

図 3-3　アルカンのハロゲン化

特定のハロゲン化アルキルだけを取りだすことは困難である．ただし，置換基のないシクロアルカンでは単一の生成物を取りだすことができる．

アルカンのハロゲン化は図 3-4 に示すラジカル連鎖機構により進行する．Cl–Cl 結合は C–C 結合や C–H 結合よりも弱い．このため光あるいは熱で塩素原子が発生し，これがアルカンと反応する．この反応により新たなラジカルが生成するので，いったん反応が始まれば連鎖的に反応が進行する．新たなラジカルが生成しない停止反応が起こることによって，はじめて反応が停止する．

(i) 開始：ラジカル生成　　Cl–Cl $\xrightarrow{h\nu}$ 2 Cl·

(ii) 成長：置換反応が連鎖的に進行
Cl· + H–CH$_3$ ⟶ HCl + ·CH$_3$
H$_3$C· + Cl–Cl ⟶ CH$_3$Cl + Cl·

(iii) 停止：ラジカルどうしの反応
Cl· + Cl· ⟶ Cl$_2$
Cl· + ·CH$_3$ ⟶ CH$_3$Cl
·CH$_3$ + ·CH$_3$ ⟶ CH$_3$CH$_3$

図 3-4　ラジカル連鎖反応

## 3.2　アルケンの性質と反応

アルケンは炭素 - 炭素二重結合をもつ化合物で，最も小さなアルケンはエチレンである．エチレンは石油成分の熱分解によってつくられる．その多くは高分子であるポリエチレンの製造に使われる．エチレンからは，ポリエチレン以外の高分子の製造原料となる塩化ビニルやスチレンもつくられ

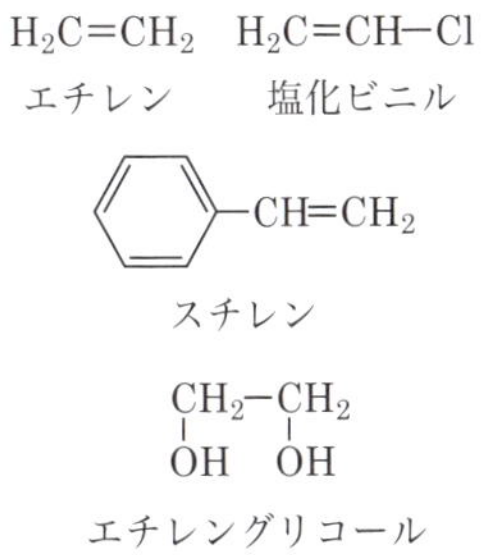

H$_2$C=CH$_2$　H$_2$C=CH–Cl
エチレン　　塩化ビニル

⌬–CH=CH$_2$
スチレン

CH$_2$–CH$_2$
　|　　　|
　OH　 OH
エチレングリコール

図 3-5　エチレン，塩化ビニル，スチレン，エチレングリコール

**エチレングリコール**
不凍液としても用いられている．

**PET**
ペットボトルのほか，フィルムや磁気テープの基材などにも用いられる

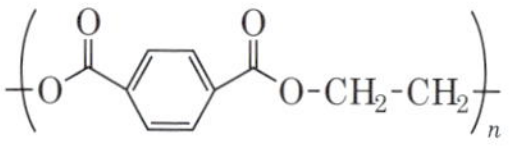

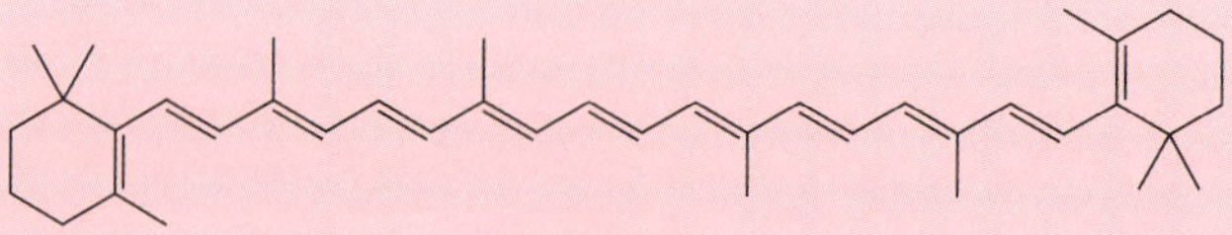

る．PETボトルに使われているポリエチレンテレフタラート（polyethylene terephthalate；PET）の原料となるエチレングリコールは，エチレンの酸化によって製造される（図3-5）．

アルケンはアルカンと同じように，非極性で水に難溶である．炭素数4以下のアルケンは無色の気体で，それより高分子の同族体は揮発性の液体である．天然に存在するアルケンにはリモネン（p. 13, 図1-12を参照）やカロテンなどがある．

図3-6 β-カロテンの構造（p. 37を参照）
（β-カロテン
ニンジンの黄橙色色素
ビタミンAの生物学的前駆体）

### 3.2.1 アルケンへの求電子付加反応

アルケンの二重結合はσ結合とπ結合からできている．p. 12で述べたように，π結合の電子は結合面の上下に広く分布しており，σ結合の電子よりもはるかに動きやすい．アルケンの最も一般的な反応では，このπ電子が正電荷をもった試薬（親電子剤）と反応する．この形の反応（求電子付加反応）では，アルケンの二重結合の炭素に試薬が付加し，炭素-炭素単結合をもった生成物が生じる．

#### (a) ハロゲンの付加

臭素あるいは塩素はアルケンに付加する．この反応は図3-7に示すように2段階で進行する．臭素がアルケンに近づくと，アルケンのπ電子が臭素を攻撃してBr⁻を追いだし，ブロモニウムイオン中間体が生成する．π電子は分子平面の上下に広がっているので，この最初の攻撃は平面の上あるいは下から起こる．第2段階ではBr⁻が正電荷をもったブロモニウム中間体を攻撃するが，この攻撃は第1段階とは逆の方向で起こる．ブロモニウム中間体の構造からわかるように，最初に攻撃が起こった面は臭素原子によって遮

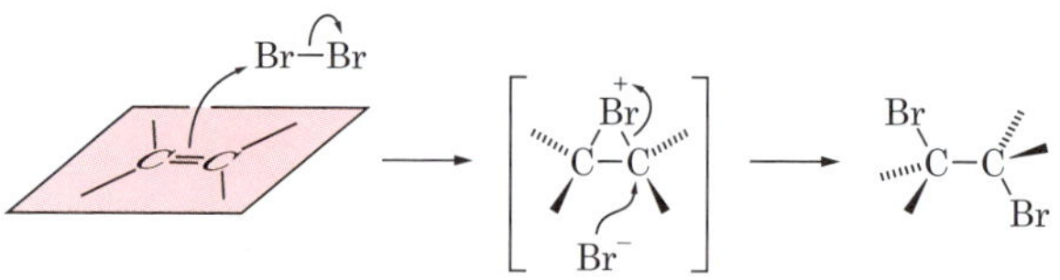

**アルケンの検出**
臭素の溶液は深赤褐色であるが，不飽和化合物やその臭素付加体はふつう無色である．このため，アルケンに対する臭素の付加反応は，有機化合物中の不飽和結合の検出試験として用いられる．

ブロモニウムイオン中間体

図3-7 アルケンに対する臭素の付加

蔽されているためである．結局，二つの臭素原子はそれぞれアルケンの反対側から反応することになる．このような反応様式をトランス付加（あるいはアンチ付加）とよんでいる．

### (b) ハロゲン化水素(酸)の付加

ハロゲンの付加では，第1段階と第2段階で反応する元素は同じである．では第1段階と第2段階で異なる原子が攻撃する場合はどうなるであろう

## COLUMN　ブルーベリーやニンジンは目にいい？

炭素-炭素単結合は自由に回転でき，この回転によって有機化合物はさまざまな配座をとることができます．ところが二重結合は自由に回転できません．π電子が結合の上下で重なるからです．このため，光や熱などのエネルギーを外から与えてπ結合を切らない限り回転できないのです．ということは，光を当てればπ結合が切れ，回転による配座変換が可能になるはずです．実は目が光を感じる仕組みはこの性質を利用しています．

目ではビタミンAからシス-レチナールという化合物がつくられます．この化合物は二重結合をいくつか含んでいますが，その11位と12位の間の二重結合がシス配置をもっています．シス-レチナールはオプシンというタンパク質と結合し，光感受性のロドプシンを生成します．ロドプシンに光が当たると，この二重結合の配置がトランスに異性化し，メタロドプシンⅡに変化します．こうなるとレチナールはタンパク質のなかの隙間にうまく収まることができなくなり，オプシンから離れます．これが刺激となって視神経に情報が送られ，視覚として認識されるのです．このときオプシンから離れたトランス-レチナールは捨てられるわけではなく，元のシス体にもどされて再利用されます．ブルーベリーに含まれるアントシアニンは，この変換を促すのではないかといわれています．

とはいえレチナールは少しずつ消費されていきます．これを補うのはビタミンAですが，ビタミンAはβ-カロテンからつくられます．ニンジンやサツマイモなどの黄色野菜にはβ-カロテンが豊富に含まれているので，これらの野菜も一緒にとればより目にいいということになるようです．

か．アルケンと酸との反応では，第１段階としてアルケンのπ電子がプロトン$H^+$を攻撃しカチオン（カルボカチオン）中間体が生成する．第２段階ではハロゲン化物アニオンが求核剤としてこのカルボカチオン中間体を攻撃し反応生成物を与える（図3-8）．用いたアルケンが図3-8に示したような非対称な化合物である場合，中間体の正電荷がどちらの炭素上に生じるかによって，水素原子とハロゲン原子の付加位置が逆転する．しかし，実際には反応は位置選択的に進み，ほぼ１種類の化合物しか生成しない．その理由はカルボカチオン中間体の安定性を考えることによって理解できる．

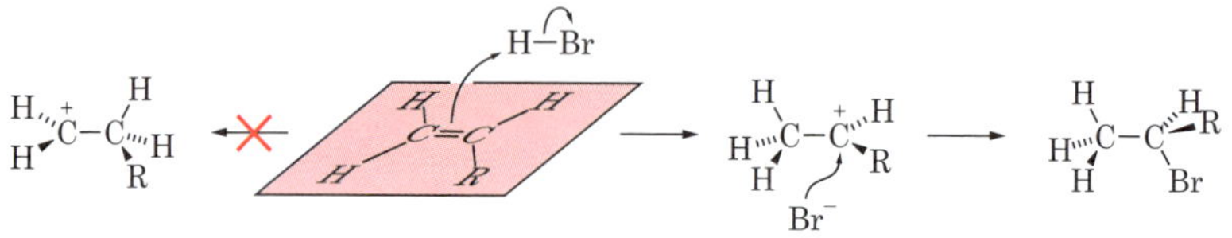

図 3-8　アルケンに対する HBr の付加

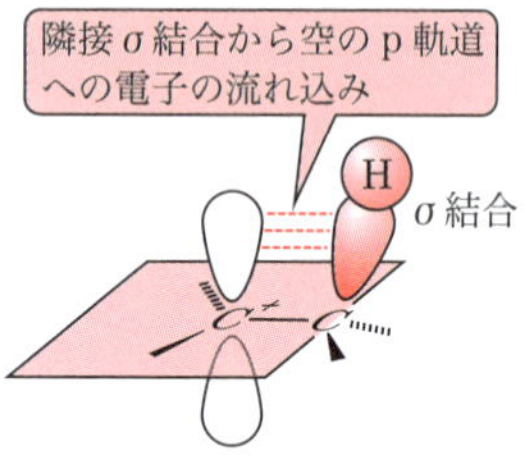

図 3-9　アルキル基の電子供与性
アルキル基はそのC–H σ軌道が炭素カチオン上の空のp軌道と側面どうしで重なることによってσ結合の電子を空のp軌道に供給できる．この作用により，アルキル基は電子を与える電子供与性基となる．この隣接アルキル基による効果を超共役とよぶことがある．共役の概念については次ページを参照のこと．

正電荷をもつカルボカチオンは，π電子がプロトンに移ったことにより生じる．つまり，カルボカチオンの炭素原子は空になったp軌道をもっている．もしこの空のp軌道に近傍から部分的に電子を供給できれば，カチオンの正電荷が中和され（正電荷が非局在化され）より安定なカチオンになる．このような電子供給能をもつ代表的置換基の一つにメチル基（一般的にはアルキル基）がある（図3-9）．このため，カルボカチオン炭素原子にアルキル基が結合すればするほどカチオンは安定化される（図3-10）．非対称なアルケンへの付加は，より安定なカルボカチオンが生成する方向へと反応が進む．この結果は，経験則としてこの現象〔水素（一般的には正電荷をもった成分）は水素原子が多く結合しているほうの炭素に結合する〕を最初に見つけた化学者の名前にちなんで，Markovnikov則とよばれる．

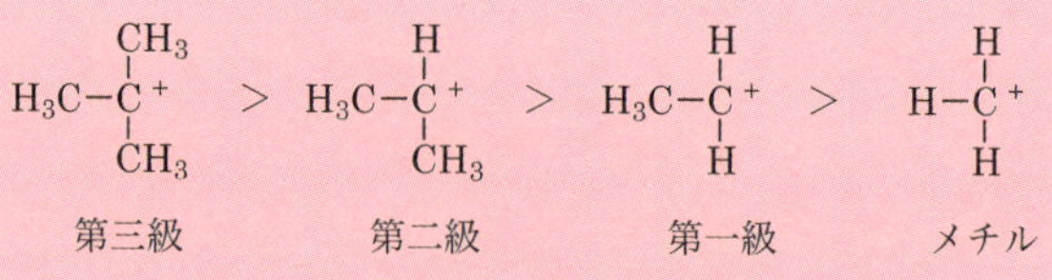

図 3-10　第一〜三級カルボカチオンの安定性
カルボカチオンは正電荷をもつ炭素上に置換基がいくつあるかによって，第三級，第二級，第一級と分けられる．このうち，第三級カルボカチオンが最も安定なカチオンである．

### (c) 水の付加（水和）

酸触媒存在下でアルケンに水が付加する反応である（図3-11）．水は形式的に$H^+$と$OH^-$のかたちで付加する．反応機構は(b)で説明したハロゲン化

3.2 アルケンの性質と反応

図 3-11 アルケンに対する H₂O の付加

酸の付加とまったく同じである．酸触媒は最初に付加する H⁺ を供給するために用いられる．

### 3.2.2 共役ジエン

一つの化合物のなかに二つ以上の二重結合がある場合，これらがどのような位置にあるかによって反応性が違ってくる．二つの二重結合が 2 個以上の単結合で隔てられているとき(孤立形)，二重結合はそれぞれ独立したアルケンとして反応する．しかし，二つの二重結合の間に一つしか単結合がない場合(共役形)，独特の反応性を示す(図 3-12)．

命名法で述べたように，アルケン化合物は語尾に -ene をつけて表す．二重結合が二つならばさらに 2 を示す倍数詞ジをつけるので，ジエンとなる．共役ジエンでは二つの π 軌道間での重なりも可能になるので，π 電子が分子全体に非局在化される．この非局在化により，共役ジエンは孤立ジエンよりも安定化されている．π 電子が非局在化できる構造を共役形とよぶ．

共役構造をもつ 1,3-ブタジエン 1 モルに 1 モルの臭化水素が付加すると，2 種類の生成物(a)と(b)ができる(図 3-13)．(a)の生成物では HBr は片方の二重結合に付加し，他方の二重結合はそのまま残っている (1,2-付加物)．(b)では水素と臭素がジエンの両端に付加し，炭素 2 と 3 の間に新しく二重結合ができる (1,4-付加物)．この反応の第 1 段階では，プロトンが Markovnikov 則に従って末端の炭素に付加する．生成したカルボカチオン中間体は共鳴により安定化でき，二つの極限構造式の共鳴混成体として表さ

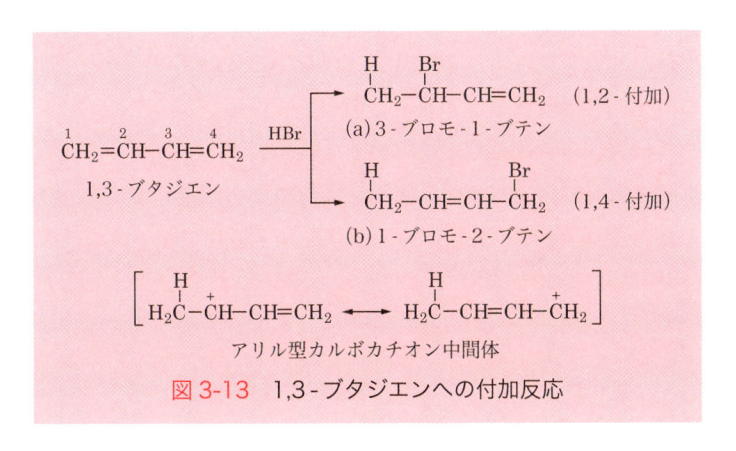

孤立形
共役形
共役ジエンの軌道の重なり

図 3-12 孤立形アルケンと共役形アルケン

図 3-13 1,3-ブタジエンへの付加反応

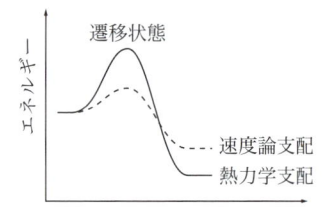

れる．つまりカルボカチオン中間体の正電荷は，炭素 2 と 4 の上に非局在化している（アリル型カルボカチオン中間体）．第 2 段階で中間体カチオンが臭素イオン（求核剤）と反応するとき，炭素 2 で反応すれば 1,2-付加体を与え，炭素 4 で反応すれば 1,4-付加体を与える．どちらの生成物が多くなるかは，反応条件によって左右される（図 3-14）．

## 3.3 芳香族化合物

一般に芳香族化合物とは，ベンゼンを母体とする安定な炭化水素化合物をさす．芳香族化合物は複数の二重結合をもっているが，これまで述べてきたアルケンとは大きく異なった反応性を示す．

### 3.3.1 芳香族化合物の性質

代表的芳香族化合物であるベンゼンは，通常三つの二重結合をもつ不飽和六員環化合物として表される．しかし，ベンゼンは臭素溶液の消色反応を示さないし，アルケンが行う典型的な付加反応も起こさない．さらに，ベンゼンの六つの炭素-炭素結合の長さはすべて同じで，典型的な単結合の長さよりも短いが，二重結合の長さよりも長い．ベンゼンのもつこのような性質や安定性は，ベンゼンを共鳴混成体として考えることにより説明できる．すなわち，真のベンゼンは図 3-15 に示す極限構造式の共鳴混成体として存在す

**図 3-15 ベンゼンの構造**

る．ベンゼンには単結合も二重結合も存在しない代わりに，その中間の性質をもった炭素-炭素結合が 1 種類だけ存在している．このため，ベンゼンはアルケンとは異なる反応性を示す．軌道で表すと，ベンゼンの六つの炭素はその sp$^2$ 混成軌道で隣接する炭素原子や水素原子と結合している．各炭素原子に残る p 軌道は sp$^2$ 混成軌道がつくる平面に垂直に広がり，電子を 1 個ずつもっている．ベンゼン分子ではこれら 6 個の p 軌道がすべて側面で重なることができ，六員環平面の上下に広く広がる電子雲を形成する．このためベンゼンの炭素-炭素結合はすべて等価となり，かつ分子全体に電子が非局在化することにより安定化される．

---

**図 3-14 速度論支配と熱力学支配**
反応温度が高い（十分なエネルギーを取り入れられる）ときには高いエネルギー障壁も乗り越えられるので，置換基の多い安定なアルケン，すなわち 1,4-付加体が多くなる（熱力学支配）．十分なエネルギーがない低温下では，より乗り越えやすい遷移状態を経ることが多くなり，生成物としてはより不安定な 1,2-付加体が多く得られる（速度論支配）．一般に置換基の多いアルケンのほうが安定なので（p. 54 を参照）図 3-13 の例では 1,4-付加体のほうが安定になる．

**芳香族性**
現在，芳香族性は，i) 平面構造で，ii) 各原子上に p 軌道があり，iii) 環状で，iv) π 電子が 4n + 2 個ある，場合に見られる性質として定義されている（Hückel 則）．ベンゼン以外のいくつかの芳香族化合物の構造をあげておく（図 3-16）．

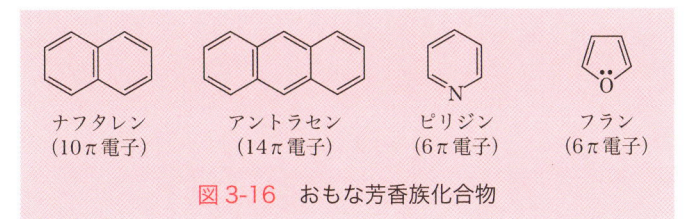

3.3 芳香族化合物

図 3-16 おもな芳香族化合物
ナフタレン（10π電子） アントラセン（14π電子） ピリジン（6π電子） フラン（6π電子）

## 3.3.2 芳香族化合物の反応

芳香族化合物には複数の電子をもった π 電子雲が存在する．芳香族化合物の反応はこの π 電子の反応である．したがって，最も一般的な反応は，親電子剤（正電荷をもった反応種）との反応である．しかし，反応の結果，芳香族性が失われると，せっかくの安定化エネルギーが失われることになる．このため，単結合ができる付加反応の代わりに置換反応が起こる．

Friedrich August Kekulé（1829〜1896年），ドイツの有機化学者．

## COLUMN 「亀の甲」の功罪

　有機化学が苦手な人がまず間違いなく口にするのが「亀の甲は苦手で…」というせりふです．ここでいう亀の甲とはもちろんベンゼン環のことですが，この構造がわかったのは 1865 年です．ドイツ出身の化学者 F. A. Kekulé がこの構造式を思いついたのですが，6 匹のヘビがそれぞれの尻尾を加えて輪になっている夢を見たことがきっかけだといわれています．

　ベンゼンがもつ安定性は芳香族性といわれていますが，これは環が増えてもあてはまります．環が二つになったのがナフタレンで，防虫剤として使われています．もう一つ環を増やして三つにしたのがフェナントレンで，ベンゼン環がジグザグにつながっています．横一列で三つの六員環をつなげると，一つの六員環にはどうやっても二重結合が二つしか組み込めず，長くなるほど芳香族性が落ち不安定になります．こうしてベンゼン環をジグザグにつないでいくと，筒状のカーボンナノチューブや球状化合物をつくることができます．カーボンナノチューブや球状化合物は，ナノサイエンスの分野でさまざまな応用が期待されている化合物です．亀の甲はいまでも有機化学の重要な化合物であり続けています．

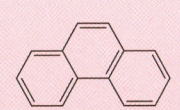

　でもいいことばかりではありません．五つのベンゼン環をもつベンゾピレンという化合物は，強い発がん性をもっています．ベンゾピレンが体内に入ると化学変化（代謝）を受け，きわめて強い反応性をもった化合物に変換されてしまいます．これが DNA と反応することによりがん化が起こるのです．経験的に知られていたコールタールの発がん性の化学的な機構です．しかし，この発がん機構が解明されたのは，1915 年に東京帝国大学の山際勝三郎教授が化学物質の発がん性をウサギで最初に証明してから約 60 年後のことでした．発がん過程は現在でも未解決の部分が多い研究分野ですが，ベンゾピレンの化学発がん機構は，その過程がわかっている数少ない例の一つです．

フェナントレン（phenanthrene）　　ベンゾピレン（benzopyrene）

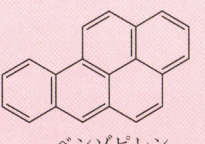

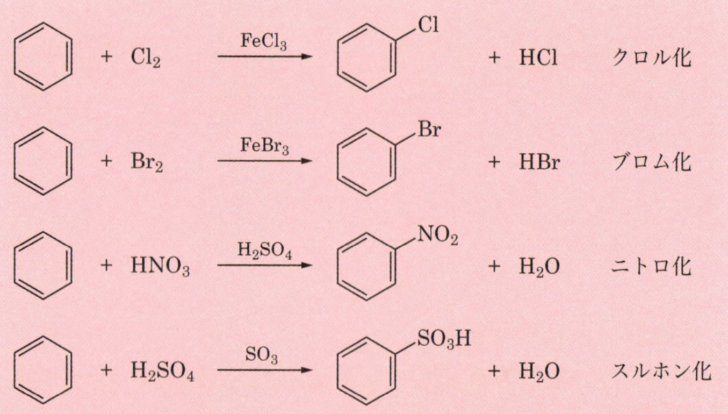

図 3-17　ベンゼンの置換反応

## (a) 芳香族求電子置換反応

代表的なベンゼンの置換反応を図 3-17 に示す．これらの置換反応では触媒を必要とする．ここでは，ベンゼンのクロル化を例にとって反応の進み方を説明しよう〔図 3-18 (a)〕．まず $Cl_2$ 分子から電子対を受け入れることができる $FeCl_3$ のような触媒を利用して正電荷をもつクロロニウムイオンを発生させる．これがベンゼンの π 電子と反応し，ベンゼン環の一つの炭素原子と σ 結合が形成される．その結果，正電荷をもったカルボカチオン中間体が生じるが，この中間体は芳香族性を失っており，不安定化されている．このため，クロロニウムイオンが付加した炭素上の水素を $H^+$（プロトン）として放出することによって反応を完結させ，芳香族性を再生させる．カルボカチオン中間体を生成する最初のステップで強い求電子剤が必要になるのは，こ

**電子対を受け入れる Lewis 酸触媒**
電子対をもった化合物は酸（$H^+$；プロトン）と結合できるので，塩基とみなせる．逆に，電子対を受け入れられる空の軌道をもつ $FeCl_3$ のような化合物は酸とみなせる．$FeCl_3$ のような化合物を Lewis 酸とよんでいる．酸と塩基については p.57 を参照のこと．

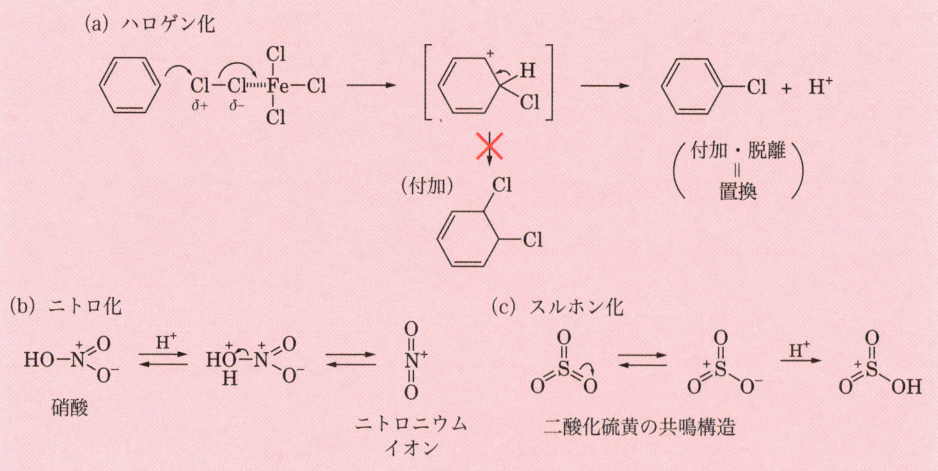

図 3-18　芳香族求電子置換反応

の過程で芳香族環の安定化エネルギーが失われるからである．もし次のステップで第2の付加反応が起これば，この安定化エネルギーは回復されない（生成物は非芳香族化合物になる）が，プロトンの脱離反応が起これば芳香族性が再獲得される．このため，芳香族化合物では付加ではなく付加・脱離による置換反応が優先する．ニトロ化反応での求電子剤は，硫酸触媒が硝酸をプロトン化・脱水させて生じるニトロニウムイオンであり〔図3-18（b）〕，スルホン化では三酸化硫黄またはそのプロトン化物が求電子剤となる〔図3-18（c）〕．

同様の反応機構により，ハロゲン化アルキルに $AlCl_3$ などの触媒を作用させるとアルキルカチオンが生成する．これをベンゼンと反応させるとアルキルベンゼンができる〔図3-19（a）〕．この反応は Friedel-Crafts アルキル化反応とよばれ，ベンゼン環へのアルキル基の導入に用いられる．ハロゲン化アルキルにかえて，塩化アシルを用いるとアシル化反応が起こる〔図3-19（b）; Friedel-Crafts アシル化反応〕.

**Friedel-Crafts 反応**
1877年にシャルル・フリーデル（C. Friedel，フランスの化学者）とジェームス・クラフツ（J. M. Crafts，アメリカの化学者）が発見した反応.

図3-19 Friedel-Crafts 反応

**Charles Friedel**
（1832～1899年），フランスの化学者・鉱物学者．フリーデル-クラフツ反応の発見で知られる.

### (b) 反 応 性

ベンゼンに対する求電子置換反応は，ベンゼン環上のπ電子の反応である．したがって，ベンゼン環の電子密度が大きくなると反応性が上がり，電子密度が下がると反応が進みにくくなる．もし，ベンゼン環に電子を供給できる（電子供与性の）置換基があれば反応は促進され，電子を引きつける（電子求引性の）置換基があれば反応は抑制されるであろう．

置換基が電子をだすか引くかは，誘起効果と共鳴効果によって判断でき

**James Mason Crafts**
（1839～1917年），アメリカの化学者．Friedelと共同研究し，1877年，フリーデル-クラフツ反応を発見・確立した.

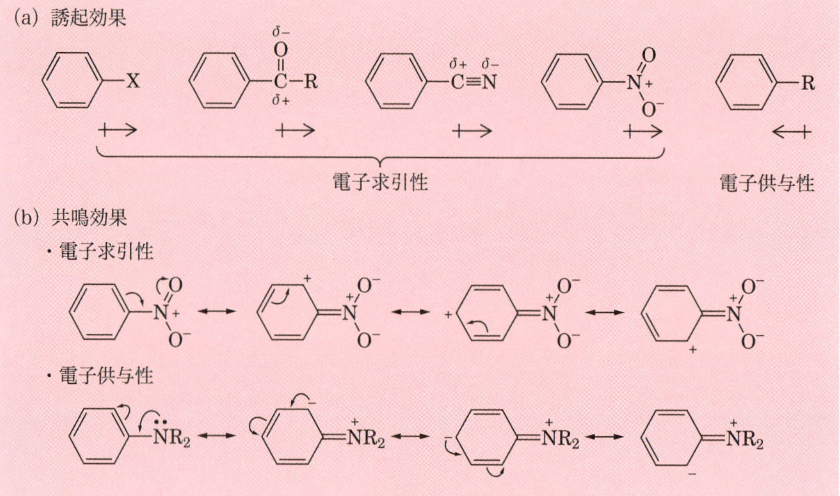

### 図 3-20 置換基の電子的効果

(a) 誘起効果 — 電子求引性／電子供与性

(b) 共鳴効果
・電子求引性
・電子供与性

---

る．誘起効果は，σ結合を介して電子を動かすことで生じる．その大きさは電気陰性度と官能基の極性によって決まる．電気陰性度の大きなハロゲン原子や極性をもつカルボニル基・シアノ基・ニトロ基などは電子を求引する〔図3-20(a)〕．p.38 で述べたように，アルキル基は電子供与性を示す．

共鳴効果は，π結合を介して電子を動かすことで生じる．ニトロ基などの極性基は共鳴効果で考えても電子を求引する〔図3-20(b)〕．ヒドロキシ基やアミノ基は，その不対電子がベンゼン環上のπ電子と共鳴し非局在化することができるので，電子を与える性質をもつ〔図3-20(b)〕．これらの官能基のヘテロ原子(酸素や窒素)は，炭素よりもわずかに電気陰性度が高いので電子を求引する誘起効果をもつが，共鳴効果がこれを上まわり，官能基としては電子供与性を示す．

### (c) 配向性

電子を押したり引いたりできる置換基をベンゼン環上にもつ化合物を求電子置換反応に用いたとき，置換反応が起こる位置を配向性とよぶ．1置換ベンゼンの求電子置換反応の配向性には，オルト-パラ配向性とメタ配向性の二つがある(図3-21)．

電子供与性の置換基があると，図3-20(b)に示すような共鳴効果の寄与により置換基のオルト位あるいはパラ位に負電荷が多く存在しうる．このため求電子剤はこの位置で反応しやすくなる(オルト-パラ配向性)．また，ベンゼン環上の電子密度も上がっているので，反応速度は無置換ベンゼンのときよりも大きくなる．ハロゲン原子もその不対電子の共鳴効果により，オルト-パラ配向性を示す．ただし，ハロゲン置換基はその誘起効果により電子求引

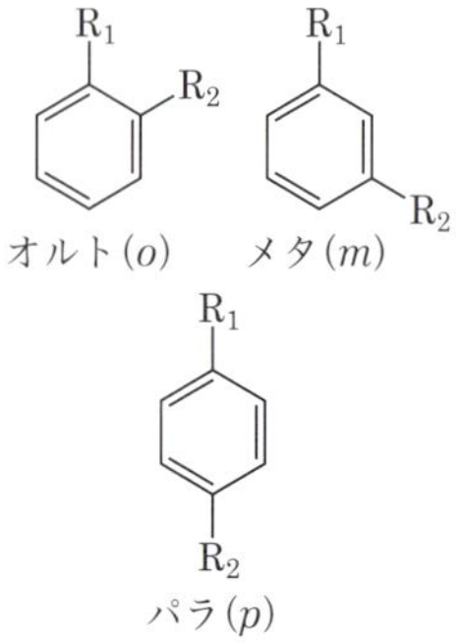

---

図 3-21 オルト，メタ，パラの位置関係

ベンゼン環上に置換基が二つあるとき，それらの相対的な位置関係を接頭語で表すことがある．二つの置換基が隣り合うときにオルト，1炭素隔てた位置の場合にメタ，3炭素隔てた位置の場合にはパラをつける．

表 3-1 置換基による配向性と反応性

| 配向性 | 置換基 | 名称 | 反応性 |
|---|---|---|---|
| オルト・パラ配向性 | $-NH_2, -NHR, -NR_2$ | アミノ | 活性化 |
| | $-OH, -OR$ | ヒドロキシ,アルコキシ | |
| | $-NHCOR$ (O=C) | アシルアミノ | |
| | $-CH_3, -R$ | アルキル | |
| | $-F, -Cl, -Br, -I$ | ハロ | 不活性化 |
| メタ配向性 | $-COR, -COOH$ | アシル,カルボキシ | |
| | $-SO_2OH$ | スルホ | |
| | $-C\equiv N$ | シアノ | |
| | $-NO_2$ | ニトロ | |

性置換基として作用するので，反応速度は無置換ベンゼンよりも遅くなる．

ベンゼン環上に電子求引性の置換基があると，ベンゼン環の電子密度は減少する．このとき図 3-20(b) に示すような共鳴効果の寄与により，オルト・パラ位で電子密度の減少が大きくなる．したがって親電子剤が反応するときには，相対的に電子密度が高くなっているメタ位でおもに反応が起こる（メタ配向性）．ただし，ベンゼン環全体の電子密度が低くなっているので，反応速度は遅い．以上の配向性と反応性の関係をまとめると，表 3-1 のようになる．

**(d) 反応のコントロール**

ベンゼン環の特定の位置に 2 個以上の置換基を導入したいときには，上で述べた反応性と配向性を考えなければならない．たとえば，ブロモニトロベンゼンの場合を考えてみよう．もし最初に臭素化を行い，次にニトロ化を行うと，図 3-22(a) に示すような 2 種類の化合物ができる．しかし順序を逆にして，はじめにニトロ化を行い，そのあとでブロム化を行うと，図 3-22(b)

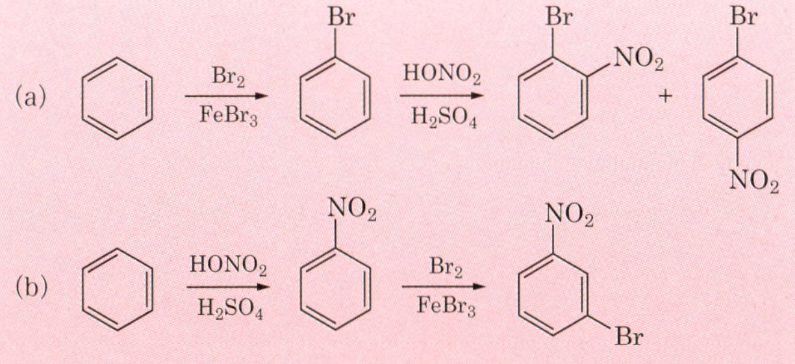

図 3-22 ブロモニトロベンゼンの合成

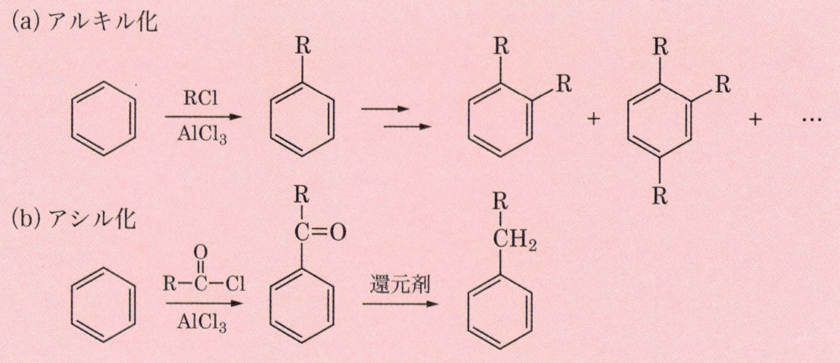

図 3-23　1 置換アルキルベンゼンの合成

に示す化合物が主成分として得られる．

　もし，ベンゼン環に一つだけアルキル基を導入したいのであればどうすればいいだろうか．すぐに思いつくのは p. 43 で述べた，Friedel-Crafts アルキル化反応であろう．ベンゼンに触媒存在下ハロゲン化アルキルを作用させると 1 置換アルキルベンゼンができる．では，反応の初期段階でこの 1 置換アルキルベンゼンができたあとはどうなるであろうか．反応フラスコ内には原料と生成物である 1 置換アルキルベンゼンが混ざっている．このあと，どちらの化合物が反応しやすいだろうか．アルキル基は電子供与性置換基なので，アルキル化されたベンゼンのほうが高い反応性を示す．つまり最初のアルキル化が起これば，原料であるベンゼンの代わりに生成したアルキルベンゼンのほうがすみやかに反応してしまう．この結果，目的の 1 置換ベンゼン以外に多置換ベンゼンが必ず混ざってしまう〔図 3-23(a)〕．1 置換ベンゼンだけがほしいなら，Friedel-Crafts アルキル化反応の代わりにアシル化反応を用いるべきである．Friedel-Crafts アシル化反応では生成した 1 置換ベンゼンのほうが反応しやすくなることはない．アシル基は電子求引性をもつからである．できた 1 置換アシル化ベンゼンを還元すれば 1 置換アルキルベンゼンに変換できる〔図 3-23(b)〕．

## 章末問題

1. $Z$-2-ブテンの付加反応(下記)の反応機構を示し，生成物の構造を立体配置がわかるように書け．

$$\underset{\substack{Z\text{-}2\text{-butene} \\ (\text{シス体})}}{\underset{H_3C}{\overset{H}{\diagdown}}C=C\underset{CH_3}{\overset{H}{\diagup}}} \xrightarrow{Br_2}$$

2. 1,3-ブタジエンに臭素を付加させる反応では，1,2-付加体と1,4-付加体の混合物が得られる．反応温度を上げるとどちらの付加体の割合が上がるか，反応機構をもとに説明せよ．

3. 次の二置換ベンゼンについて求電子置換の起こる位置を示せ．ただし，二つの置換基がいずれも電子供与性ならば電子供与性のより強い基がその配向性を支配し，電子供与性基と求引性基が共存する場合は電子供与性基が配向性を支配する．

   (p-OH / CH₃ 置換ベンゼン)　(m-COOH / Br 置換ベンゼン)

4. ベンゼンに対するFriedel-Craftsアルキル化反応をモノ置換ベンゼンの段階で止めることは難しいが，Friedel-Craftsアシル化反応ではモノ置換体がおもに生成する．なぜか．

---

### ■■■ 本章のまとめ ■■■

**1. アルカン**

a) アルカンは非極性で水と混ざらない．互いにファンデルワールス力で引き合っている．

b) アルカンのおもな反応は，酸化(燃焼)とハロゲン化．ハロゲン化はラジカル連鎖反応で進む．

$\quad$ (i) $\text{Cl–Cl} \xrightarrow{h\nu} 2\,\text{Cl}^{\bullet}$

$\quad$ (ii) $\text{Cl}^{\bullet} + \text{H–CH}_3 \longrightarrow \text{HCl} + {}^{\bullet}\text{CH}_3$
$\quad\quad\;\; \text{H}_3\text{C}^{\bullet} + \text{Cl–Cl} \longrightarrow \text{CH}_3\text{Cl} + \text{Cl}^{\bullet}$

$\quad$ (iii) $\text{Cl}^{\bullet} + \text{Cl}^{\bullet} \longrightarrow \text{Cl}_2$
$\quad\quad\;\;\; \text{Cl}^{\bullet} + {}^{\bullet}\text{CH}_3 \longrightarrow \text{CH}_3\text{Cl}$
$\quad\quad\;\;\; {}^{\bullet}\text{CH}_3 + {}^{\bullet}\text{CH}_3 \longrightarrow \text{CH}_3\text{CH}_3$

## 2. アルケン

a) アルケンは求電子付加反応を起こす．反応はアンチ付加で進み Markovnikov 則に従う．

アンチ付加；

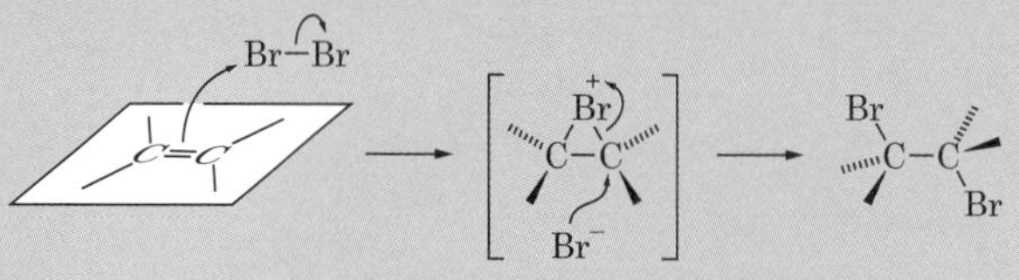

ブロモニウムイオン中間体

Markovnikov 則；

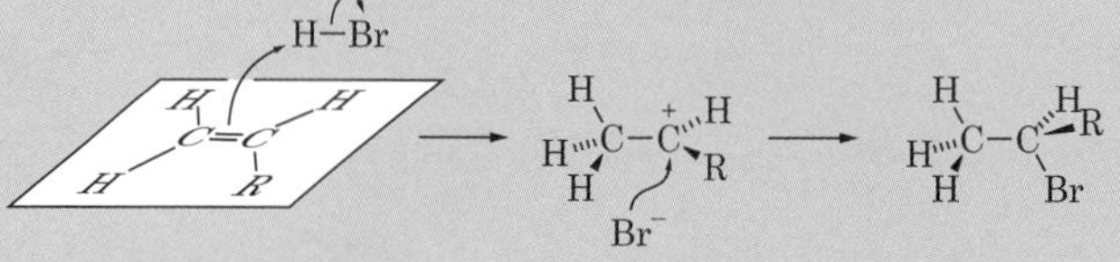

## 3. 芳香族化合物

a) 芳香族化合物の求電子置換反応．

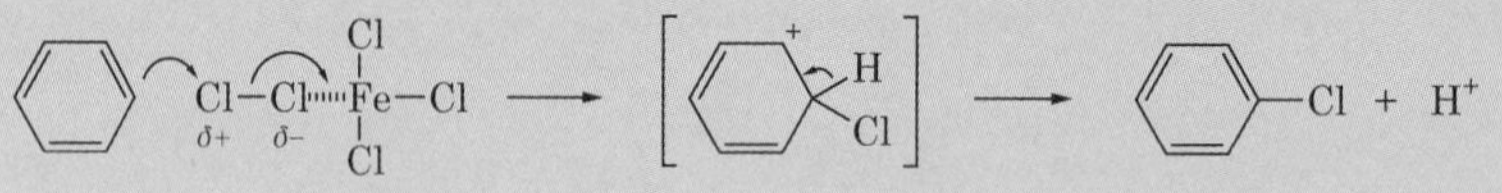

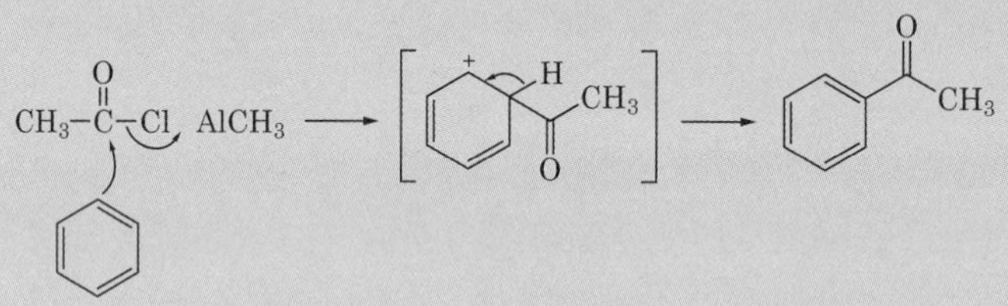

b) ベンゼン環上の電子供与性基は反応を活性化し，オルト-パラ配向性を示す．

電子供与性基； $-NH_2$　　$-OH$　　$-CH_3, -R$
　　　　　　　アミノ　　ヒドロキシ　　アルキル

c) ベンゼン環上の電子求引性基は反応を不活性化し，メタ配向性を示す．

電子求引性基； $-\overset{O}{\overset{\|}{C}}-R$　$-\overset{O}{\underset{O}{\overset{\|}{\underset{\|}{S}}}}-OH$　$-C\equiv N$　$-NO_2$
　　　　　　　アシル　スルホ　シアノ　ニトロ

# 4章 官能基の性質と反応

本章では，官能基をもった有機化合物の性質と反応について述べる．官能基をもつ有機化合物は，炭素原子とヘテロ原子の結合—すなわち分極した結合—を含んでいる．このため分子中に部分電荷をもち，イオン反応を起こしやすい．反応は，それぞれの官能基の構造に特有の機構で進む．生体内反応も官能基に由来する電荷の偏りを利用して行われる．本章では，官能基ごとにその特有の反応について説明していこう．

## 4.1 有機ハロゲン化合物

有機ハロゲン化合物は炭素とハロゲンの単結合をもち，甲状腺で生合成されるチロキシンや海洋産天然物に見られる官能基である（図4-1）．有機ハロゲン化合物はそのままでも殺虫剤や除草剤として用いられるが，本節で述べる置換反応や脱離反応を利用してさまざまな官能基に変換される．なお，元素を特定しないハロゲンは構造式中Xで表されることがある．

### 4.1.1 求核置換反応

炭素‐ハロゲン結合の電子は電気陰性度の大きなハロゲンに引きつけられ，

**フロン**
クロロフルオロカーボン（CFC；フロン）に代表される多ハロゲン置換化合物は，非常に安定で冷媒やエアロゾール噴霧剤に大量に使用されてきた．しかし，大気中に放出されると大気圏下層部で分解されず，成層圏にまで上昇することがわかった．成層圏で紫外線の作用によりC–Cl結合が切断され，塩素原子が放出される．この塩素原子がオゾン層破壊の元凶である．このため，現在では特定フロンの利用は全面禁止されている．

CCl₃F
トリクロロフルオロメタン
（CFC-11）

2,4-ジクロロフェノキシ酢酸
（除草剤）

チロキシン
（甲状腺ホルモン）

図4-1 有機ハロゲン化合物

**求 核 剤**

電子豊富な反応剤のうち，正電荷をもつ炭素原子と反応するものを求核剤とよぶ．一方，正電荷をもつ水素原子（プロトン）と反応するものは塩基とよばれる．負電荷をもつ反応種が炭素原子と反応するか水素原子と反応するかは，その反応種がもつ電子の動きやすさにより決まることが多い．

$$Nu:\curvearrowright \overset{\delta+}{R}-\overset{\delta-}{X}$$
　求核剤　基質

炭素原子は部分的正電荷を帯びている．このため，電子豊富な反応剤（求核剤）と反応し，求核置換反応を起こす．この反応は，$S_N1$ あるいは $S_N2$ とよばれる機構で進行する．

### (a) $S_N2$ 反応

$S_N2$ (bimolecular nucleophilic substitution) 反応は，図4-2 に示すような機構によって1段階で進行する反応である．

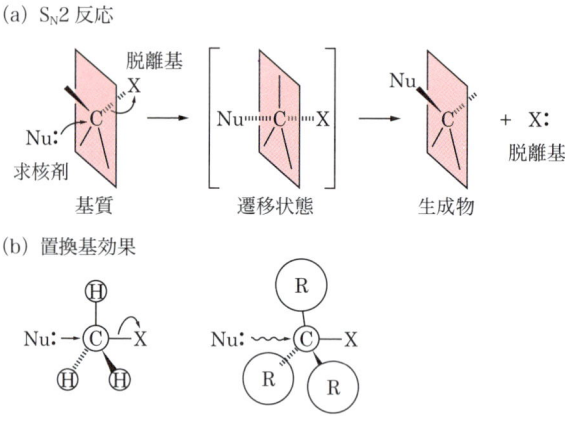

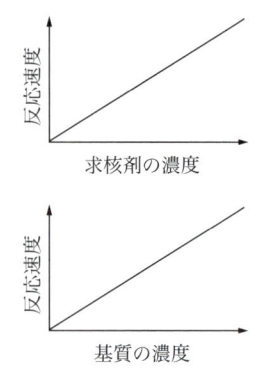

図 4-2　$S_N2$ 型求核置換反応

求核剤は脱離基となるハロゲン原子の背面から攻撃を行う．遷移状態では，求核剤と脱離基が反応中心の炭素原子をはさんでゆるやかに結合した状態をとる．脱離基が炭素原子との結合電子を取り込んで離れはじめるにつれて，求核剤がその電子対を炭素原子に供給するかたちで新しい結合を形成する．この反応機構から $S_N2$ 型反応は次の性質をもつことがわかる．

(1) 求核剤と基質の2分子がこの遷移状態の形成にかかわっているので，反応速度はそれぞれの濃度に比例する．
(2) 基質が光学活性化合物であれば，反応の前後でその立体配置は逆転する (Walden 反転)．切断される結合の反対側に新たな結合が形成されるためである．
(3) 反応中心の炭素に置換基が多くなるほど反応は進みにくくなる．置換を受ける背面側の混み具合がひどくなって，求核剤が近づきにくくなるためである〔図4-2(b)〕．

### (b) $S_N1$ 反応

$S_N1$ (unimolecular nucleophilic substitution) 反応は2段階で進行する（図4-3）．最初の段階で脱離基であるハロゲン原子が電子を取り込んで解離し，カルボカチオン中間体が生成する．続く第2段階の反応で求核剤の攻撃が起こる．いったん反応速度の遅い第1段階の反応でカルボカチオン中間体

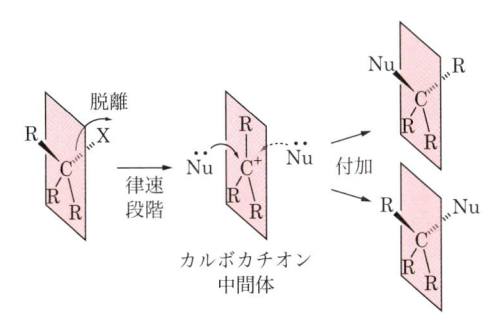

図 4-3 S$_N$1 型求核置換反応

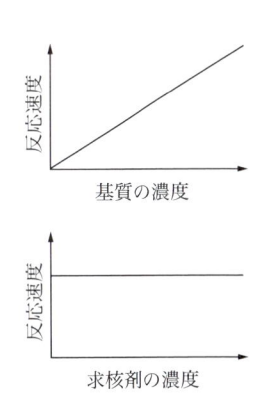

が生成すれば（律速段階），第 2 段階の反応はすみやかに起こる．この反応機構からわかるように，S$_N$1 型反応は次の性質をもつ．

(1) S$_N$1 反応は 1 分子反応である．反応速度を決めるのは基質の濃度のみであり，第 2 段階で必要な求核剤の濃度は反応速度に影響を及ぼさない．

(2) 基質が光学活性体であれば，反応後光学活性は失われラセミ体が生成する．カルボカチオン中間体の炭素原子は，平面構造をとる sp$^2$ 炭素原子である．求核剤はこの平面のどちら側からでも等しい確率で攻撃できる．このため，生成物はそれぞれの面から攻撃を受けたものの等量混合物になる．

(3) カルボカチオン中間体を安定化させるような電子供与性基があると反応が進みやすい．アルキル基は電子供与性をもつので，アルキル基が多く結合しているほど S$_N$1 反応が進みやすい．同じ理由で，共鳴安定化される炭素原子は S$_N$1 反応を起こしやすい．隣にπ電子や不対電子をもつヘテロ原子がある炭素原子である（図 4-4）．

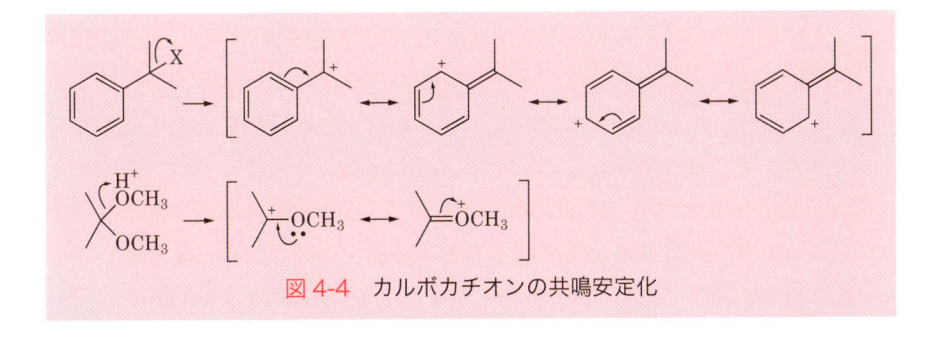

図 4-4 カルボカチオンの共鳴安定化

### (c) 反応のコントロール

S$_N$1 と S$_N$2 反応の起こりやすさは，基質の構造や反応条件に左右される．すでに説明したように，アルキル置換基が三つある第三級ハロゲン化アルキ

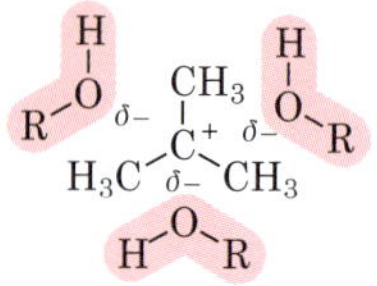

**図4-5 カルボカチオンの溶媒和**
極性分子と溶媒の極性が相互作用し、極性分子の分極が中和されることを溶媒和とよんでいる.

**脱離のしやすさ**
同様に、電子の動きやすさから、周期表の下の元素ほど脱離能が強くなる.

F < Cl < Br < I

ルは $S_N1$ 機構で反応する. アルキル基が一つしか結合していない第一級ハロゲン化アルキルは $S_N2$ 機構で反応する.

$S_N1$ 反応の第1段階は電荷をもった中間体の生成である. このため, 極性をもつ反応溶媒を用いると, 荷電中間体の溶媒和 (図4-5) による構造安定化が生じ $S_N1$ 機構が有利になる. 一方, 求核剤が溶媒和されその反応性が落ちるので, $S_N2$ 機構は不利になる.

求核剤の強さは, 反応溶媒以外のさまざまな要因でも変化する. 陰イオンは中性分子よりも高い求核性を示す (たとえば, $HO^-$ > $HOH$; $RS^-$ > $RSH$; $RO^-$ > $ROH$ など). このため, $S_N2$ 型反応では陰イオン性求核剤を発生させるために塩基を用いることが多い. 同様の理由で, 周期表の右側の元素ほど求核性が強くなる. 電気陰性度が強くなるためである. また, 周期表の同じ族の元素間では, 下の元素ほど求核性が強くなる. 原子 (電子殻) が大きくなって電子が動きやすくなっているからである. これらをまとめると表4-1のようになる.

**表4-1 $S_N1$ 反応と $S_N2$ 反応**

| | $S_N2$ | $S_N1$ |
|---|---|---|
| 基質 | | |
| 第一級ハロゲン化物 | 起こりやすい | 起こりにくい |
| 第二級ハロゲン化物 | 予測困難 | 予測困難 |
| 第三級ハロゲン化物 | 起こりにくい | 起こりやすい |
| 立体化学 | 反転 | ラセミ化 |
| 極性溶媒 | 抑制 | 加速 |
| 求核剤 | 濃度依存 | 濃度に依存しない |
| | アニオン性求核剤で起こりやすい | 中性求核剤で起こりやすい |

**置換基の略号**

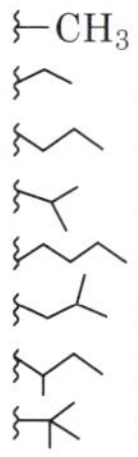

| | | |
|---|---|---|
| アルキル基 | | ; R |
| メチル基 | ⊢CH₃ | ; Me |
| エチル基 | | ; Et |
| プロピル基 | | ; Pr |
| イソプロピル基 | | ; i-Pr |
| ブチル基 | | ; Bu |
| イソブチル基 | | ; i-Bu |
| s-ブチル基 | | ; s-Bu |
| t-ブチル基 | | ; t-Bu |
| 芳香族基 (aromatic) | | ; Ar |
| ベンゼン環基 (phenyl) | | ; Ph |
| ハロゲン | | ; X |

求核剤についている置換基によっても反応性が変わる. たとえば窒素求核剤のアンモニアとハロゲン化アルキルの反応ではどのような生成物が生じるだろうか. この反応では, まず $S_N2$ 型求核置換反応により1置換アンモニアが生じる (図4-6). しかしここで反応は止まらず, 前章で説明した Friedel-Crafts アルキル化反応のときと同じ現象が起こる. つまり最初のアンモニア求核剤よりも, 生成物である1置換アンモニアのほうが高い求核性を示すのである. アルキル基がその電子供与性により, 窒素原子に電子を供給するからである. このため, アンモニアよりも生成した1置換アンモニアのほうがハロゲン化アルキルと反応しやすくなる. こうして次つぎと反応が進むことによって, 多置換アンモニア混合物が生成物になる.

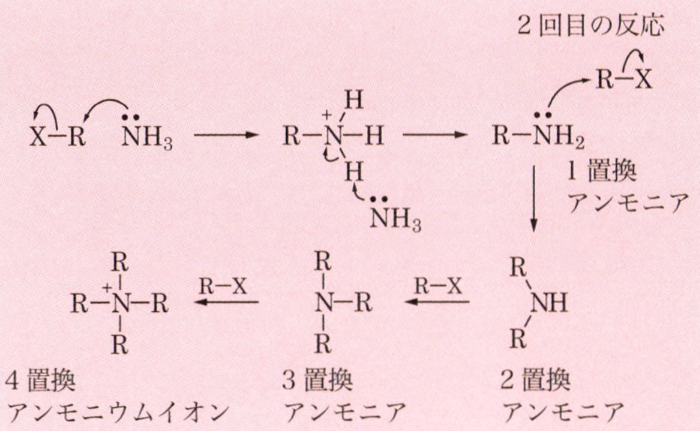

図 4-6　アンモニアを求核剤とするハロゲン化アルキルの置換反応

1置換アンモニア
1置換アンモニアを得る方法については p. 86 の図 4-62 を参照のこと．

### 4.1.2　脱離反応

ハロゲン化アルキルからのハロゲンの脱離に伴って起こるもう一つの典型的な反応に脱離反応がある．この反応ではハロゲンの脱離と同時に，ハロゲンのついた炭素原子の隣の炭素原子上にある水素原子がプロトンとして脱離する（図 4-7）．このとき，プロトンの脱離を促進するために塩基が用いられ

塩基と求核剤
塩基は求核剤と同じく電子豊富な反応剤だが，求核剤とは異なり，おもに $H^+$ と反応する（p. 50 を参照）．

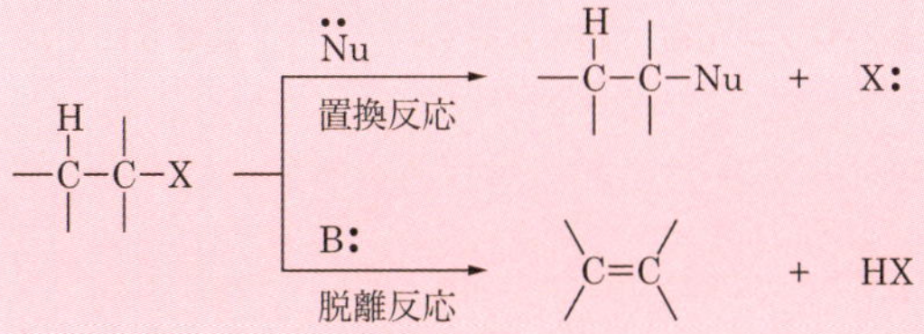

図 4-7　置換反応と脱離反応

る．これらの脱離に伴って新たにπ結合が形成され，アルケン（オレフィンとよばれることもある）が生成する．この脱離反応にも，1分子反応機構(E1反応)と2分子反応機構(E2反応)がある．

### (a) E1 反応

E1(unimolecular elimination)反応は2段階で進行する(図 4-8)．第1段

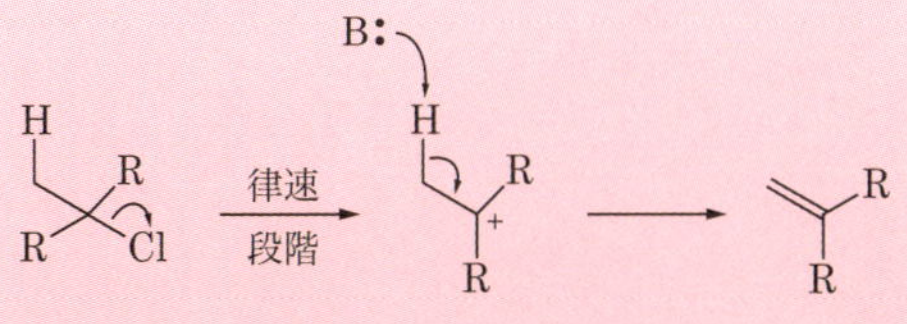

図 4-8　E1 反応

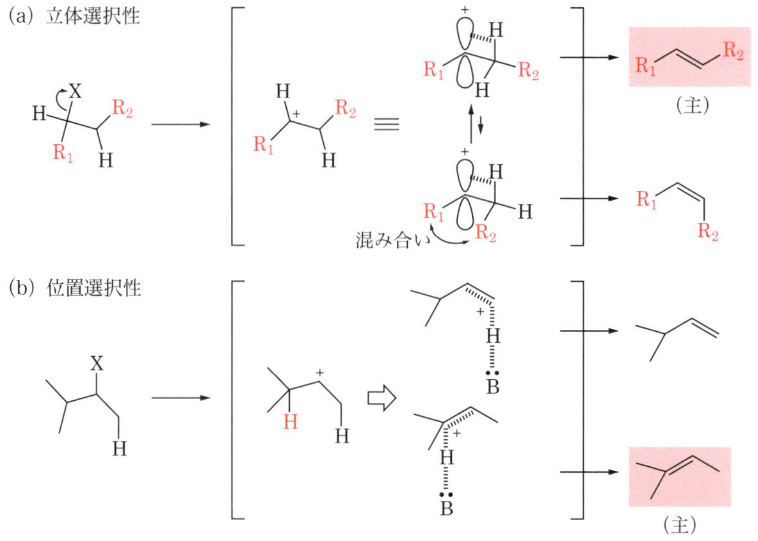

図 4-9　E1 反応の選択性

**カルボカチオン中間体**
安定なカルボカチオン中間体ができるとき，E1 反応が起こりやすい．E1 反応では強い塩基を必要としない．

階ではハロゲン原子が結合電子対をもって脱離し，カルボカチオン中間体が生成する．$S_N1$ 反応と同様，この段階が律速段階である．第 2 段階では塩基が隣の炭素上からプロトンを引き抜きアルケンが生成する．

この脱離反応ではおもにトランス体が生成する．反応中間体であるカルボカチオン中間体の混み合い（立体障害）が少なくなるからである〔図 4-9(a)〕．また，引き抜かれるプロトンが二通りある場合，置換基の多いアルケンがおもに生じる．カルボカチオン中間体のプロトン引き抜きで生じる電子不足の部分的二重結合を，より安定化できるからである〔図 4-9(b)〕．このため，電子供与基であるアルキル基が多い部分的二重結合が生じる経路が優先される．この傾向は，最初にこの経験則を見つけた化学者の名前にちなんで Zaitzev 則（ザイツェフ）とよばれる．

**多置換アルケンの安定性**
一般に置換基の多いアルケンのほうがより安定になる．アルケンの反結合性軌道の安定化が図 4-9(b) と同じように生じるからである．このため生成物の安定性からも多置換アルケンが主生成物となる．

### (b) E2 反応

E2 (bimolecular elimination) 反応は $S_N2$ 機構と同じように 1 段階で進行する（図 4-10）．

本反応では，塩基による隣接プロトンの引き抜きと脱離基の脱離が同時協

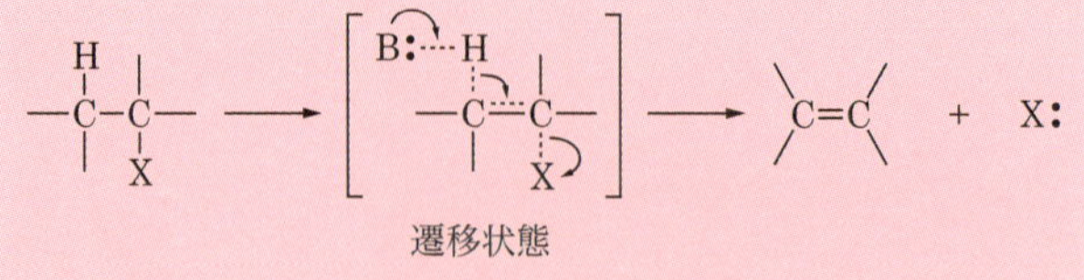

図 4-10　E2 反応

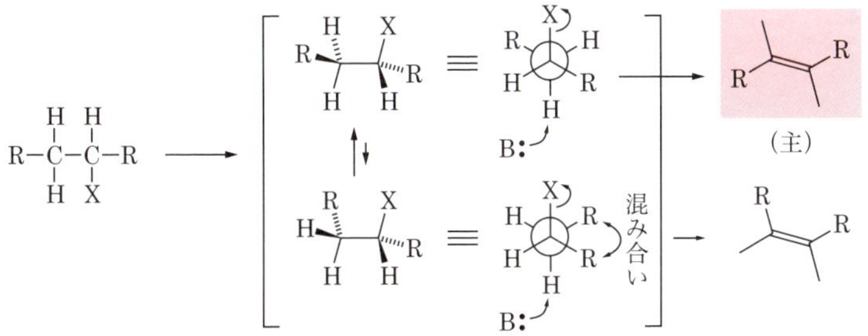

4.1 有機ハロゲン化合物

図 4-11 アンチペリプラナー配座

奏的に進行する．つまり，切断される二つのσ結合と新たなπ結合の形成が同時に起こる．したがって，脱離するハロゲンと引き抜かれるプロトンおよび新たに結合が形成される二つの炭素原子がすべて同一平面上にあり（ペリプラナー配座とよばれる），かつ原子どうしが離れたアンチ形，つまりアンチペリプラナー配座のときに最も反応が起こりやすい（図 4-11）．さらに，ほかの置換基の重なりもできるだけ小さくなる配座のほうが好ましいので，E1 機構と同様おもにトランス体が生成する．

環式化合物では，この配座の影響がとくに大きく現れる．たとえば，脱離基がエクアトリアルにでる図 4-12（a）のシクロヘキサンの配座（**A**）では，アンチペリプラナーな位置に引き抜かれる水素原子がくることができない．脱離反応が起こるためには，脱離基と水素原子がともにアキシアルをとる配座〔図 4-12（a）の（**B**）〕に環をフリップさせなければならない．もしシクロヘキサン環上にかさ高い置換基があり，脱離基と水素原子がアキシアルをとる配座の不安定性が大きくなる場合〔図 4-12（b）〕，脱離反応は起こりにくい．

E2 脱離反応では，塩基による隣接プロトンの引き抜きが必要である．隣

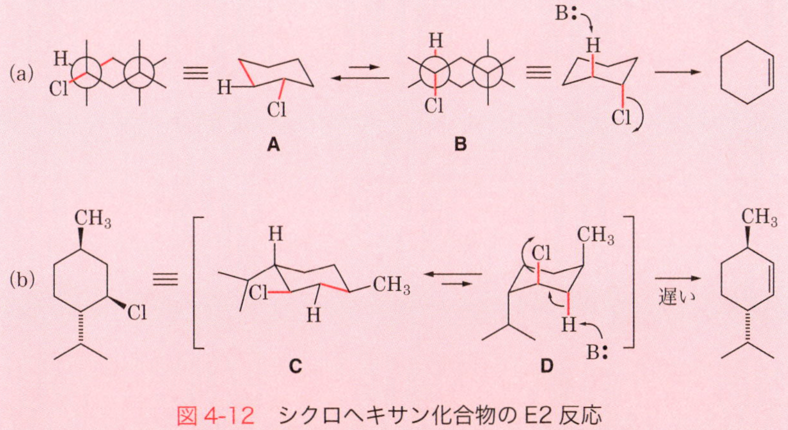

> E 2 反応
> E2 反応では S$_N$2 反応と同様に，基質濃度と塩基濃度の両方が反応速度に影響する．

図 4-12 シクロヘキサン化合物の E2 反応
色をつけた結合が，互いにアンチペリプラナーの関係となる．

**エキソメチレン**
末端アルケンをエキソメチレン化合物とよぶことがある．より安定な多置換型に異性化しやすい．

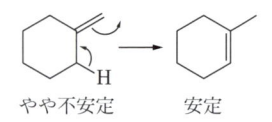

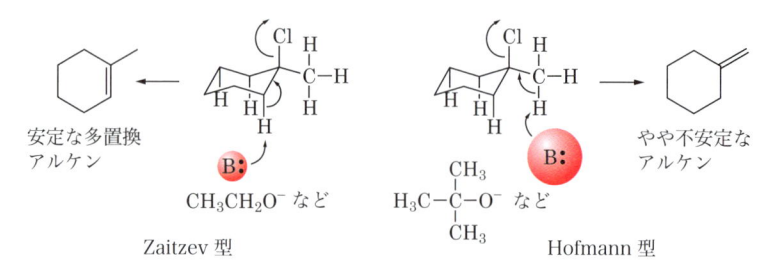

図 4-13 E2 反応の位置選択性

接プロトンが複数ある場合，塩基にかさ高い化合物を用いると，外側にある近づきやすい位置のプロトンを引き抜く傾向が強くなる．この場合，生成物は置換基の少ないアルケンとなり，先に説明した Zaitzev 則とは逆の結果になる（図 4-13）．このようなタイプの反応を Hofmann 型反応とよんでいる．

### (c) 反応のコントロール

たいていのアニオン性化合物は，求核性（炭素に対する反応性）と塩基性（水素に対する反応性）をともにもっている．このため，置換反応と脱離反応は競合して起こることが多い．生成物の割合は反応条件や基質により変化する．たとえば，極性溶媒中で枝分かれの多い臭化 *tert*-ブチルに弱い求核剤を作用させると，$S_N1$ 反応と E1 反応が競合する．しかし極性の低い溶媒中で強い求核剤を作用させると E2 機構が優勢になる．$S_N2$ 反応を起こすには立体障害が大きすぎるためである．この場合には，ほぼ単一の生成物としてアルケンが得られる〔図 4-14(a)〕．枝分かれのない 1-ブロモブタンでは $S_N2$ 機構あ

図 4-14 置換反応と脱離反応

るいは E2 機構が優先する．カルボカチオン中間体の安定化が得られないためである．この反応ではたいていの場合 $S_N2$ 型求核置換反応が優先するが，かさ高く塩基性の強い化合物を用いると脱離反応が優先する〔図 4-14(b)〕．

## 4.2 アルコールとエーテル

### 4.2.1 アルコールの性質

官能基としてヒドロキシ（水酸）基(-OH)をもつ化合物はアルコールとよばれ，一般に化学式 R-OH で示される．芳香族環にヒドロキシ基が直接結合したものがフェノールである．生体成分である糖には多くのヒドロキシ基が含まれており，アミノ酸にもヒドロキシ基をもつものがある．天然物であるビタミン E ($\alpha$-トコフェノール)はフェノール構造を含んでいる (図 4-15).

O–H 結合の電子は電気陰性度の大きい酸素原子に偏っており，水素原子上に部分的正電荷が生じている．このため，アルコール分子は p.33 で述べた水分子と同様に水素結合を形成し，同程度の分子量のアルカンに比べ高い沸点をもつ．また水とも水素結合を形成できるので，水に溶けやすい．さらにヒドロキシ基の分極によりプロトン $H^+$ を放出しやすいので，酸として働くことができる．

図 4-15 アルコールの分類，フェノール，ビタミン E の構造

### (a) 酸と塩基

通常，プロトン $H^+$ をだすものを酸とよび，プロトン $H^+$ を受け取るものを塩基とよんでいる．酸塩基反応で，酸がプロトンを放出して生じる生成物を共役塩基，塩基がプロトンを受け取ってできる生成物を共役酸とよぶ（図 4-16）．プロトンのやり取りは逆反応も可能な平衡反応で，逆反応では塩基から生じた生成物が酸として働くからである．右向きに働く酸の強さと左向きに働く共役酸の強さが同程度であれば，この平衡反応は右向きにも左向きにも同じ速さで進む．つまり，酸のほぼ半分が共役塩基に変わる．

---

**アルコールとチオール**
ヒドロキシ基が結合している炭素原子に置換基が一つのものを第一級，二つのものを第二級，三つのものを第三級アルコールとよんでいる（図 4-15 参照）．
アルコールの酸素原子を周期表の真下にある硫黄原子に替えたものがスルフヒドリル基，-SH 基である．-SH 基は強烈な不快臭をもつチオール類の官能基である．硫黄原子は酸素原子よりもサイズが大きく，分極も大きいので柔軟な反応性を示す．生体内でもシステインなどのアミノ酸に含まれ，重要な機能を担っている．

$CH_3CH_2OH$：エタノール
（エチルアルコール）
$CH_3CH_2SH$：エタンチオール

Gilbert Newton Lewis
（1875～1946 年），アメリカの物理化学者．新しい酸，塩基の概念の提唱などで著名．

**酸-塩基の定義**
この定義は Brønsted-Lowry の定義とよばれる．より一般化した定義に，電子対を受け取るものを酸，電子対をだすものを塩基とする定義（G. N. Lewis による定義）がある．芳香族置換反応の触媒に用いた $FeCl_3$ (p.42) は Lewis 酸である．

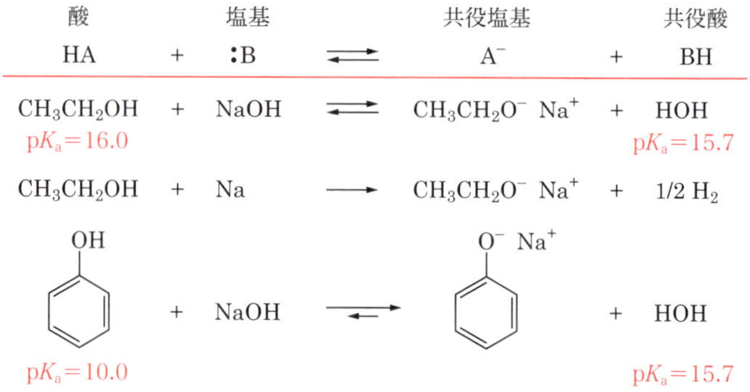

|酸|　|塩基|　|共役塩基|　|共役酸|
|---|---|---|---|---|---|---|
|HA|+|:B|⇌|A⁻|+|BH|

CH₃CH₂OH + NaOH ⇌ CH₃CH₂O⁻ Na⁺ + HOH
p$K_a$=16.0　　　　　　　　　　　　　　　p$K_a$=15.7

CH₃CH₂OH + Na ⟶ CH₃CH₂O⁻ Na⁺ + 1/2 H₂

C₆H₅OH + NaOH ⇌ C₆H₅O⁻ Na⁺ + HOH
p$K_a$=10.0　　　　　　　　　　　　　　　p$K_a$=15.7

図 4-16　酸塩基反応

酸（HA ⇌ H⁺ + A⁻）の解離のしやすさは，酸解離定数 $K_a$ = [H⁺][A⁻] / [HA]で表される．$K_a$ が大きいほどプロトン濃度[H⁺]が大きいことを表すので，強い酸である．p$K_a$ は pH と同様，$K_a$ 値の対数にマイナスをつけたもので，$K_a$ が大きいほど p$K_a$ は小さくなる．また，対数をとっているので p$K_a$ が 1 違うとプロトン濃度[H⁺]は 10 倍違う．水の p$K_a$ 値は 15.7 である．代表的な有機化合物の p$K_a$ 値を表 4-2 に示す．

表 4-2　代表的な有機化合物の p$K_a$ 値

(a) 代表的な有機化合物の p$K_a$

| 酸 | p$K_a$ |
|---|---|
| CH₄ | 49 |
| 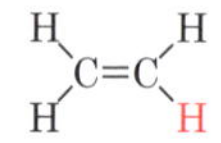 H₂C=CH₂ | 44 |
| NH₃ | 36 |
| 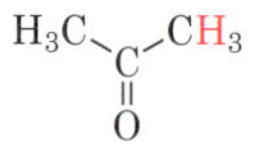 H₃C-CO-CH₃ | 20 |
| H₂O | 15.7 |
| 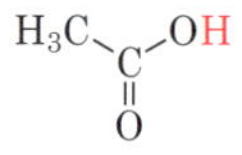 H₃C-COOH | 4.8 |
| HCl | −7.0 |

(b) アルコールの p$K_a$

| アルコール | p$K_a$ |
|---|---|
| CF₃CH₂OH | 12.4 |
| CH₃OH | 15.5 |
| CH₃CH₂OH | 16.0 |
| (CH₃)₃COH | 18.0 |
| 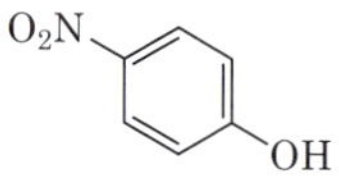 O₂N-C₆H₄-OH | 7.2 |
| 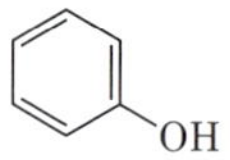 C₆H₅OH | 10.0 |
| 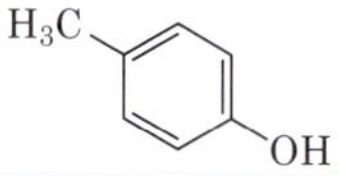 H₃C-C₆H₄-OH | 10.3 |

### (b) 酸としてのアルコールの強さ

メタノール CH₃OH は水とほぼ同程度の酸性度を示すが，メタノールの水素原子をメチル基で置換すると酸性度がわずかに落ちる．メチル基の電子供与性により，共役塩基（アルコキシドイオン）の負電荷が増強され，不安定化されるためである〔図 4-17(a)〕．このため，平衡は酸が再生される方向に傾く．逆に，電子吸引性をもつハロゲン原子を含む置換基があると，共役塩基（アルコキシドイオン）の負電荷が中和され安定化が起こる．このため平衡は

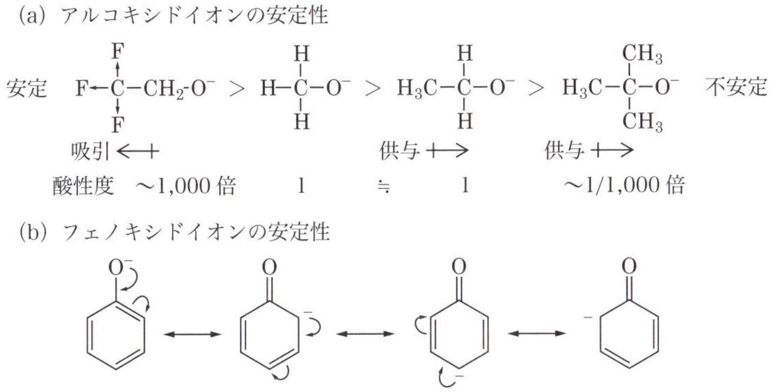

4.2 アルコールとエーテル

(a) アルコキシドイオンの安定性

安定  F₃C-CH₂-O⁻  >  H-CH₂-O⁻  >  H₃C-CH₂-O⁻  >  (CH₃)₃C-O⁻  不安定

吸引 ⟵+    供与 +⟶    供与 +⟶

酸性度　～1,000 倍　　1　　≒　1　　～1/1,000 倍

(b) フェノキシドイオンの安定性

図 4-17　アルコール酸性度の変化

## COLUMN — においの話

　一般に嫌われる職場は「3K（きつい，汚い，危険）」といわれますが，有機化学の研究室には間違いなくこれに「くさい」が加わります．においとその基になる化合物の構造にはある程度関連があり，エステルやアルコールは比較的よい香りがします．香水のもとになる化合物もあるほどです．これに対して，カルボン酸，窒素化合物（アミンなど），硫黄化合物はたいてい悪臭を放ちます．

　炭素数があまり多くないカルボン酸は，悪臭を放つ代表的化合物の一つです．シクロペンタンカルボン酸はいわゆる足の悪臭そのものですし，酪酸はきついチーズのにおいのもとです（これを香り高いと表現することもあるようですが…）．カルボン酸が分解してできるアルデヒドも，歓迎されざる臭いの原因になることがあります．最近，中高年特有の体臭の原因化合物の一つが不飽和アルデヒド（2-ノネナール）であることがわかりました．いわゆる「加齢臭」です．この抑制には，ノネナールのもととなる不飽和脂肪酸パルミトオレイン酸の分解を抑える抗酸化剤が有効といわれています．

　アミン類も特有の悪臭がします．アンモニアは刺激性の臭いで済ませられますが，ピリジンやピペリジンは特有の悪臭を放ちます．実際にかいだことのない人にどんな臭いかを説明するのは難しいのですが，一度経験したらまず忘れません．人によっては吐き気を催すこともあるそうです．

　硫黄化合物は，温泉や火山の臭い（硫化水素 $H_2S$）として知られています．微量のジメチルスルフィドはいわゆる「磯の香り」のもととなる化合物です．これらは微量であれば悪臭の範疇には入りませんが，ある種のチオール化合物（SH 基をもつ化合物，メルカプタンともよばれる）は微量でも耐えがたい悪臭を放ちます．とくにエタンチオールや tert-ブチルメルカプタンなどは，極微量であってもすぐ"臭い"でわかります．都市ガスが漏れたときの臭いです．実は都市ガスには臭いがないので，もれていてもわかりません．気づかないとたいへん危険（爆発！）なので，わざと微量のチオールを混ぜ，ガスがもれたらすぐにわかるようにしてあるのです．

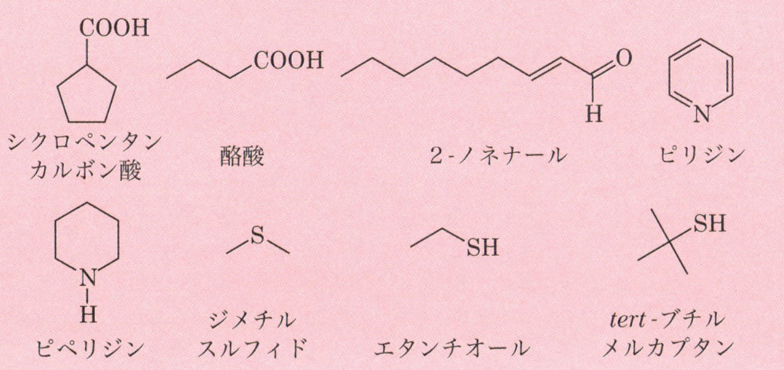

シクロペンタンカルボン酸　　酪酸　　2-ノネナール　　ピリジン

ピペリジン　　ジメチルスルフィド　　エタンチオール　　tert-ブチルメルカプタン

共役塩基の生成方向に傾き，酸性度が上がる．同様な共役塩基の安定性により，フェノールはアルコールの10,000倍以上酸性が強い．フェノールの共役塩基（フェノキシドイオン）の負電荷が共鳴によってベンゼン環上に非局在化され，安定化されるためである〔図4-17(b)〕．

非局在化
p.39, p.40を参照のこと．

アルコールとの反応で水が生成する水酸化ナトリウムのような塩基を用いると，水の生成反応と逆反応であるアルコールの生成反応がほぼ同程度起こる（図4-16）．水とアルコールの酸性度が同程度だからである．このため，アルコールの共役塩基（アルコキシドイオン）は半分くらいしかできない．反応を完全に右側に進ませるためには，金属ナトリウムなどを用いる必要がある．しかしフェノールを水酸化ナトリウムで中和すると，ほぼ完全にフェノキシドイオンに変換できる．フェノールの酸性度が水やアルコールの10,000倍以上強いため，反応がほとんどフェノキシドイオンの生成方向に傾くからである．

### 4.2.2 アルコールの反応

酸素原子は炭素原子よりも電気陰性度が高い．したがってヒドロキシ基の結合した炭素原子上に部分的正電荷が生じ，ハロゲン化アルキルと同様な反応性を示す．しかし，C–O結合の結合電子対をもって離脱するときに生じるOH⁻基は不安定で，プロトンと結合した水のかたちや元のアルコールのかたちで存在するほうがよほど安定である．つまり，ヒドロキシ基の脱離基としての能力は低く，アルコールのままのかたちでは反応しない．しかし，ヒドロキシ基の酸素原子にプロトン化が起こると正電荷をもったアルキルオキソニウムイオン（図4-18）が生成し，水分子が容易に脱離する．このため，アルコール化合物の求核置換反応や脱離反応は，プロトン化が可能な酸性条件下で起こる．

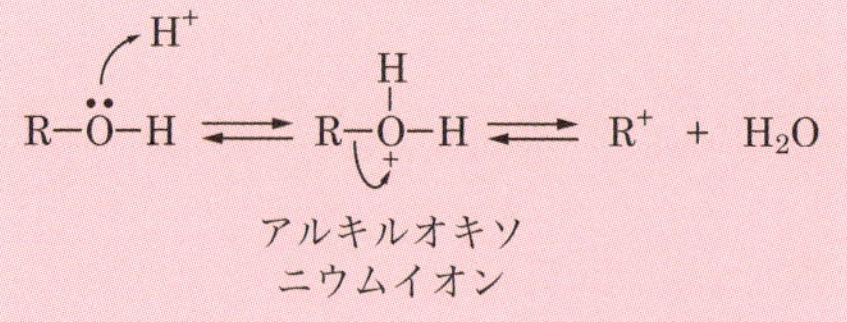

ヒドロキシ基の脱離能
水やアルコールは弱酸であり，ほとんど解離しない．つまり，H⁺をだしてOH⁻やRO⁻になる性質は非常に弱い．

$$R-\ddot{O}-H \; \xrightleftharpoons{H^+} \; R-\overset{H}{\underset{|}{O}}-H \; \rightleftharpoons \; R^+ + H_2O$$

アルキルオキソ
ニウムイオン

図4-18　アルキルオキソニウムイオン

### (a) 求核置換反応

第三級アルコールに塩酸などのハロゲン化水素を作用させると，$S_N1$反応が進行しハロゲン化アルキルが得られる〔図4-19(a)〕．この反応では，塩素アニオンが求核剤として働く．基質に第一級アルコールや第二級アルコー

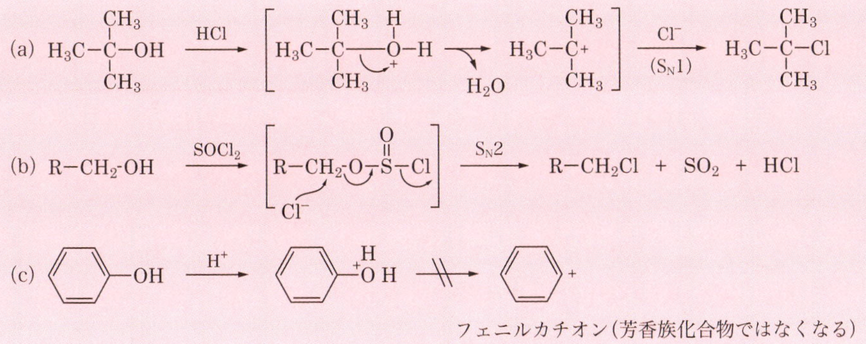

図 4-19 アルコール化合物の求核置換反応

ルを用いると，カルボカチオン中間体の安定性が落ち，競合する脱離反応が起こりやすくなる．このような場合，塩化チオニル $SOCl_2$ がよく用いられる〔図 4-19(b)〕．アルコールの攻撃により生じる不安定なエステル誘導体がよい脱離基となり，副生する塩素アニオンによる $S_N2$ 反応が優先的に進行するからである．フェノールでは，酸触媒による求核置換反応はほとんど起こらない．ベンゼン環の芳香族性により，フェニルカチオンが生成しにくいからである〔図 4-19(c)〕．また，炭素原子の背面がベンゼン環で完全に遮蔽されているので，$S_N2$ 機構による求核攻撃も不可能である．

### (b) 脱離反応

求核性の乏しい硫酸を用いると，脱離反応によってアルケンが生成する(図 4-20)．p.38 で述べたアルケンの水和反応の逆反応である．E1 機構による第三級アルコールの脱水反応が最も起こりやすい．第一級アルコールを高温 (180～200 ℃) で反応させると，E2 機構による脱水反応が進行する．アルコール化合物の置換あるいは脱離反応のコントロールは，p.56 で述べたハロゲン化物と基本的に同じように行える．

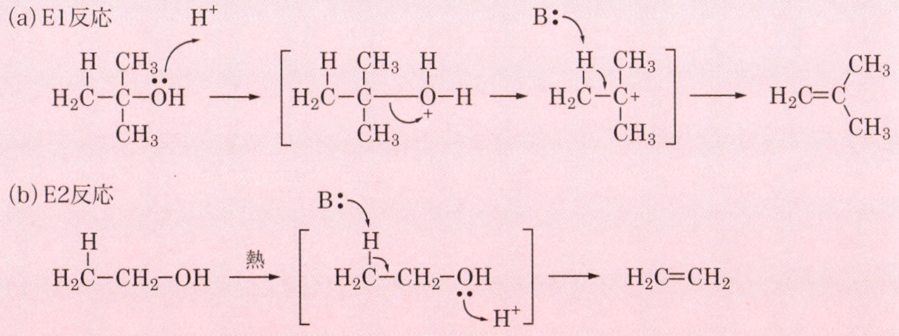

図 4-20 アルコール化合物の脱水反応

### 4.2.3 エーテル
#### (a) 性質と合成法

エーテルは一般に特有の芳香をもつ無色の化合物で，R–O–R′ の一般構造式で表される．O–H 結合をもたないので分子間水素結合を形成できず，対応するアルコールよりもはるかに低沸点である．しかし OH 基をもった水やアルコールのような化合物とは，酸素原子上の不対電子を介して水素結合を形成できる．したがってエーテルはアルコールにはよく溶け，アルカンよりも水に溶けやすい．

図 4-20(b) に示した第一級アルコールを用いたアルケン生成反応で，反応温度を下げるとアルコール自身が求核剤として反応する〔図 4-21(a)〕．この反応によりエーテルが得られる．より一般的には，アルコールを金属ナトリウムと反応させてナトリウムアルコキシドとしたのち，これを求核剤としてハロゲン化アルキルと $S_N2$ 反応させる〔図 4-21(b)〕[*]．ただし，ハロゲン化アルキルに第三級化合物を用いると脱離反応が優先し，アルケンが得られる (p. 56 参照)．

[*] Williamson のエーテル合成法とよばれる．p. 56 の図 4-14 も参照のこと．

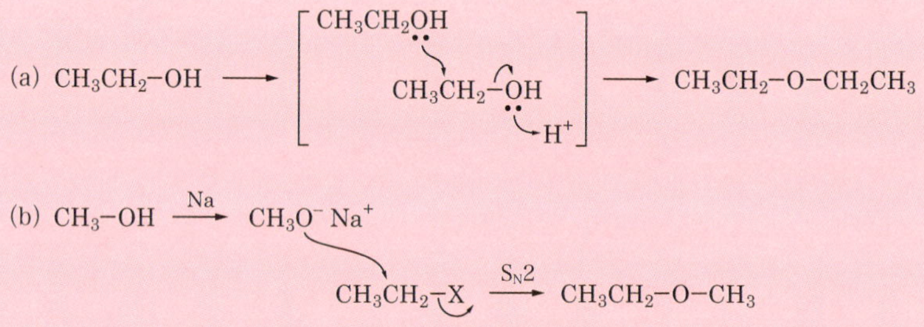

図 4-21　エーテルの合成

#### (b) エポキシド

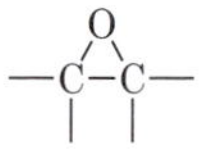

酸素一つを含む三員環構造をもった環状エーテルをエポキシド (あるいはオキシラン) とよぶ．一般にエポキシドはアルケンに有機過酸 RCOOOH を作用させることによって得られる〔図 4-22(a)〕．あるいは，隣接する炭素上にハロゲンとヒドロキシ基をもつ化合物の分子内 $S_N2$ 反応によっても得られる〔図 4-22(b)〕．この反応は，脱離するハロゲンと求核攻撃するアルコキシドアニオンが，E2 機構のときと同じアンチペリプラナー配座をとるときに最も効率よく進行する．

エポキシドはその三員環のひずみのため，鎖状のエーテルに比べはるかに反応性が高い．酸触媒の存在下で求核剤 (たとえばアルコール) を作用させると，エポキシドの酸素原子へのプロトンの付加を経て三員環の開環が起こる．

**代謝活性化**
エポキシドは生体内酸化によっても生成する．そのままでは不活性な化合物も，生体内酸化でエポキシド化合物に変換されると高い反応性を示す．ベンゾピレンやある種の菌が産生する化合物は，このような代謝活性化を受けることによって発がん性を示す (p. 41 のコラム参照)．

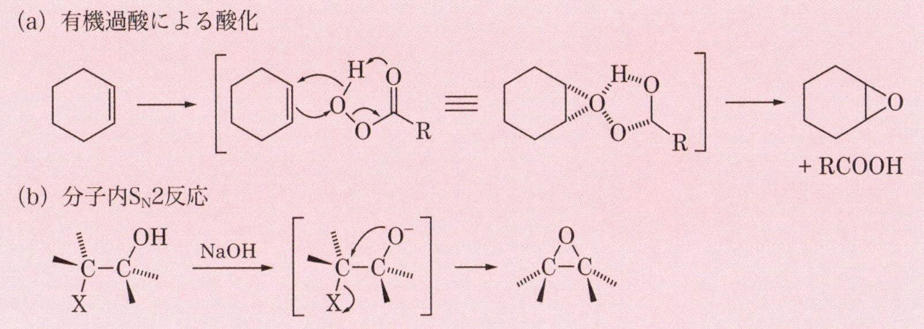

(a) 有機過酸による酸化

(b) 分子内S$_N$2反応

**図 4-22　エポキシドの合成**

この反応は，基質と求核剤がゆるやかに結合した正電荷をもつ遷移状態を経て起こる〔図 4-23 (a)〕．このとき，電子供与性を示すアルキル置換基の多い炭素上に正電荷があるほうが安定なので，開環反応は置換基の多い炭素上で起こる．逆に塩基性条件下で開環反応を行うと，塩基との反応で生じたアルコキシドアニオンが攻撃する純粋な S$_N$2 機構で反応が進行する〔図 4-23 (b)〕．このため，開環反応は背面からの攻撃が容易な立体障害の小さい（置換基が少ない）炭素上で起こる．

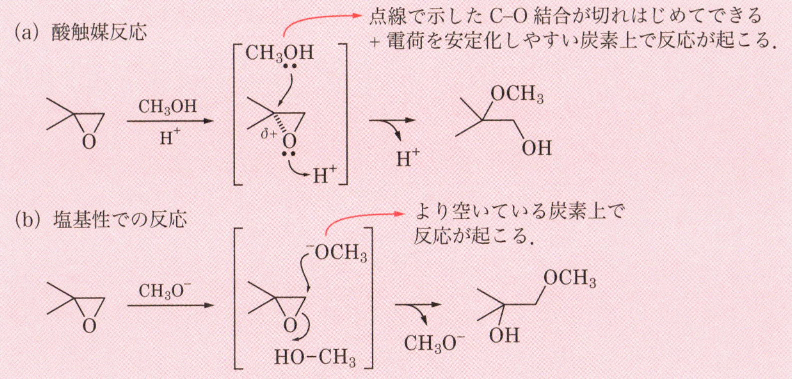

(a) 酸触媒反応
→ 点線で示した C–O 結合が切れはじめてできる +電荷を安定化しやすい炭素上で反応が起こる．

(b) 塩基性での反応
→ より空いている炭素上で反応が起こる．

**図 4-23　エポキシドの開環反応**

## 4.3　アルデヒドとケトン

　アルデヒドとケトンは官能基としてカルボニル基を含む．カルボニル基は炭素原子と酸素原子の二重結合をもつ官能基で，有機化学における最も重要な官能基である．アルデヒドはカルボニル基に少なくとも1個の水素が結合した化合物で，カルボニル基に2個の炭素原子が結合している化合物がケトンである（図 4-24）．

最も小さなアルデヒドはホルムアルデヒド $CH_2O$ である．ホルムアルデヒドは気体であるが，重合しやすく，通常は37％水溶液として市販されている．これがホルマリンで，消毒液や防腐剤として使われる．このほか，プラスチックや断熱材の製造に使用される．最も小さなケトンはアセトン $CH_3COCH_3$ である．塗料や染料の溶剤として用いられるほか，他の化学製品の原料となる．アルデヒドやケトンは天然物中にも多く含まれる．その多くは香気成分である（図4-24）．またグルコースなどの単糖類は必ずアルデヒドあるいはケトンを含んでいる．

図 4-24　アルデヒドとケトン

### 4.3.1　カルボニル基

アルデヒドやケトンの性質とその反応の鍵となるのは，カルボニル基 C=O である．カルボニル基の C=O 二重結合は，1個の σ 結合と1個の π 結合からなる．炭素原子は $sp^2$ 混成をとり，カルボニル炭素に結合する3個の原子は同一平面状にある．π 結合は炭素原子の p 軌道と酸素原子の p 軌道の重なりによって形成される（図4-25）．

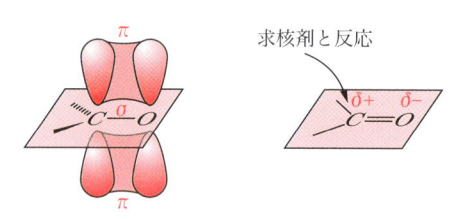

図 4-25　カルボニル基

酸素は炭素よりも電気陰性度が大きい．このため C=O 二重結合の電子は酸素側に引き寄せられる．この結果，カルボニル基に分極が生じるが，この分極はとくに π 電子に対して顕著に働く．このため，カルボニル基の反応では，正電荷をもった炭素原子への求核攻撃がおもに起こる（図4-25）．この点が p.36 で述べたアルケンの C=C 二重結合との大きな違いである．分極のない C=C 二重結合では，π 電子に対する求電子攻撃が起こる．

カルボニル基はその分極により，互いに会合する性質がアルカンよりも強くなり，同程度の分子量のアルカンよりも沸点が高くなる．また，その酸素原子上の不対電子を介して OH 基をもった化合物と水素結合を形成できる．このためホルムアルデヒドやアセトンは水とよく混ざる．

### 4.3.2　求核付加反応

求核性の強い陰イオン性求核剤がカルボニル炭素原子を攻撃すると，C=O 結合の π 電子は酸素原子上に移動し，アルコキシドアニオン中間体が

**双極子相互作用**
分極した分子間の吸引力は双極子‐双極子相互作用とよばれる．p.34 で述べたファンデルワールス力よりは強いが水素結合（p.33）ほどの強さはない．

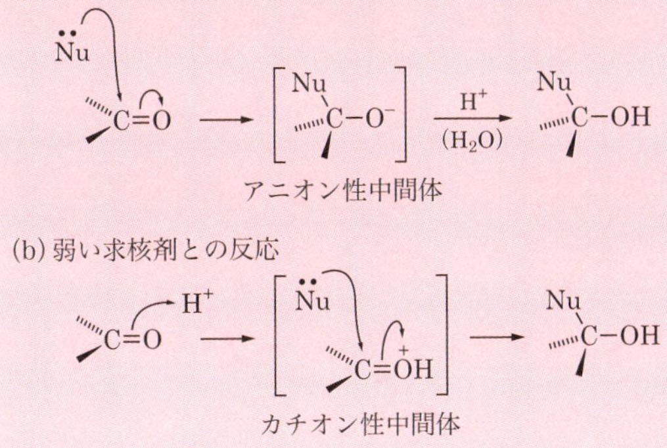

### 図4-26 カルボニル基への求核付加反応

(a) 強い求核剤との反応 — アニオン性中間体
(b) 弱い求核剤との反応 — カチオン性中間体

生成する．通常，プロトン $H^+$ がこのアニオンに付加しアルコール誘導体が生成物として得られる〔図4-26(a)〕．一方，反応性の低い中性の求核試薬はカルボニル炭素原子に直接求核付加できない．このような場合，不対電子をもった酸素原子に $H^+$ を付加してプロトン化することにより，カルボカチオン性をもった中間体を経て求核付加を起こすことができる〔図4-26(b)〕．

一般にアルデヒドはケトンよりも求核剤に対する反応性が高い．おもな理由は二つある．一つは立体的な理由である．カルボニル炭素は $sp^2$ 混成軌道をもつが，求核付加反応によりこの炭素原子は $sp^3$ 混成軌道に変わる．この

## COLUMN　ホルマリンとシックハウス症候群

ホルムアルデヒドは炭素と酸素が一つずつ，水素が二つのわずか4原子からなる小さな分子です．ホルムアルデヒドの単体は気体ですが，自分自身でつながりあう性質が強く，重合体パラホルムアルデヒドを形成します．この重合体を酸や熱で分解するとホルムアルデヒドが再生されます．ホルムアルデヒドは自分自身だけではなく，ほかのいろいろな化合物とも結合します．生体成分であるタンパク質とも反応します．ホルムアルデヒドと反応したタンパク質はあちこちで橋架けされ，固められて機能を失ってしまいます．これが「ホルマリン漬け」の標本です．ホルマリンというのはホルムアルデヒドの水溶液のことで，タンパク質を固めて腐敗を受けにくくする作用があるのです．

ホルムアルデヒドはいろんな分子とつながり固めることができるので，接着剤としても利用されます．ところが，合板をつくるときに使われる接着剤が，いわゆるシックハウス症候群の原因ではないかと疑われています．建材に使われた接着剤から徐々に放散される原料のホルムアルデヒドが，シックハウス症候群のいろいろな症状を引き起こす原因物質の一つだといわれているのです．確かにホルムアルデヒドは，上に述べたようにタンパク質とも反応しやすく，その機能障害を引き起こすことができます．ただ，部屋の空気に混ざるような極微量の濃度では，とてもこのような作用を引き起こすことは無理です．いったいなぜこのような症状がでるのかは，まだわからないというほかないようです．

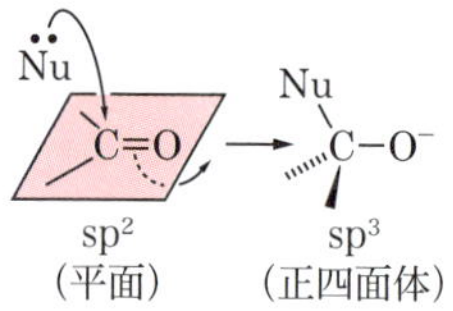

変化により結合角は120°から109.5°に減少する．したがって，二つの置換基をもつケトンよりも置換基の一つが小さな水素原子であるアルデヒドへの付加のほうが，反応で生じる立体的ひずみが小さい．もう一つの理由は電子的な理由である．求核付加を起こすカルボニル炭素原子上には部分的正電荷があり，この正電荷が大きいほど反応は起こりやすい．ケトンでは電子供与性をもつアルキル基が二つ存在し，一つしかないアルデヒドよりも正電荷の中和効果が大きい．このためケトンの求核剤に対する反応性が低下する（図4-27）．しかし，もし置換基がハロゲンのような電子吸引性をもつものであれば，反応性は上がる．次に，酸素系，炭素系，窒素系などの各求核剤に対するアルデヒド・ケトンの代表的反応を説明しよう．

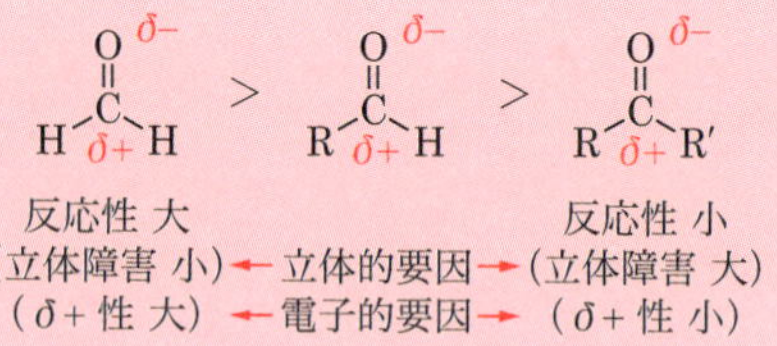

図 4-27 カルボニル基の反応性

### (a) アルコールの求核付加；ヘミアセタールとアセタールの生成

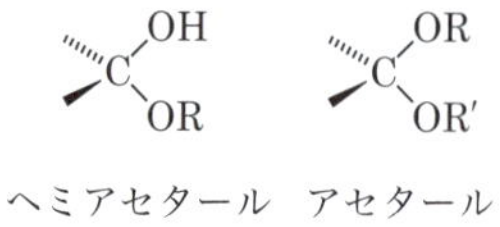

アルコールは酸素系の中性求核剤である．求核性が弱く，酸触媒条件でカルボニル基への求核付加反応を起こす〔p. 65, 図4-26(b)〕．アルデヒドと1分子のアルコールとの反応でヘミアセタールが生じ，さらに反応が進むとアセタールが生成する（図4-28）．ケトンを基質としても同様の反応が進行する．反応は可逆的であり，反応条件によって反応方向をコントロールできる．

酸触媒下でのアセタール形成反応は図4-29に示す機構で進む．まずカルボニル酸素がプロトン化され，ついでアルコールの酸素がカチオン性カルボ

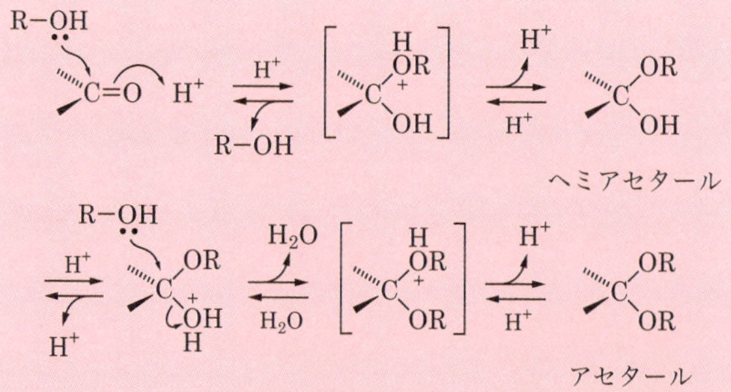

図 4-28 ヘミアセタールとアセタール

図 4-29 酸触媒によるアセタール形成の反応機構

ニル炭素を攻撃する．アルコール酸素原子に正電荷が生じるが，プロトンが脱離することによって電荷のないヘミアセタールに変換される．次にヘミアセタールの二つの酸素のどちらかがプロトン化される．もしアルコール由来の酸素がプロトン化され脱離が起こると，もとのアルデヒドにもどる．プロトン化がヒドロキシ基の酸素に起こると水が脱離し，生じるカルボカチオン中間体に過剰に存在するアルコールが付加する．最後に，脱プロトン化が起こってアセタールが生じる．

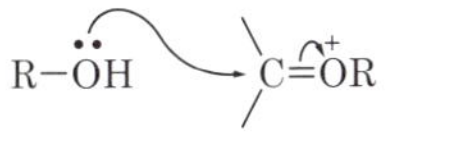

図 4-29 に示したアセタール生成の一連の反応は，すべて可逆反応である．大過剰のアルコールを用いて反応を行うか，アセタール形成に伴って生成する水分子を反応系外に除くことにより，平衡をアセタール形成の方向に傾けることができる．逆に，酸触媒下大過剰の水を用いると，もとのアルデヒド形成の方向に平衡を傾けることができる．つまりアセタール（あるいはヘミアセタール）の酸触媒加水分解反応が起こる．では，塩基触媒を用いるとどうなるであろうか．

アルコールに塩基触媒を作用させると強い求核剤であるアルコキシドアニオンが生成する（図 4-30）．このアニオンがアルデヒド（あるいはケトン）を求核攻撃し，ヘミアセタールができる．生成したヘミアセタールはヒドロキシ基をもっているので，塩基触媒下ではこのヒドロキシ基からのプロトン引き抜きも生じる．いったんプロトンが引き抜かれると付加したアルコールが脱離し，もとのアルデヒド（あるいはケトン）が再生される．つまり，塩基触媒条件ではアルデヒド（あるいはケトン）とヘミアセタールの間で可逆反応が起こり，アセタールにまで反応が進行しない．また，アセタールにはヘミアセタールのように塩基で引き抜かれるプロトンがない．このため，アセタールは酸では分解できるが塩基には安定である．

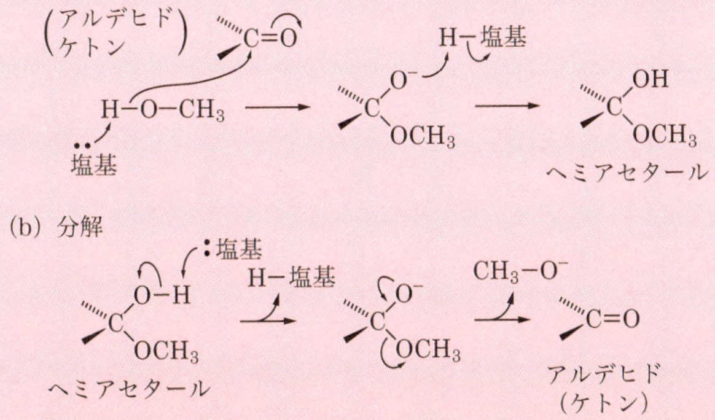

> **アセタールの生成**
> 反応は $S_N1$ 機構で進行する．$S_N2$ 機構ではない（p.51 の図 4-4 を参照のこと）．
>
> カルボカチオン中間体

図 4-30 塩基条件でのヘミアセタール生成と分解

(a) 生成（アルデヒド／ケトン）→ ヘミアセタール

(b) 分解 ヘミアセタール → アルデヒド（ケトン）

**環状アセタール**
環状アセタールは鎖状アセタールよりも分解されにくいので，カルボニル基の保護に用いることができる．

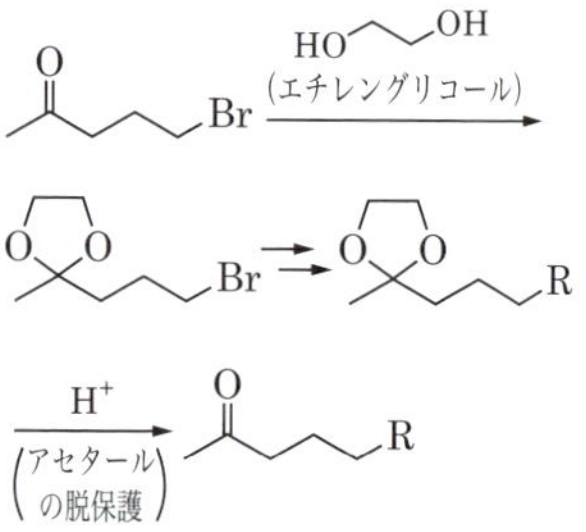

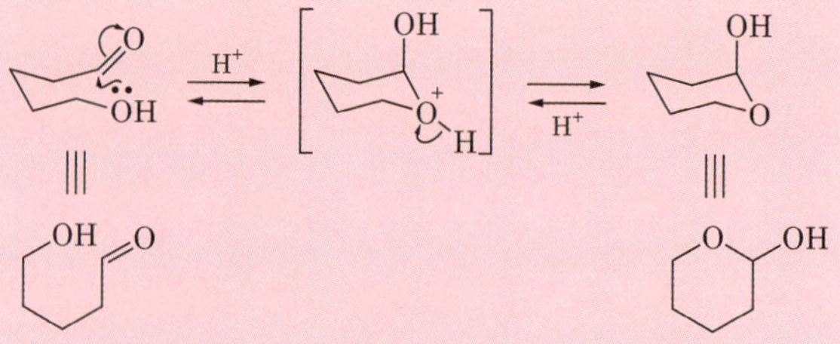

図4-31　分子内ヘミアセタールの形成

　分子内にアルデヒド基から3～4炭素隔てた位置にヒドロキシ基が存在すると，分子内で反応が起こり環状化合物が生成する（図4-31）．形成される環構造が安定な五あるいは六員環になるためである．この反応が次章で述べる糖類の化学できわめて重要な役割を果たす．

### (b) その他の求核剤との反応

　アルデヒドあるいはケトンは，水素系求核剤であるヒドリドイオン（水素陰イオン）と反応してアルコールに変換される〔図4-32(a)〕．アルデヒドは第一級アルコールに，ケトンは第二級アルコールに変換される（還元反応）．実験室でヒドリドアニオンをつくるときには，水素化ホウ素ナトリウム（$NaBH_4$）などが用いられる．生体内で同様の還元反応を起こすときには，NADPH（9章 p. 160 参照）が用いられる．

　シアン化水素は塩基性条件下で求核性の強い炭素系求核剤—シアン化物イオン—に変換され，アルデヒドあるいはケトンに付加する〔図4-32(b)〕．生成するシアノヒドリンは，加水分解によりカルボン酸に，ヒドリドイオン

**カルボニル基の還元**
たとえば以下のような反応がある．

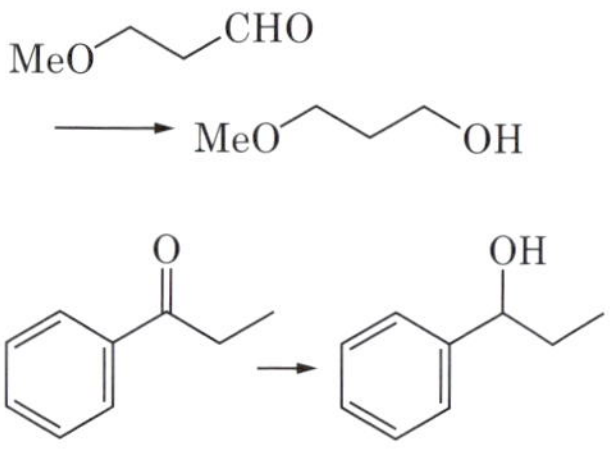

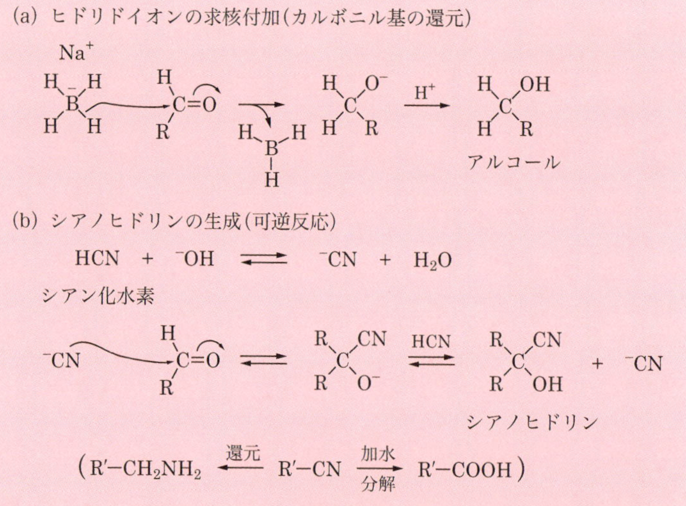

図4-32　(a) ヒドリドイオンの求核付加，(b) シアノヒドリンの生成

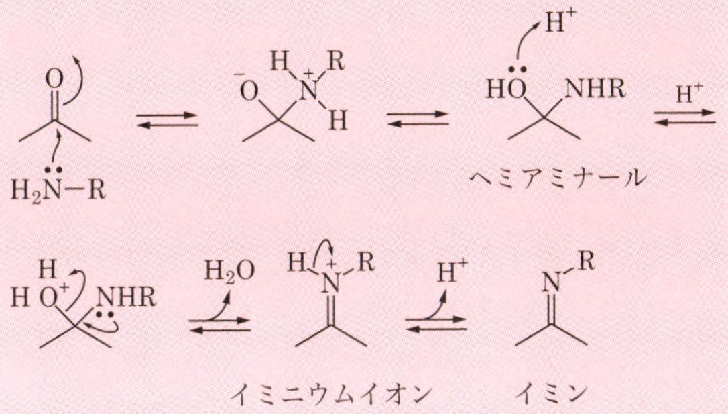

図 4-33 酸触媒によるイミンの生成

オキソニウムイオンを経由するアセタールの形成
（ヘミアセタール）
（アセタール）
オキソニウムイオン

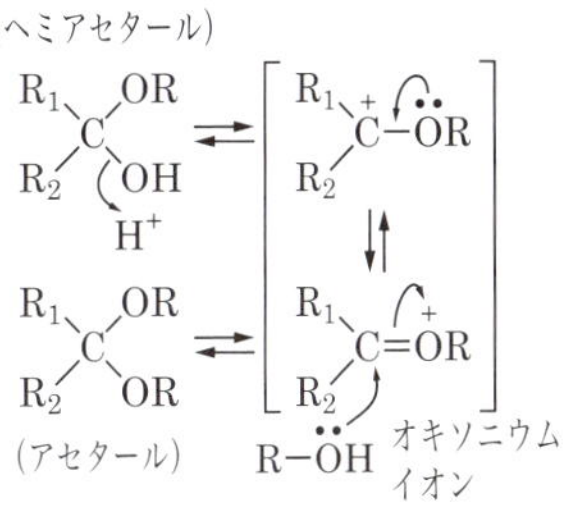

との反応（還元反応）でアミノ基に変換できる．

　アミン化合物は窒素上に不対電子をもっており，カルボニル炭素原子に対する窒素系求核剤として働く．反応は，図 4-29（p. 66）に示した酸触媒条件でのアセタール形成とほぼ同じ機構で進む（図 4-33）．まずアミノ基の攻撃によりヘミアミナールが生じ，続く水分子の脱離によりイミニウムイオンが生成する．ついで，イミニウムイオンが分子内でプロトンを失うことによりイミンが生成する（アセタール形成では，対応するオキソニウムイオンにもう 1 分子の求核剤が攻撃する）．生成物イミンは Schiff 塩基ともよばれ，カルボニル化合物の酸素が窒素に置き換わったかたちをもつ．イミン形成反応もアセタール形成反応と同様な可逆反応なので，酸加水分解によりイミンからカルボニル基を再生できる．イミン形成はタンパク質中のアミノ基やカルボニル基との間でも形成され，生体内酵素反応やビタミン $B_6$ 誘導体を利用したアミノ酸（アラニン）生合成にも利用されている〔4.6　アミンとその誘導体（p. 81）および 9 章を参照のこと〕．

イミンの加水分解
反応は図 4-33 の逆経路に沿って進む．

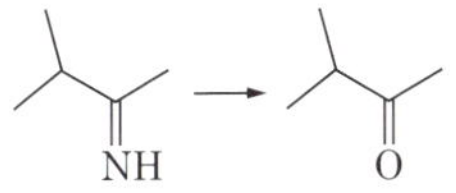

## 4.4　カルボン酸とその誘導体

### 4.4.1　カルボン酸

　カルボン酸は最も代表的な有機酸である．食酢に含まれる酢酸や筋肉疲労物質として知られる乳酸，脂肪に含まれるステアリン酸などがある．ステアリン酸は長鎖アルキル基をもつカルボン酸である．最も簡単な芳香族カルボン酸は安息香酸である（図 4-34）．カルボン酸の官能基はカルボキシ基とよばれ，カルボニル基 C=O にヒドロキシ（水酸）基 OH が結合した構造をもつ．この構造式からわかるように，カルボン酸は極性をもち，自分自身やほかの化合物と水素結合を形成できる．このため水やアルコールに溶けやすく，同程度の分子量のアルコールよりも高い沸点を示す（酢酸の沸点は 118 ℃ だが，

図4-34 さまざまなカルボン酸

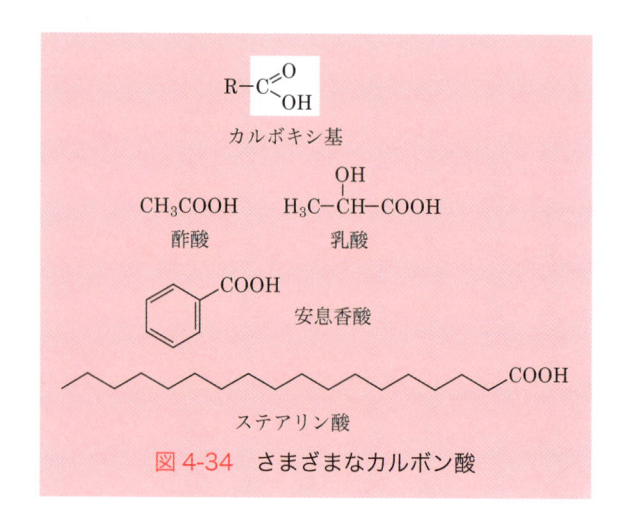

プロピルアルコールの沸点は 97 ℃である).

### (a) カルボン酸の酸性度

カルボン酸は水中でプロトンを放出し，カルボキシアニオンを生成する．そのプロトン放出能すなわち酸性度は，アルコールやフェノールに比べはるかに高い．表 4-3 に示した酢酸の $pK_a$ 値は約 5 であるが，アルコールの $pK_a$ は約 16 である．つまり酢酸とアルコールの $pK_a$ 値には約 11 の開きがある．これは酢酸がアルコールよりも $10^{11}$ 倍，つまり 1000 億倍強い酸であることを示す．

表 4-3 カルボン酸の酸性度

| カルボン酸 | $pK_a$ | カルボン酸 | $pK_a$ |
| --- | --- | --- | --- |
| $CH_3COOH$ | 4.7 | C₆H₅-COOH | 4.2 |
| $ClCH_2COOH$ | 2.8 | $O_2N$-C₆H₄-COOH | 3.4 |
| $Cl_3CCOOH$ | 0.7 | o-HO-C₆H₄-COOH | 3.0 |
| $CH_3CH_2CH_2COOH$ | 4.8 | | |

図 4-35 カルボキシアニオンの共鳴構造

カルボン酸が酸性を示すのは，プロトンを放出して生成するカルボキシアニオンの負電荷が共鳴により非局在化され，安定化されるためである（図 4-35，あるいは図 1-7）．したがって，カルボン酸の強さはこのカルボキシアニオンの安定性に左右される．もしカルボキシ基に電子吸引性の置換基があると，カルボキシアニオンの負電荷がより安定化される．このためカルボキシアニオンが生成しやすくなり，酸性度が上がる（$pK_a$ 値が下がる）．酢酸

4.4　カルボン酸とその誘導体　71

のメチル基の水素が，電気陰性度が高く電子吸引性をもつハロゲンに変わると酸性度が上がるのはこのためである．同様に，芳香族カルボン酸である安息香酸のベンゼン環上にニトロ基などの電子吸引性基がつくと，酸性度が上がる（表 4-3）．

### (b) カルボン酸の反応——Fischer エステル合成法

カルボン酸のカルボニル基もアルデヒド・ケトンのカルボニル基と同じように求核攻撃を受ける．求核剤としてアルコールを用い，酸触媒条件下カルボン酸と反応させるとエステルが生成する．この反応によるエステル合成はFischer エステル合成法とよばれる（図 4-36）．この反応では，まずカルボン酸のカルボニル基にプロトン化が起こる．これによりカルボキシル基の炭素原子上の正電荷が増加し，求核攻撃を受けやすくなる．そこに中性求核剤であるアルコールが反応し，付加体が生成する．ついでプロトンがアルコキシ基からヒドロキシ基に移動し，水が脱離する．最後に脱プロトン化によってエステルが生成し，酸触媒が再生される．反応全体としてはカルボン酸のOH 基がアルコールの OR 基で置換された結果になっているが，実際の反応は第 1 段階で付加が起こり，続く第 2 段階で脱離が起こる 2 段階反応である．また，すべての段階で逆反応が可能な平衡反応なので，エステルを効率よく得るためには過剰のアルコールを用い，生成する水を系外に除くことが必要である．逆に酸性条件下，大過剰の水を用いればエステルの加水分解が起こる．

**エステルの加水分解**
塩基を用いるエステルの加水分解反応は不可逆である．加水分解でできるカルボン酸が不可逆にカルボン酸イオンに変換されるためである．

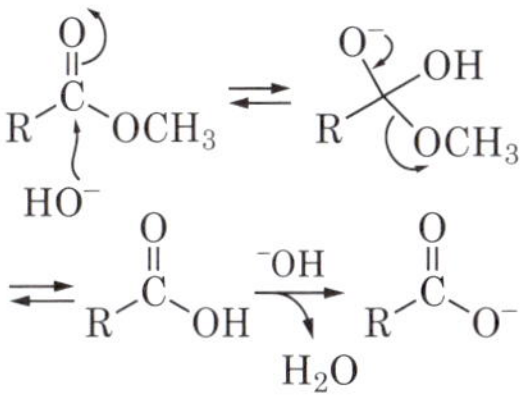

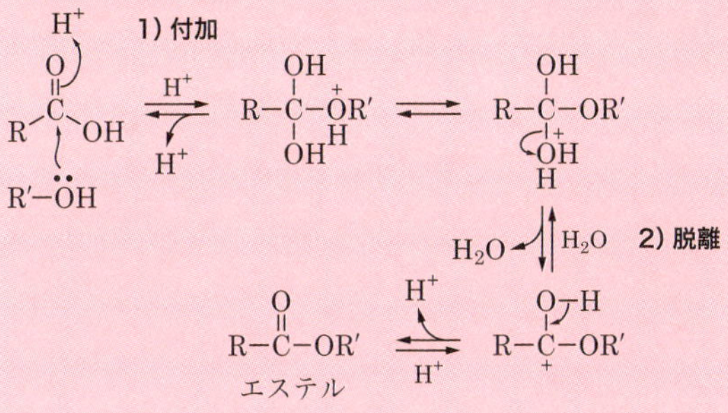

**図 4-36　Fischer エステル合成法**

### 4.4.2　カルボン酸誘導体

エステルのように，カルボキシ基のヒドロキシ基部分をほかの官能基に置換した化合物をカルボン酸誘導体とよぶ．おもなものに，エステル，アミド，酸ハロゲン化物，酸無水物がある（図 4-37）．これらの誘導体は加水分解によりもとのカルボン酸にもどせる．

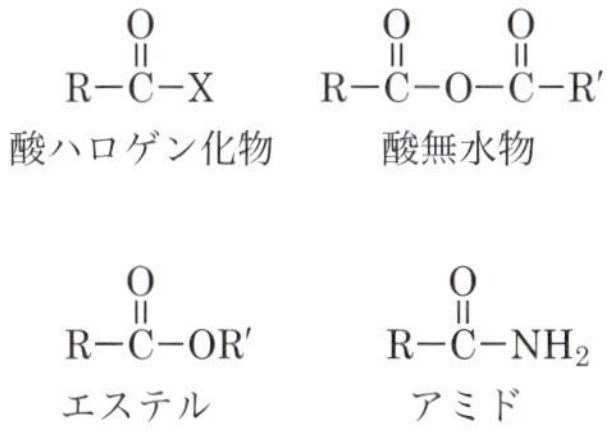

エステルやアミドは自然界に広く分布しているが，酸無水物はあまり見ら

図 4-37　カルボン酸誘導体

れない．酸ハロゲン化物は実験室での合成によってのみ得られる．脂肪はエステル化合物であり，アミドはタンパク質骨格を形成するきわめて重要な構造である．核酸はリン酸のエステル構造により，その骨格をつくっている．

### (a) カルボン酸誘導体の反応

アルデヒドやケトンと同様，カルボン酸誘導体はそのカルボニル炭素が求核剤と反応する．アルデヒドやケトンでは，通常，求核剤が付加した段階で反応が終了し $sp^3$ 炭素が生じる．一方，カルボン酸誘導体では，求核付加により生じた正四面体中間体から，ヘテロ原子置換基が脱離し，カルボニル基が再生される（図 4-38）．この反応では，第 1 段階で付加が起こり，続く第 2 段階で脱離が起こることによって，見かけ上求核置換反応が進行する．p. 71 図 4-36 の Fischer エステル合成反応も，第 2 段階で水が脱離する付加・脱離機構で進行する反応である．このかたちの反応では，見かけ上アシル基（RC=O 基）が求核剤に移動する．このアシル基転移反応は，生体内代謝反応でしばしば見られる反応形式である．

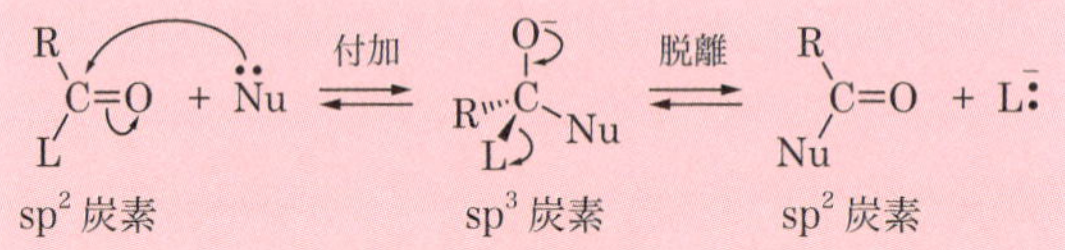

**図 4-38** 付加・脱離反応による置換反応

**反応剤の略号**
求核剤（nucleophile）；Nu または Nu⁻
求電子剤（electrophile）；E または E⁺
脱離基（leaving group）；L

付加・脱離反応では，脱離基 L の性質が反応の起こりやすさに大きく影響する．脱離基 L の電子吸引性が大きくなるほど反応は促進される．基質カルボニル炭素の正電荷が大きくなり，求核攻撃が起こりやすくなると同時に，脱離過程における脱離能も大きくなるからである．このため，酸ハロゲン化物と酸無水物の反応性は高い（図 4-39）．逆に，エステルでは酸素原子

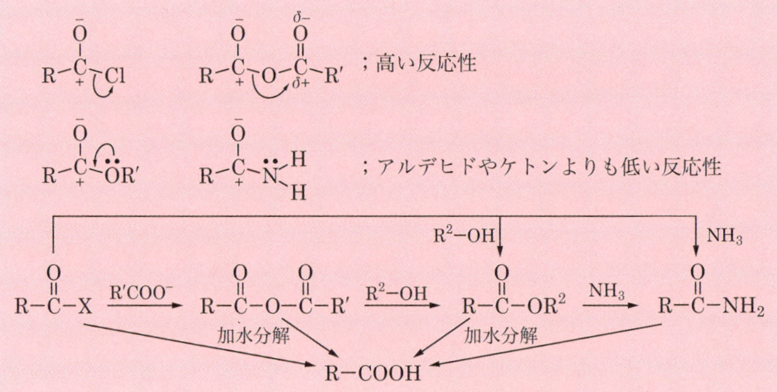

**図 4-39** カルボン酸誘導体の反応性

が共鳴による電子供与性基として働く．このため，求核剤に対するエステルの反応性はアルデヒドやケトンよりも低い（図 4-39）．アミドも同様の共鳴を起こすので反応性が低い．また，窒素原子上の不対電子が共鳴により非局在化するので（p.85 の図 4-60 および p. 136 の図 7-18），アミドはアミノ基のような塩基性を示さない．

このことから，反応性の高いカルボン酸誘導体から低い誘導体への付加・脱離機構による変換が可能であることがわかる．最も反応性の高い酸ハロゲン化物にカルボキシアニオンを求核剤として作用させれば，酸無水物に変換できる．同様にアルコールやアミンを作用させることにより，エステルやアミドへと変換できる．逆に最も反応性の低いアミドからエステルや酸無水物へは変換できない．一方，カルボン酸に塩化チオニル $SOCl_2$ を作用させると，反応性の高い酸塩化物に変換することができる（図 4-40）．塩化チオニ

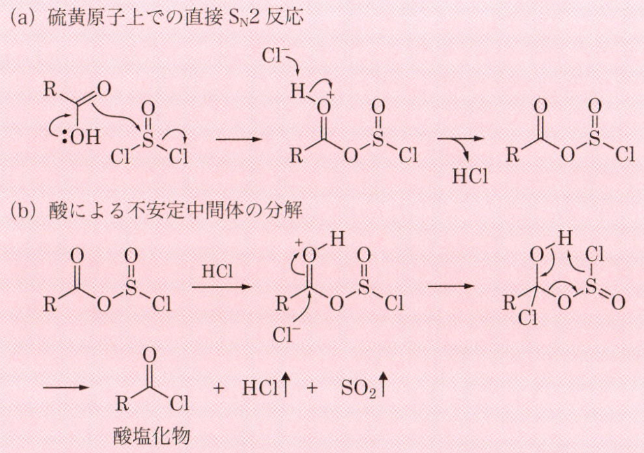

**図 4-40　塩化チオニルを利用した酸塩化物の合成**

ルの硫黄原子は求電子性をもち，カルボン酸の攻撃を受けて不安定な中間体を形成する．このとき副生する塩酸がカルボン酸カルボニル基をプロトン化し，塩素アニオンによる求核攻撃が可能になる．生成中間体はすみやかに分解され酸塩化物が生じる．このとき副生する二酸化硫黄と塩化水素は気体であり反応系から失われるため，全体の反応は不可逆反応となる．

すべてのカルボン酸誘導体は加水分解によりカルボン酸へと変換できる．したがって，反応性の低いカルボン酸誘導体をいったん加水分解してカルボン酸とし，それを酸塩化物に変換すれば，どのタイプのカルボン酸誘導体にも変換することができる．なお，エステルの塩基触媒加水分解反応をけん化とよんでいる．油脂からセッケンをつくる反応である（図 4-41）．この反応

図4-41 エステルのけん化

では生じたカルボン酸がただちにカルボキシイオンに不可逆的に変換され，アルコール分子が生じる．そのため全体の反応も不可逆である（p.71，エステルの加水分解）．

## 4.5 アルドール反応

これまで，カルボニル基の部分正電荷をもつ炭素原子への求核反応について述べてきた．このかたちの反応では，カルボニル基は親電子成分として働く．カルボニル基にはこれ以外にもう一つ非常に重要な働きがある．カルボニル基が隣接炭素原子に部分的負電荷(アニオン)を誘起する作用である．この働きにより，カルボニル化合物は電子豊富な求核剤としても働くことができる．この結果，同じカルボニル化合物が求核剤と親電子剤の両方の作用をもつことができ，カルボニル化合物間での炭素-炭素結合反応—アルドール反応—が可能になる．この反応はカルボニル化合物が行う最も重要な反応の一つであり，この反応により炭素骨格をつくり上げることができる．生体内では，グルコースの生合成(糖新生)などにこの反応が利用されている．本節では，カルボニル基によって誘起されるアニオン生成から説明しよう．

### 4.5.1 ケト-エノール互変異性
#### (a) ケト-エノール互変異性

アルデヒドやケトンは，ケト形とエノール形とよばれる2種の構造の平衡混合物として存在している（図4-42）．この2種の化合物は，プロトンと二重結合の位置が異なる構造異性体である（2種の異なる化合物であり，共鳴混成体の極限構造ではない）．このような構造異性は互変異性とよばれ，それぞれの構造は互変異性体とよばれる．

図4-42 ケト-エノール互変異性

---

**エノール形**
C=C二重結合（エン；ene）とOH（オール；ol）からなるのでエノールとよばれる．エネルギー的にはケト形よりも不安定な場合が多く，存在比率は小さい．

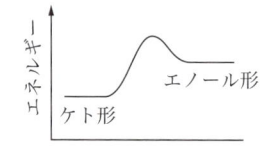

**互変異性**
一般に分子内でプロトン移動だけで起こる反応を互変異性とよぶ．ケト-エノール以外に次のような例がある．

イミダゾールの互変異性

ケト形とエノール形はプロトンの移動によって互いに変換される．このため，カルボニル化合物がエノール形で存在するためには，カルボニル炭素の隣の炭素（α炭素）上に水素原子が必要である．この水素はα水素とよばれる．簡単な構造をもつほとんどのアルデヒドやケトンはケト形で存在している．アセトンのエノール形は0.0003％しか存在しない．ケト形におけるC=O結合とC–H結合の結合力の和が，エノール形におけるC=C結合とO–H結合の結合力の和よりも大きいためである．しかし，きわめてわずかであってもエノール形が存在しうることは，実験的に確かめることができる．カルボニル化合物を重水 $D_2O$ あるいは重メタノール $CH_3OD$ などの溶媒中に長時間放置すると，α水素が重水素で置換される．わずかに起こっているケト-エノール互変異性による水素の移動の際に，溶媒中の重水素が入り込むためである．

ケト-エノールの平衡は，酸あるいは塩基によって触媒される（図4-44）．酸触媒では，まずカルボニル基にプロトンが付加する．生じた酸素原子上の正電荷を中和するためα水素が脱離し，エノール形への変換が起こると同時にプロトンが再生される．一方，塩基触媒ではまず塩基によりα水素が引き抜かれエノラートアニオンが生成する．このエノラートアニオンの酸素原子にプロトン化が起こることにより，エノール形への変換が起こる．

> α，β，γ位
> カルボニル基の隣の炭素から遠ざかるにつれ，順にα，β，γとよぶ（図4-43）．

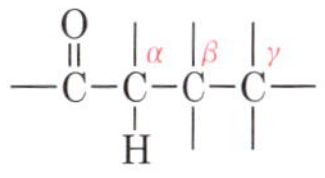

図4-43 カルボニル化合物の炭素の位置．α，β，γ位

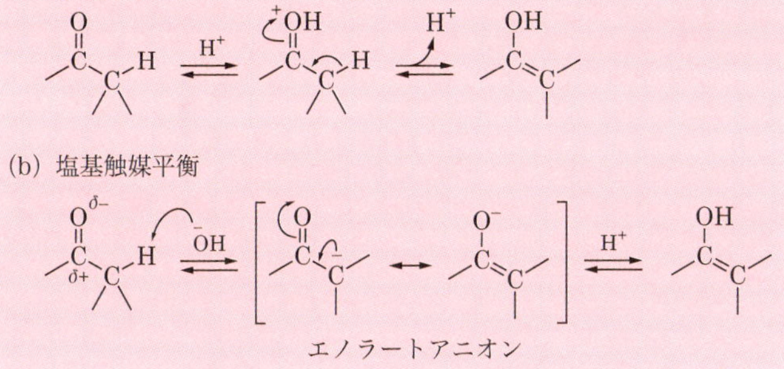

図4-44 ケト-エノール平衡

### (b) α水素の酸性度

図4-44の反応機構からわかるように，α水素はアルケンの水素に比べ，はるかにプロトンとして引き抜かれやすい．すなわち，酸性度が高い．その理由は二つある．第1の理由はカルボニル基の電子吸引性である（図4-45）．カルボニル炭素は部分的正電荷をもっている．このため，隣接炭素原子との結合電子をカルボニル基側に引きつけている．この効果により，隣接炭素とα水素との結合電子もいくぶんカルボニル基側に引き寄せられ，α水素はプ

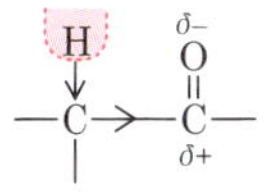

図4-45 カルボニル基の電子吸引性

表 4-4 カルボニル化合物のα水素の酸性度

| 構造式 | p$K_a$ | 構造式 | p$K_a$ |
|---|---|---|---|
| CH$_3$–CH$_3$ | 50 | CH$_3$CH$_2$–OH | 16 |
| CH$_3$–CO–CH$_3$ | 20 | CH$_3$NO$_2$ | 12 |
| CH$_3$–CO–H | 17 | H$_2$C(COOCH)$_2$ | 9 |

ロトンとして（つまり結合電子対をもたずに）引き抜かれやすくなる．もう一つの理由は，α水素の脱離で生じるエノラートアニオンの負電荷が，図4-44(b)に示したような共鳴により安定化されていることである．

　α水素の酸性度はカルボニル化合物の構造によって変わる（表4-4）．たとえば簡単なケトンであるアセトンのp$K_a$は20であり，水やアルコール（p$K_a$≒16）よりも約10,000（$10^4$）倍弱い酸である．一方，電子吸引性をもつニトロ基で置換されたメタン—ニトロメタン—は，水やアルコールよりも約10,000（$10^4$）倍強い酸である．さらに，二つのカルボニル基で挟まれた炭素原子上の水素はp$K_a$ = 9を示す．すなわち，アセト酢酸エステル（CH$_3$COCH$_2$COOCH$_3$）は水やアルコールの$10^7$（10,000,000）倍強い酸である．二つのカルボニル基の電子求引性が相乗的に働き，α水素の結合電子がα炭素側に強く偏っているからである．また，このかたちのエノラートアニオンでは，非局在化が広い範囲に及び，安定化エネルギーが大きくなるからである（図4-46）．

**1,3-ジカルボニル化合物**
アセト酢酸エステルでは，一方のカルボニル基を1位とすると他方のカルボニル基は必ず3位になる．このため，この形の化合物を1,3-ジカルボニル化合物とよぶことがある．

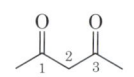

図4-46　1,3-ジカルボニル化合物のエノラートアニオン

　p$K_a$値の比較から，水酸化ナトリウムを塩基に用いると，アセトンをほとんどエノラートアニオンに変換できないことがわかる（図4-47）．酸としてのアセトンよりも，共役酸の水のほうがはるかに強い酸なので，平衡がほとんど左側に傾くからである．一方，アセト酢酸エステルに水酸化ナトリウムを用いると，ほぼ完全にエノラートアニオンに変換できる．このように，用いるカルボニル化合物と塩基の組合せによって，エノラートアニオンの生成をコントロールすることができる．

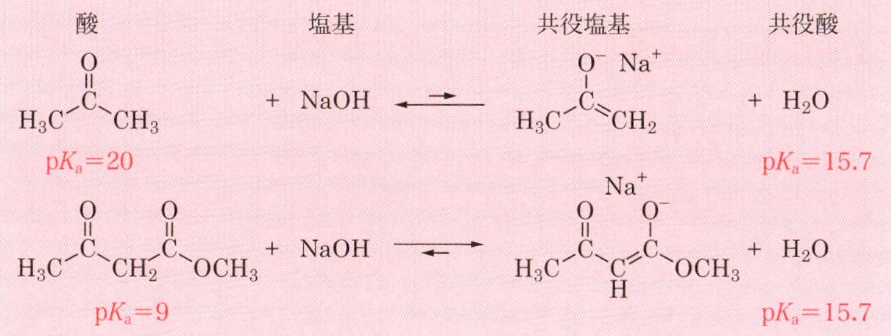

4.5 アルドール反応

図 4-47 塩基によるエノラートアニオンの生成

> **エノラートアニオンの生成**
> $CH_3O^-Na^+$ を使ってもアセトンのα水素を引き抜くのは難しい．共役酸 $CH_3OH$ の $pK_a$ が 15.5 でアセトンよりも強い酸だからである．
> アセトンのα水素を効率よく引き抜きたいときには，非常に強い塩基であるリチウムジイソプロピルアミド（LDA；lithium diisopropyl amide）などが用いられる． 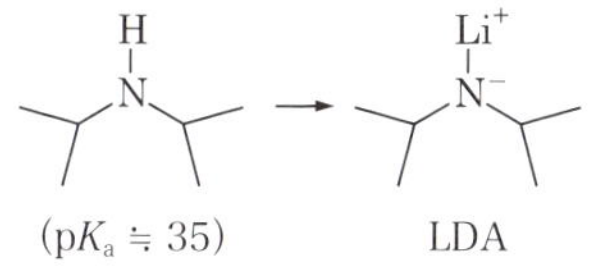
>
> ($pK_a ≒ 35$)　LDA
>
> 低温（-78℃）でカルボニル化合物をエノラートアニオンとしたのち，求電子剤を加えると新しい結合を形成できる．

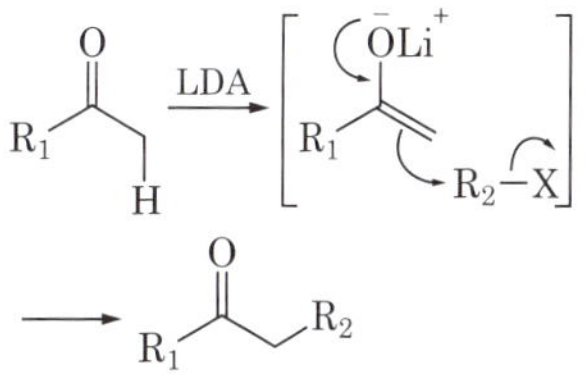

## 4.5.2 アルドール型反応

### (a) アルドール反応

エノラートアニオンは炭素系の求核剤として働き，カルボニル基へ求核付加する．この反応はアルドール反応とよばれ，きわめて有用な炭素 - 炭素結合形成反応の一つである．最も単純なアルドール反応は，アセトアルデヒドの自己縮合反応である．アセトアルデヒドの水溶液を触媒量の水酸化ナトリウムで処理し，アルドール（3 - ヒドロキシブタナール）を得る反応である．反応機構は図 4-48 のとおりである．

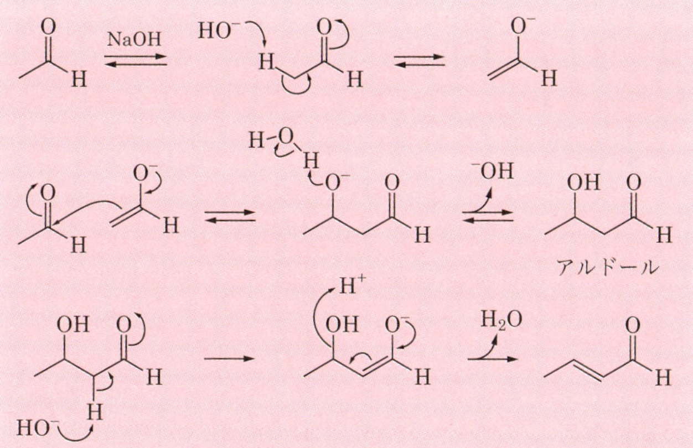

図 4-48 アルドール反応

まず塩基がα水素を引き抜き，エノラートアニオンがごくわずかに生成する．ついで，生じたエノラートアニオンが大量に残っているアルデヒドに求核付加する．最後に，生成したアルコキシドアニオンが溶媒からプロトンを受け取り，塩基を再生する．塩基が過剰に存在すると，反応がさらに進んで脱水が起こる（アルドール縮合）．生成物は共役する二重結合をもった安定なカルボニル化合物である．アルドール反応は可逆反応であり，生成物が出発

物よりも安定なときに反応が進みやすい．このため，立体障害の大きなケトンでは反応が起こりにくい．

分子内の適当な位置に二つのカルボニル基があると，分子内でアルドール反応が起こり環状化合物が生成する（図4-49）．環状化合物はp.23で述べたように，五員環あるいは六員環構造をとるとき最も安定である．したがって，複数のエノラートアニオンの構造が可能であっても，五あるいは六員環構造が生成する反応経路が最もすみやかに進行する．

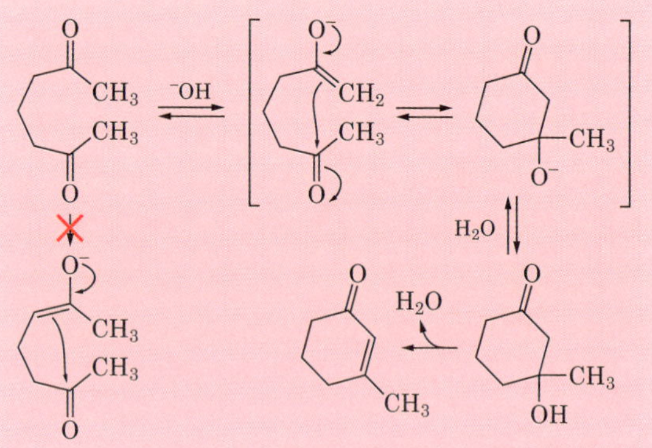

**図4-49 分子内アルドール反応**

### (b) 交差アルドール反応

2種類の異なったアルデヒドやケトンの間で起こるアルドール反応を，交差アルドール反応とよぶ．交差アルドール反応では，一方の成分がエノラート（求核剤）になり，他方が求電子剤としてのみ働くように反応をコントロールしなければならない．このため，用いるカルボニル化合物のうち，一方のみにエノール化できるα水素をもつ化合物を用いる方法がある．この場合，他方のカルボニル化合物のカルボニル炭素原子が親電子剤として働く．一例がアセトアルデヒドとベンズアルデヒドの反応である〔図4-50(a)〕．この反応では，塩基処理によりアセトアルデヒドのみがエノラートアニオンを生成でき，このアニオンがベンズアルデヒドのカルボニル基に付加する．生成物を過熱すると脱水が起こり，ケイ皮アルデヒド（シナモンの芳香成分）が得られる．ただしこの交差アルドール反応では，ベンズアルデヒドと塩基の混合液中にゆっくりとアセトアルデヒドを加える必要がある．加えたアセトアルデヒドをできるだけすみやかに過剰のベンズアルデヒドと反応させ，アセトアルデヒドどうしの反応（自己縮合）を抑えるためである．

では，図4-50(b)の反応では交差アルドール縮合がうまく進むであろうか．α水素はアセトアルデヒドのみに存在しているので，交差アルドール反応が

> アルデヒドの自己縮合
> アルデヒドではとくに起こりやすい（p.77, 図4-48）のでこのような工夫が必要になる．

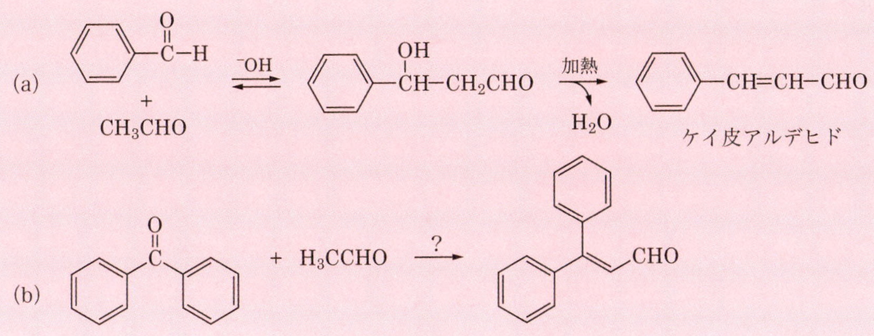

図 4-50 交差アルドール反応

起こればこのエノラートアニオンがケトンに求核攻撃するであろう．しかし，実際にはこの交差反応はうまく進行しない．ケトンよりもアルデヒドの反応性が高いためである．つまり，わずかに生成したエノラートアニオンはケトンではなく，残っているアルデヒドと反応し自己縮合する．さらにここで用いているケトンは，分子全体に広がった共役系をもつため安定化し，親電子性が低下している．以上の例から，交差アルドール反応をうまく進めるためには，i) 一方の成分のみがエノール化できること，ii) エノール化しないほうのカルボニル基の反応性が高いこと，の二つの条件が必要なことがわかる．

### (c) アセト酢酸エステル合成とマロン酸エステル合成

p. 76 の図 4-46 で述べたように，1,3-ジカルボニル化合物のα水素は引き抜かれやすく，生成するエノラートアニオンは求核剤として働く．エノラートアニオンに部分的正電荷をもつハロゲン化アルキルを作用させると，求核置換反応が起こりα炭素がアルキル化される．1,3-ジカルボニル化合物であるアセト酢酸エステルにアルコキシドアニオンを塩基として用いると，図4-51 (a) のように反応が進む．生成したエステル化合物を加水分解してカルボン酸に変換したのち，加熱すると脱炭酸が起こる．1,3-ジカルボニル化合物では安定な六員環遷移状態構造をとることができるので，カルボニル基がカルボン酸水素の受容体となりやすいからである．結局，一連の反応によりアセトンのα位にアルキル基が導入されたことになる．この変換反応はアセト酢酸エステル合成とよばれ，ケトン合成の重要な方法になっている．同様な反応をマロン酸ジエチルで行うと，カルボン酸が得られる．この反応はマロン酸エステル合成とよばれる〔図 4-51 (b)〕．

### (d) エステルエノラートアニオンの反応：Claisen 縮合

アルデヒドやケトンだけでなく，エステルにもα水素が存在する．エステルのα水素の引き抜きにより生じたエステルエノラートが求核剤として反応すると，アルドール反応とよく似た縮合反応が進行する．この反応は

---

**アルコキシドアニオン**
アルコールの $pK_a$ は約 16 なので，アセト酢酸エステル（$pK_a ≒ 9$）よりもはるかに弱い酸である．したがって共役塩基形であるアルコキシドアニオンは相対的に不安定で，アセト酢酸エステルのα水素を引き抜いてアルコールにもどろうとする（p.77 の図 4-47 を参照のこと）．

**アセト酢酸エステル合成とマロン酸エステル合成**
エステルの合成法ではないので注意が必要である．エステルは，たとえば p.71 の Fischer エステル合成法でつくられる．

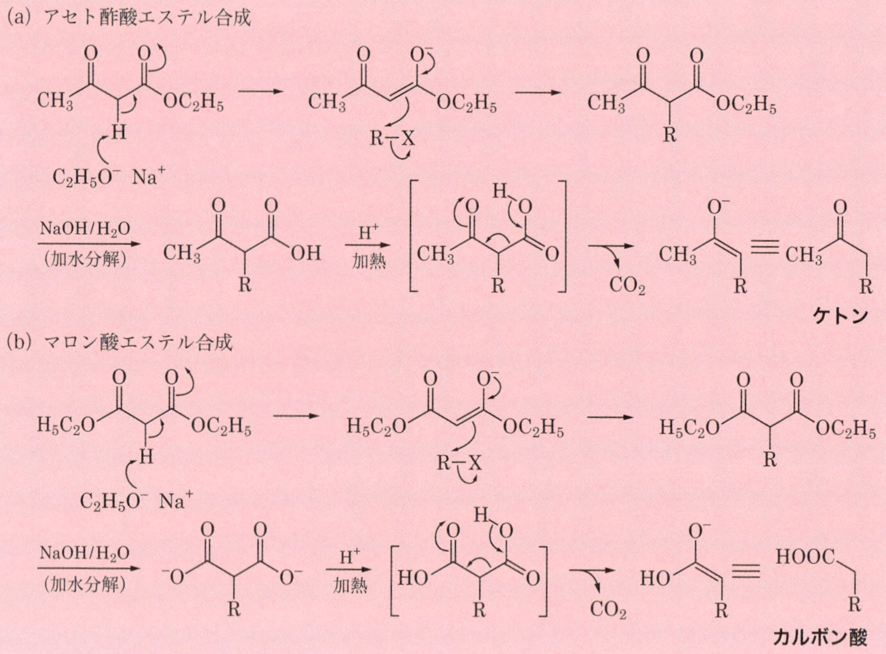

図 4-51 (a) アセト酢酸エステル合成，(b) マロン酸エステル合成

Claisen 縮合とよばれる．簡単な例として，酢酸エチルの自己縮合反応を図 4-52 に示す．

この反応ではまず，塩基が酢酸エチルの α 水素を引き抜き，わずかではあるがエノラートアニオンが生じる．生成したエノラートアニオンは周りに大量に存在する酢酸エチルに求核付加し，ついでエトキシドアニオンが脱離す

**Claisen 縮合の塩基**
Claisen 縮合では基質エステルのアルコール成分から調製したアルコキシドアニオンを塩基として用いる．アルコキシドアニオンがエステルに求核剤として働いてもエステルが再生できるからである．

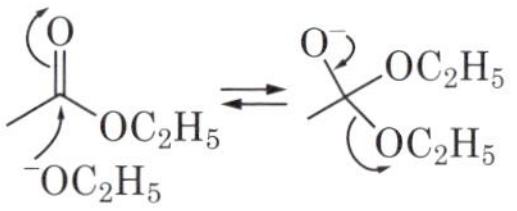

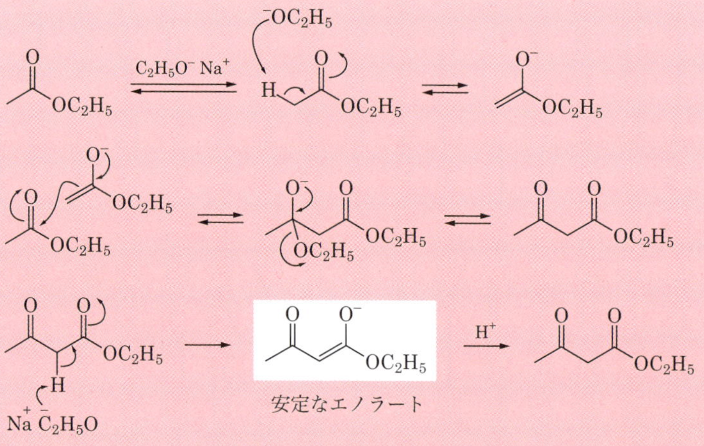

図 4-52 Claisen 縮合

る（付加・脱離過程）．ここまでの反応はすべて可逆反応である．次の段階は，生成したアセト酢酸エステルからのプロトンの引き抜きである．すでにp. 76（図 4-46）で述べたように，アセト酢酸エステルのような 1,3-ジカルボニル化合物の α 水素は高い酸性度を示す．このため，生成したアセト酢酸エステルは，反応液中に存在する塩基によってほぼ完全にエノラートアニオンに変換される．この段階は不可逆反応なので，全体の反応はアセト酢酸エステルのエノラートアニオン生成に傾く．出発物がほとんどすべてこのエノラートアニオンに変換された時点で酸を加えることにより，目的のアセト酢酸エチルを再生すればよい．

　Claisen 縮合反応はアルドール反応と並ぶ重要な炭素骨格形成反応である．また，生成物のジカルボニル化合物はさまざまな反応の基質となる（p. 79 のアセト酢酸エステル合成法など）．Claisen 縮合型反応は代謝反応でも重要な役割を果たしている．脂質の主成分である脂肪酸は，Claisen 縮合型反応で 2 炭素ずつアルキル鎖を伸ばすことにより生合成されている（9 章の p. 169）．このため，多くの脂肪酸は偶数個の炭素鎖をもっている．

　分子内の適当な位置にエステルが二つあると，分子内 Claisen 反応が進行する．分子内アルドール反応と同様，安定な環構造をつくれるエノラートアニオンが選択的に反応し，五あるいは六員環生成物ができる．このかたちの分子内反応は，Dieckmann（ディークマン）縮合とよばれる（図 4-53）．

**Rainer Ludwig Claisen**
（1851～1930 年），ドイツの有機化学者．アルデヒド，ケトン，エステルなどと，カルボニル基をもつ化合物との縮合反応を開発．

図 4-53　Dieckmann 縮合

**Michael（マイケル）反応**
本書で触れなかったカルボニル基への付加反応の一種に Michael 付加反応とよばれる反応がある．この反応ではカルボニル基に隣接する共役二重結合（α,β-不飽和カルボニル化合物）に 1,4-付加反応が起こる．これに対し本書で述べた付加反応を 1,2-付加反応とよぶことがある．

（1,4-付加体）

## 4.6　アミンとその誘導体

　最後に窒素を含む有機化合物について簡単に触れておこう．アミンはアンモニアの水素原子を有機性置換基で置き換えた誘導体で，最も一般的な有機塩基である．いくつかのアミン化合物の構造を図 4-54 に示す．アニリンは簡単な構造をもつ芳香族アミンで，染料や医薬品合成の材料として広く用い

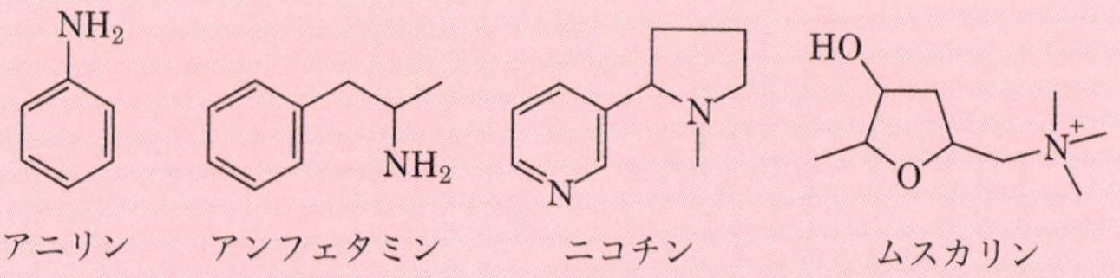

図 4-54　いくつかのアミン化合物

られている．また，合成覚醒剤の一種であるアンフェタミンもアミン化合物である．天然にもさまざまな生理・薬理作用を示す窒素を含む有機化合物が存在する．タバコの葉に含まれるニコチンや毒キノコの毒成分，ムスカリンなどである．これらは中枢神経や副交感神経に作用することでその薬理効果を表す．

### 4.6.1　構造と性質

#### (a) アミンの構造

アミン類はその窒素原子上に有機性置換基がいくつ結合しているかによって，第一級アミンから第四級アンモニウム塩に分類される（図 4-55）．窒素

図 4-55　第一級～第三級アミンと第四級アンモニウム塩の構造

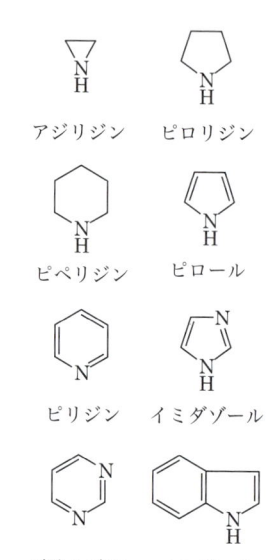

原子が環構造に組み入れられた環式アミンは含窒素複素環化合物とよばれ，多くは慣用名でよばれる(図 4-56)．

アジリジン　ピロリジン　ピペリジン　ピロール　ピリジン　イミダゾール　ピリミジン　インドール

図 4-56　環式アミンの名称

アミンの窒素原子の原子軌道は sp$^3$ 混成 (p. 11 を参照) しており，非共有電子対を含めた電子構造はほぼ正四面体である（図 4-57）．アミンの N–H 結合では電気陰性度の高い窒素原子が電子を引きつけるため，窒素原子が負に，水素原子が正に分極している．このため，第一級および第二級アミンは水素結合により会合できる (p. 33 の図 3-1 を参照)．したがって，同程度の分子量のアルカンよりも沸点が高い（表 4-5）．メチルアミンとエチルアミンは室温より低い沸点をもつため気体だが，炭素原子3個以上をもつ第一級アミンは液体である．しかし同程度の分子量のアルコールよりは低い沸点を示す．窒素の電気陰性度が酸素よりも小さいため，窒素原子を介する水素結

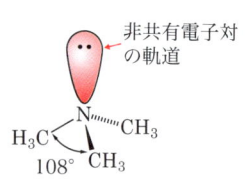

図 4-57　トリメチルアミンの構造

表 4-5　アルカン，アミン，アルコールの沸点

| | 構造 | 分子量 | 沸点(℃) | 構造 | 分子量 | 沸点(℃) |
|---|---|---|---|---|---|---|
| アルカン | $CH_3CH_3$ | 30 | −88.6 | $CH_3CH_2CH_3$ | 44 | −42.1 |
| アミン | $CH_3NH_2$ | 31 | −6.3 | $CH_3CH_2NH_2$ | 45 | +16.6 |
| アルコール | $CH_3OH$ | 32 | +65.0 | $CH_3CH_2OH$ | 46 | +78.5 |

合 (N–H···N) よりも酸素原子を介する水素結合 (O–H···O) のほうが強いためである．また，水とも水素結合をつくることができるので，アミンは水に溶けやすい．

### (b) アミンの塩基性

アミンはその窒素原子上に非共有電子対をもっているので，塩基性であるとともに求核性も示す．アミンとそのアンモニウムイオンは塩基とその共役酸の関係にある〔図 4-58(a)〕．いろいろな構造のアミンの塩基性の強さを比較するときには，塩基性の代わりにアミンの共役酸の酸性度で比較することがよくある．酸と塩基の強さの比較に同じ基準 $\mathrm{p}K_\mathrm{a}$ を用いることができるためである．$K_\mathrm{a}$ が大きいほど($\mathrm{p}K_\mathrm{a}$ が小さいほど)，共役酸の濃度$[RNH_3^+]$ が小さく塩基の濃度 $[RNH_2]$ が高い．塩基がプロトンと反応する割合が小さいことを表しており，塩基 $RNH_2$ が弱い塩基である（共役酸 $RNH_3^+$ が強い酸である）ことを示す〔図 4-58(b)〕．

アルカロイド
窒素原子を含み塩基性を示す天然由来の有機化合物を総称してアルカロイドとよぶ．古くは植物塩基ともいわれた．多くは植物起源でアミノ基やイミノ構造（p. 69 参照）をもつ．アヘンに含まれるモルヒネ（鎮痛剤），ベラドンナなどのナス科植物に含まれるアトロピン（副交感神経抑制作用をもつ猛毒だが，サリン中毒の治療にも使われる），キナの樹皮に含まれるキニーネ（マラリアの特効薬，苦味剤としても使われる）などがある．

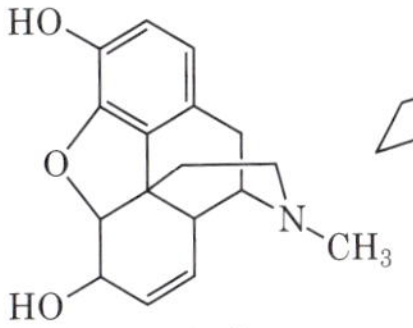
モルヒネ

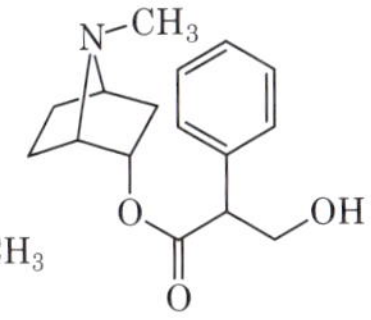
アトロピン

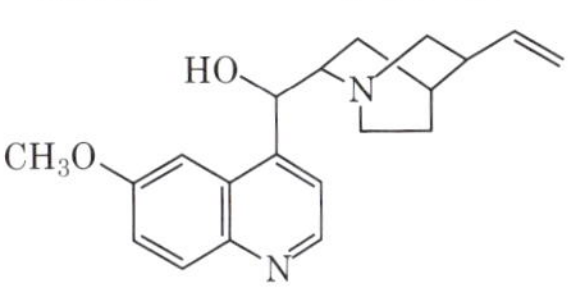
キニーネ

(a)
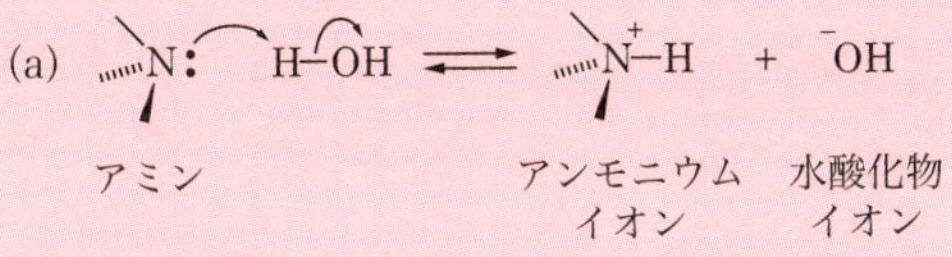


(b) $R\overset{+}{N}H_3 + H_2O \rightleftharpoons RNH_2 + H_3O^+$
共役酸　　　塩基

$$K_\mathrm{a} = \frac{[RNH_2][H_3O^+]}{[R\overset{+}{N}H_3]}$$

図 4-58　塩基としてのアミン

表 4-6 にいくつかのアミンの塩基性を示す．この表からわかるように，アルキルアミンはアンモニアの 10 倍以上強い塩基性を示す．アルキル基が電子供与性であるため，共役酸であるアンモニウムイオンの正電荷を安定化できるためである．したがって図 4-58(b) の反応式は共役酸の形成（左方向）に偏り，アルキルアミンはアンモニアよりも強い塩基として働く．一般に，電子供与性置換基はアミンの塩基性を高め，電子吸引性置換基は塩基性を弱める．

表 4-6 アミンの塩基性

| 名　称 | アミン | アンモニウムイオン | アンモニウムイオンの p$K_a$ |
|---|---|---|---|
| アンモニア | $NH_3$ | $\overset{+}{N}H_4$ | 9.3 |
| メチルアミン | $CH_3NH_2$ | $CH_3\overset{+}{N}H_3$ | 10.6 |
| ジメチルアミン | $(CH_3)_2NH$ | $(CH_3)_2\overset{+}{N}H_2$ | 10.7 |
| トリメチルアミン | $(CH_3)_3N$ | $(CH_3)_3\overset{+}{N}H$ | 9.8 |
| シクロヘキシルアミン | シクロヘキシル-$NH_2$ | シクロヘキシル-$\overset{+}{N}H_3$ | 9.8 |
| アニリン | Ph-$NH_2$ | Ph-$\overset{+}{N}H_3$ | 4.6 |
| p-メチルアニリン (p-トルイジン) | $H_3C$-Ph-$NH_2$ | $H_3C$-Ph-$\overset{+}{N}H_3$ | 5.1 |
| p-クロロアニリン | Cl-Ph-$NH_2$ | Cl-Ph-$\overset{+}{N}H_3$ | 4.0 |

**アニリン**
慣用名でアミノベンゼンとよばれることもある．無色透明の液体だが，酸化させると黒くなり，染料や顔料に使われる（アニリンブラック）．1856年，当時まだ18歳だったウィリアム・パーキンは，マラリアの特効薬であったキニーネの合成研究の過程でアニリンから紫色の染料が得られることを偶然見つけた．彼はこの発見の工業化にも成功し，さまざまな色調の染料を生みだした．

Sir William Henry Perkin
（1838～1907年），イギリスの化学者．

芳香族アミンであるアニリンは脂肪族アミンに比べるとはるかに弱い塩基である．アニリンの塩基性は，シクロヘキシルアミンの10万分の1程度しかない．これは，アニリンの窒素原子上の非共有電子対がベンゼン環との共鳴により非局在化できるためである（図4-59）．このため，アニリンではプロトン化されない構造が安定化され，図4-58(b)の反応式が塩基側（右方向）に偏る．したがって，プロトンとの反応性（アミンの電子供与能力）が落ち，弱い塩基性しか示さなくなる．

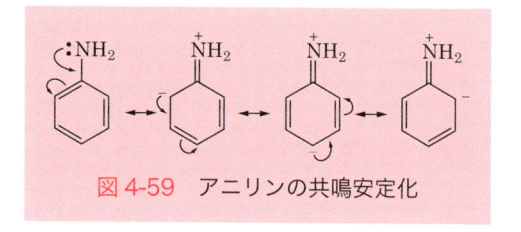

図 4-59 アニリンの共鳴安定化

アミンがカルボニル基と結合したアミドの窒素原子上にも非共有電子対があるが，アミドは塩基性を示さない．アミンでは，非共有電子対はおもに窒素原子上に局在化しているが，アミドでは隣接するカルボニル基との共鳴により窒素原子の非共有電子対が非局在化しているためである（図4-60）．このため，ペプチドやタンパク質中に含まれるリシンの側鎖アミノ基は塩基として働くことができるが，グルタミンやアスパラギンの側鎖アミドやペプチ

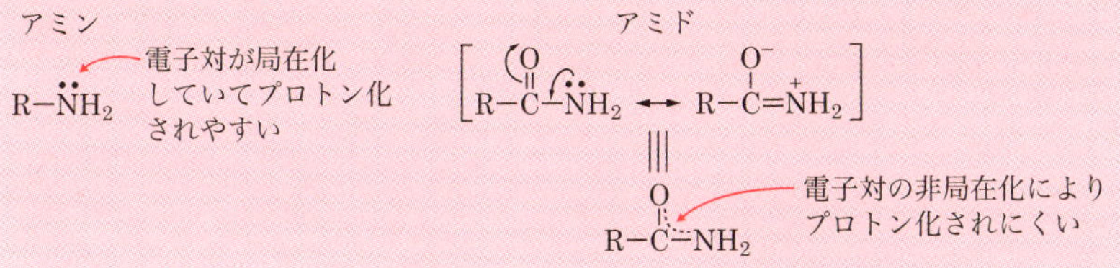

## 図 4-60 アミンとアミドの塩基性

ド結合は中性である（アミノ酸の構造については p. 123, 124 を参照のこと）．また，この共鳴構造の寄与によりペプチド結合の CO–NH 結合は一部二重結合性を帯び，平面性をもつ．このためペプチド結合中の C–N 結合（ペプチド主鎖の結合）は自由回転ができない．

第一級あるいは第二級アミンは水素原子をもつので，プロトンを放出して酸として働くこともできる．しかしその酸性度は極端に低く，アルコールの $pK_a$ 16 程度に比べアミンの $pK_a$ は 35〜40 程度である（図 4-61）．これ

$$R-NH_2 \rightleftarrows R-\overset{-}{N}H + H^+$$
$pK_a \fallingdotseq 40$

$$NH_3 + Na \longrightarrow NaNH_2 + \tfrac{1}{2}H_2$$
$pK_a = 36$ 　　ナトリウムアミド

図 4-61 金属アミドの生成

は，窒素の電気陰性度が酸素よりもかなり小さく，原子上に生じる負電荷を安定化できないことによる．アミンに金属ナトリウムなどを作用させると金属アミドをつくることができるが，この金属アミドは容易にプロトンと反応してもとの塩基にもどる．このため金属アミドはきわめて強い塩基として働き，カルボニル化合物の α 水素の引き抜きにも用いられる．p. 77 で述べたエノレートアニオンの生成に用いるリチウムジイソプロピルアミド（LDA）もこの金属アミドの一種である．

### 4.6.2 合成と反応
#### （a）アミンの合成

アンモニアを求核剤とするハロゲン化アルキルの求核置換反応を行うと，アミンが得られる（p. 53 の図 4-6 を参照）．しかし，すでに説明したようにこの反応ではアミン混合物が得られる．原料のアンモニアよりも，途中で生成する置換アンモニアのほうが高い反応性をもつためである．ハロゲン化ア

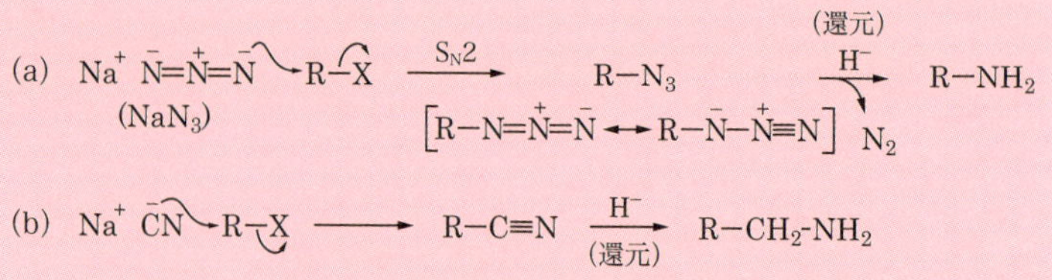

> (a) Na⁺ ⁻N=N⁺=N⁻ R–X  →(S_N2)→  R–N₃  →(H⁻, 還元)→  R–NH₂
>        (NaN₃)                    [R–N=N⁺=N⁻ ↔ R–N⁻–N⁺≡N]         N₂
>
> (b) Na⁺ CN R–X  →  R–C≡N  →(H⁻, 還元)→  R–CH₂–NH₂
>
> **図 4-62  第一級アミンの合成**
> (a) アジドアルカンを経由する方法, (b) ニトリルを経由する方法.

ルキルから選択的に第一級アミンを得たいときには，アジ化物イオンによる $S_N2$ 求核置換反応を利用する〔図 4-62(a)〕．この反応で生成するアジドアルカンは正味の電荷をもたないアジドで求核性を示さない．このため，これ以上反応が進まない．この生成物を還元する（ヒドリドアニオン $H^-$ と反応させる）と，効率よく第一級アミンを得ることができる．あるいは，ハロゲン化アルキルとシアン化物イオンとの求核置換反応で得られるニトリルを還元することによっても，第一級アミンを得ることができる．この反応では，もとのアルキル基よりも 1 炭素多いアミンが得られる〔図 4-62(b)〕．

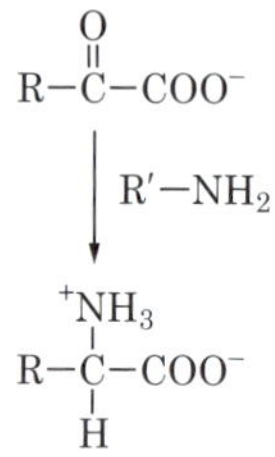

第二級アミンは，第一級アミンとカルボニル基との反応で得られるイミン (Schiff 塩基，p. 69 の図 4-33 を参照) を還元することによって得られる（図 4-63）．生体内で行われる代謝反応でも，この反応でカルボニル基をアミノ基に変換し，アミノ酸の生合成などに利用している．

**アミノ酸の生合成**

$$R-\overset{O}{\underset{\|}{C}}-COO^-$$
$$\downarrow R'-NH_2$$
$$R-\overset{+NH_3}{\underset{H}{C}}-COO^-$$

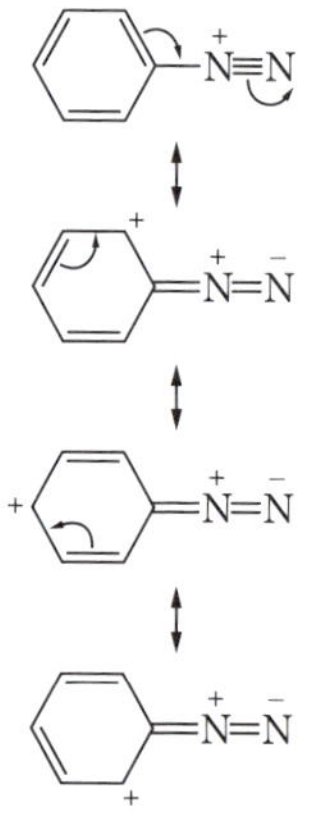

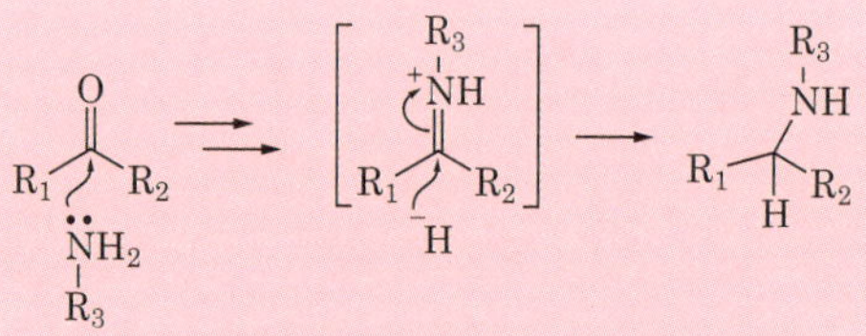

> **図 4-63  イミンの還元**

## (b) アミンの反応

第一級アミンは亜硝酸と反応してジアゾニウムイオンを生成する．亜硝酸は，亜硝酸ナトリウムを酸と反応させることにより発生させる．亜硝酸から酸性条件下で生じるニトロソニウムイオン〔図 4-64(a)〕がアミンと反応し，最初に $N$-ニトロソアミンが生成する．ここからプロトン移動を経て脱水が起こり，ジアゾニウムイオンに変換され，最後に窒素が放出されてカルボカチオンが生じる．これに付加や脱離反応が続くことによりさまざまな生成物が生じる〔図 4-64(b)〕．芳香族ジアゾニウムイオンは，電子豊富な芳香族

**芳香族ジアゾニウムイオンの安定性**

芳香族ジアゾニウムイオンでは，ベンゼン環との共鳴による安定化の効果が現れる．このため氷冷下でも比較的安定である．

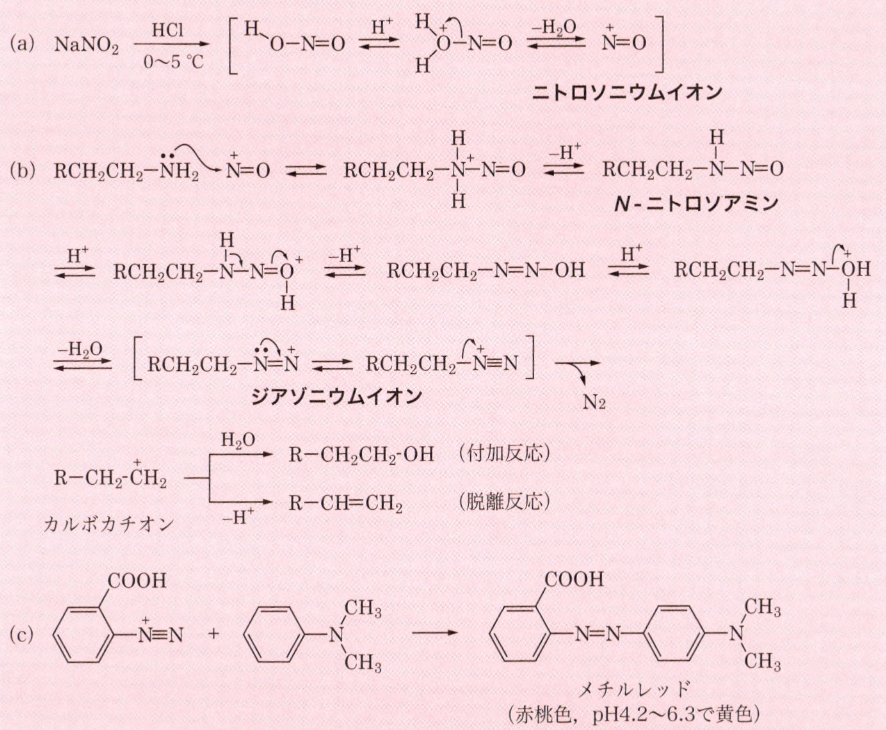

図 4-64　第一級アミンと亜硝酸との合成
(a) ニトロソニウムイオンの生成，(b) カルボカチオンの生成とその反応，
(c) 芳香族ジアゾニウムイオンの反応．

化合物と求電子置換反応を起こし，アゾ化合物を与える（ジアゾカップリング）．この反応によりさまざまな染料を合成できる〔図 4-64(c)〕．

　亜硝酸が核酸塩基であるシトシンと反応を起こすと脱アミノ化反応が進行し，シトシンがウラシルに変換される（図 4-65）．この亜硝酸による核酸塩基修飾反応により，DNA の点突然変異が誘発されうる．亜硝酸はソーセージなどの食品添加物として用いられることがあるので，実際にこの反応による変異が生体内で生じていた可能性は否定できない（ただしほとんどの場合，生体内でのこのような変異は修復可能である）．

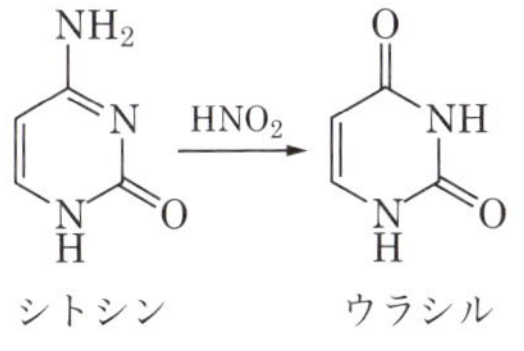

図 4-65　シトシンからウラシルへの変異

## 章末問題

1．第三級塩化物とアルコールとの反応では，アルコール濃度は反応速度にほとんど影響を及ぼさない．なぜか．

2．求核試薬をメチル化するためには，ヨウ化メチルが最もよく用いられる．フッ化メチルがほとんど用いられないのはなぜか．

3．次のそれぞれの化合物について，塩基存在下での脱離反応を行うとどちらの化合物がよりすみやかに反応するか．またそれはなぜか．

4．下記のエポキシドに塩基存在下求核剤を作用させると 1,2-トランス体が優先的に生成する．なぜか．

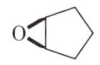

5．次のケトンにはどのようなエノール形が考えられるか．

6．$CH_3O^-Na^+$ ではアセトンからアニオンを発生させられないが，$CH_3^-Li^+$ では可能である．なぜか．

7．アセタールに酸を作用させるともとのアルデヒドを得ることができる．一方，アセタールは塩基に対しては一般に安定である．なぜか．

8．ベンゾフェノン（ジフェニルケトン）とアセトアルデヒドの交差アルドール反応がうまく進行しないのはなぜか．

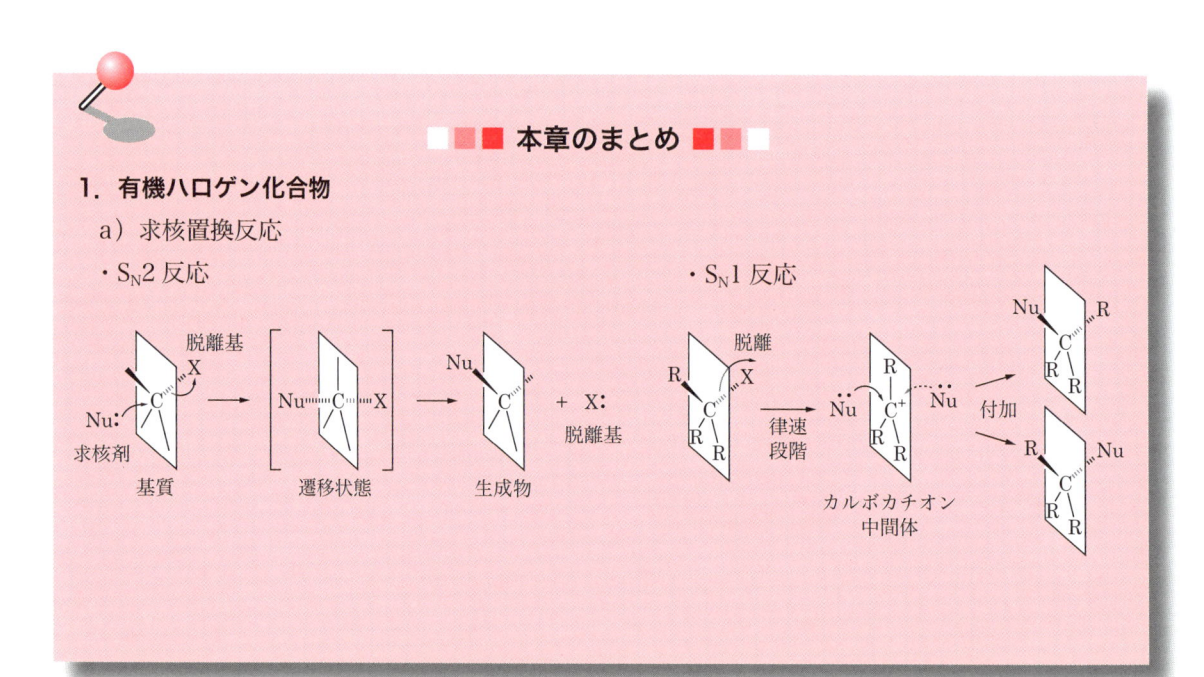

## 本章のまとめ

### 1. 有機ハロゲン化合物

a）求核置換反応

・$S_N2$ 反応

・$S_N1$ 反応

b) 脱離反応

・E1 反応

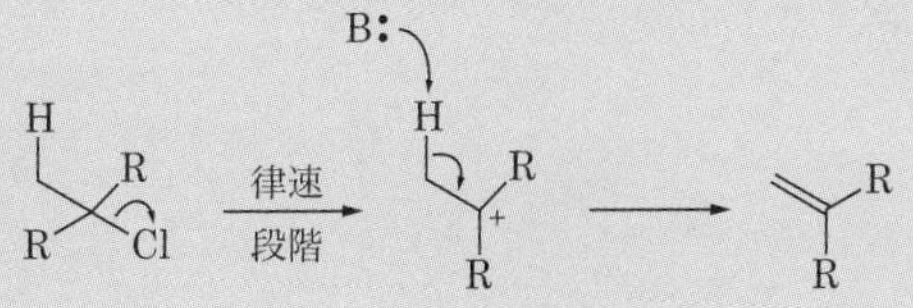

・E2 反応

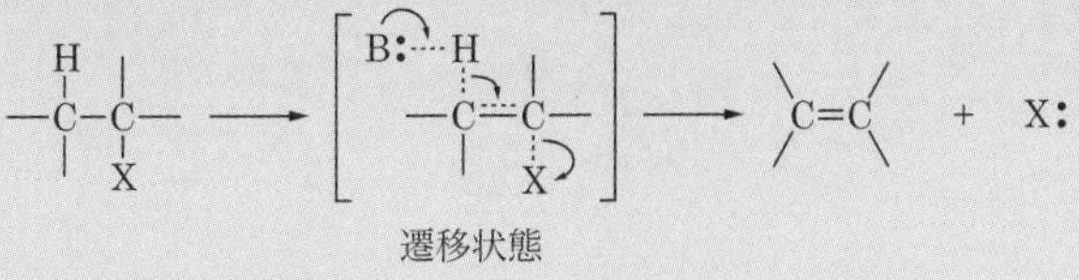

## 2. アルコールとエーテル

a) アルコールの反応

・求核置換反応と脱離反応

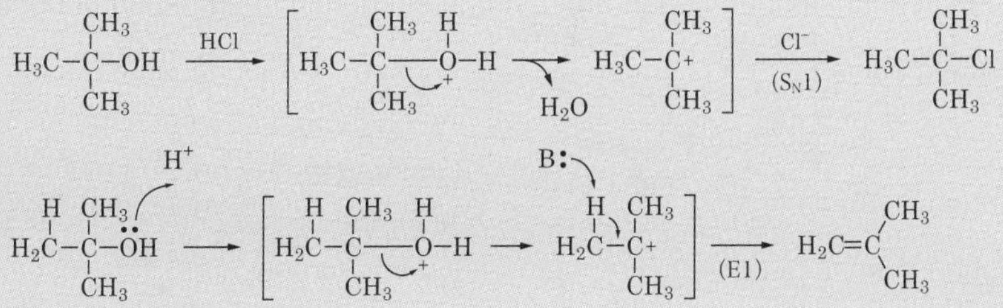

b) エーテルとエポキシドの反応

・エーテルの合成

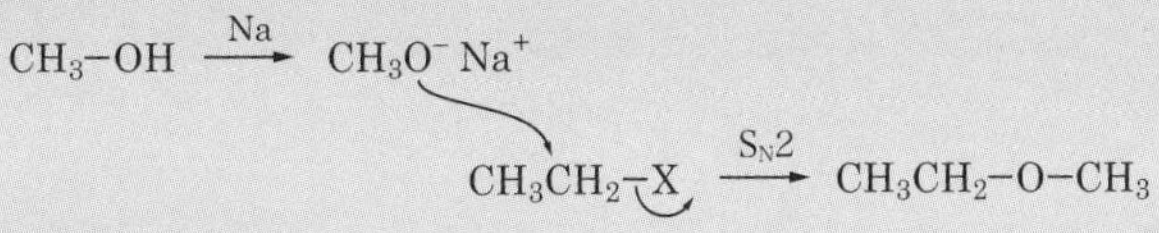

・エポキシドの反応

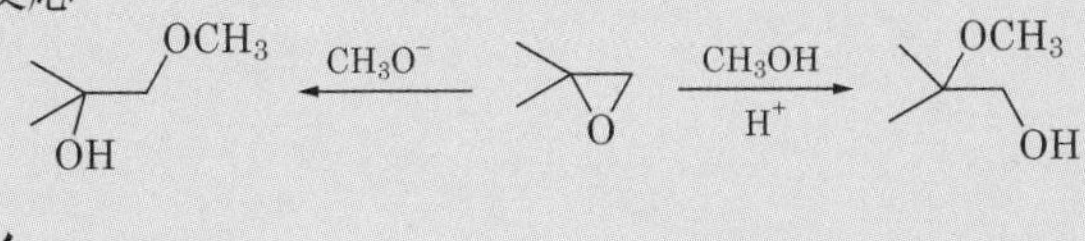

## 3. アルデヒドとケトン

a) 求核付加反応

・アルコールとの反応 → ヘミアセタール → アセタール

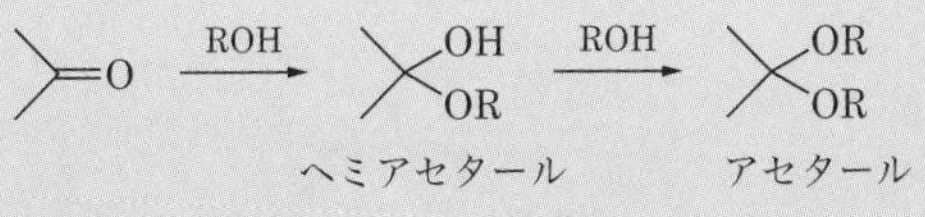

・還元反応 → アルコール

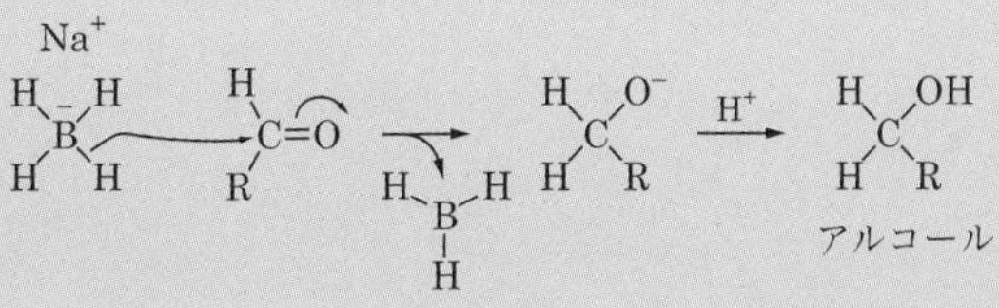

・シアノヒドリンの生成

### 4. カルボン酸とその誘導体
a) Fischer エステル合成

b) カルボン酸誘導体

### 5. アルドール反応
a) アルドール反応 (エノラートアニオン)

b) Claisen 縮合 (エノラートアニオン)

### 6. アミンとその誘導体
a) アミンの合成

b) アミンの反応

# 5章 糖質の化学

糖質は動物のエネルギー源として最も重要な化合物である．ヒトは食物からおもにデンプンを摂取し，それを消化吸収し，グルコースとして利用する（このことは9章で述べる）．そのほか，糖質には生体の構造を維持する働き，分子や細胞を認識する際の標識になる働きがある．

本章ではまず単糖類の構造と性質を理解し，それらが二糖類，多糖類，さらには糖タンパク質など天然における複雑な構造体にまで構築される仕組みについて学ぶ．

## 5.1 単糖の構造と性質

単糖はカルボニル基をもつ多価アルコールであるが，そのカルボニル基によってアルドースとケトースに分類される．アルドースはアルデヒド基をもつ糖で，ケトースはケトン基をもつ糖である．最も小さいアルドースがグリセルアルデヒド（図5-1）で，糖のD-体とL-体もこれに由来することはすでに学んだ（図2-10, p.28）．糖は含まれる炭素原子の数によって分類され，それぞれトリオース（炭素数3），テトロース（炭素数4），ペントース（炭素数5），ヘキソース（炭素数6）とよばれる．生物界に存在する糖で最も量が多いのはペントースとヘキソースで，アルドペントースあるいはケトヘキソース

> **多価アルコール，アルデヒドとケトン**
> 多価アルコールは一つの分子中に2個以上のヒドロキシ基をもつ化合物．アルデヒド，ケトンについてはp.63を参照のこと．

H–C=O　　　　H–C=O
H–C–OH　　　HO–C–H
　CH₂OH　　　　CH₂OH
D-グリセルアルデヒド　L-グリセルアルデヒド
（OHが右側）　　　（OHが左側）

図5-1　グリセルアルデヒドの立体構造（Fischer投影式）

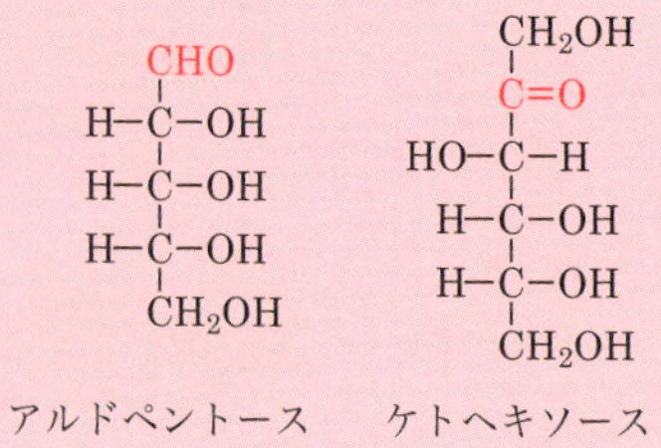

図 5-2 アルドペントースとケトヘキソース

のように，官能基の種類と炭素数を合わせた命名法でよばれる（図 5-2）．

### 5.1.1 単糖の立体異性体

　自然界に存在するほとんどの糖質は D-体である．D-グリセルアルデヒドを起点として，シアノヒドリン合成法（Killiani-Fischer 合成法，p.68 の図 4-32 参照）で炭素鎖を一つずつ延長していき，新たに生じる不斉炭素を分割すると，アルドテトロース（2 種類），アルドペントース（4 種類），アルドヘキソース（8 種類）ができる．たとえば，D-アラビノース（ペントース）を出発原料にした場合，まずシアン化水素を反応させてシアノヒドリンのジアステレオ異性体（p.30 参照）を得る．ついでシアノ基を酸加水分解するとカルボン酸となる．このカルボン酸を五員環のラクトンに環化させ，さらに還元するとアルドヘキソースのエピマー（ジアステレオ異性体である）が生じる

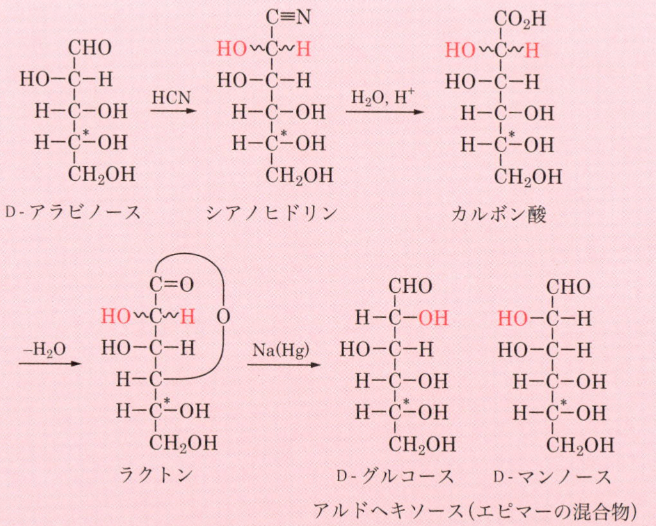

図 5-3 Killiani-Fischer 合成法
図中の〰は原子または原子団が炭素の左右どちらにも結合できることを表す．また C* は D-体を表す炭素．

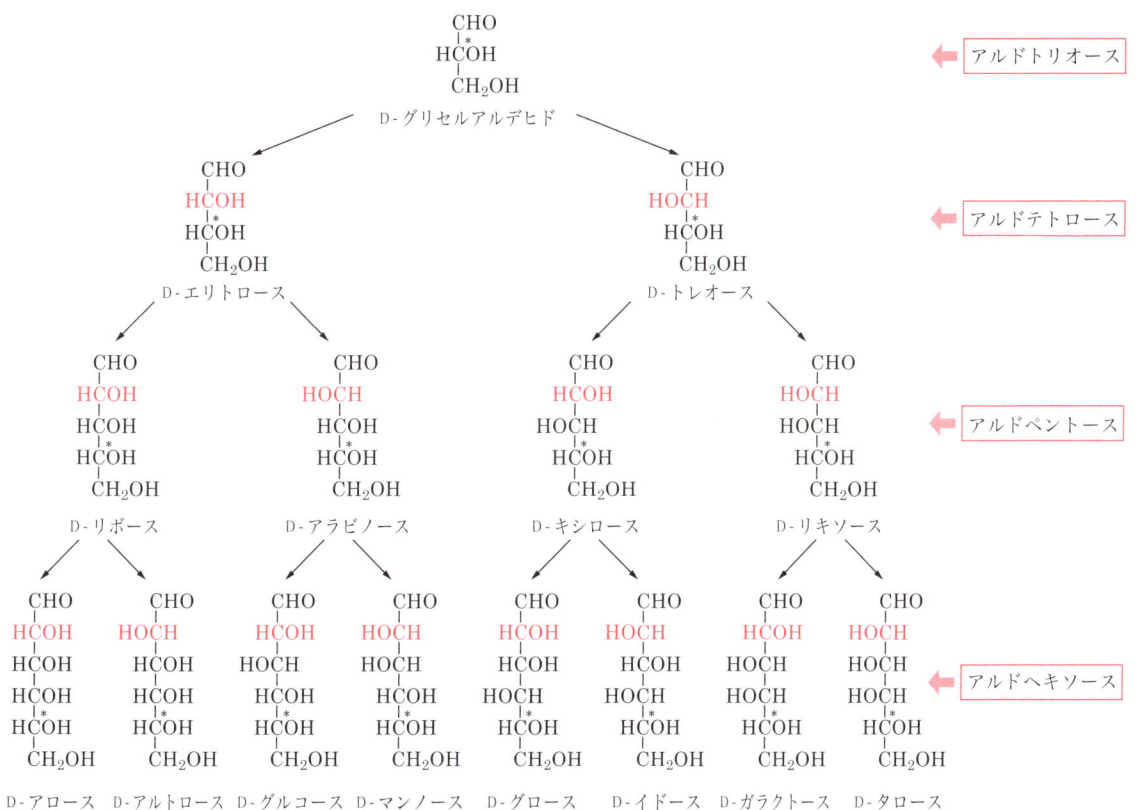

5.1 単糖の構造と性質

図5-4 炭素原子3個から6個までのD-アルドース
C* はD-体を表す不斉炭素.

(図5-3). これらの糖はカルボニル基から最も遠い不斉炭素の配置が同じで, すべてD-グリセルアルデヒドから誘導されるD-体の糖である(図5-4).

　不斉炭素原子が$n$個ある分子では$2^n$個の異性体が可能なので (p.30参照), アルドテトロース(不斉炭素2個), アルドペントース(不斉炭素3個), アルドヘキソース(不斉炭素4個)それぞれの異性体の数は4, 8, 16個ずつとなる. 図5-4にはDとLのエナンチオマーのうち, 半数のD-体のみを示す. アルドヘキソースのうち, 生物界においてはD-グルコース, D-マンノース, D-ガラクトースが最もよくでてくる糖類であるが, これらは互いにジアステレオマーの関係にあり, 鏡像異性体(p.30参照)ではない. 一つの不斉炭素原子の立体配置が異なる化合物をエピマーといい, D-グルコースとD-マンノース(2位の立体配置)およびD-グルコースとD-ガラクトース(3位の立体配置)は互いにエピマーである. 単糖ではこれらのアルドース以外に, ケトヘキソースであるD-フルクトースや核酸の成分であるアルドペントース, D-リボース, などが重要である.

図 5-5 糖の環状構造
赤で示した OH 基の付け根の炭素がアノマー炭素原子.

## 5.1.2 単糖の環状構造

　テトロース以上の糖は，基本的に環状構造をとっている．すなわち，アルデヒド基やケトン基が分子中のヒドロキシ基と可逆的に反応し，ヘミアセタールを形成する〔図 5-5．図 4-31 (p. 68) も参照〕．その際，五員環の構造に巻くものはその構造がフラン環に似ていることよりフラノースとよばれ，六員環のものはピラン環に似ていることからピラノースとよばれる (図 5-6)．
　ヘミアセタールが形成されると，新たにピラノースでは 1 位に，フラノースでは 2 位に不斉炭素ができる．この炭素原子をアノマー炭素原子という．また，その際に生じるジアステレオマーをアノマーとよぶ．糖が D-体の場合，アノマー炭素に生じたヒドロキシ基が右側についている（環状構造で下側につく）のが α-アノマーであり，左側（環状構造で上を向いている）のが β-アノマーである．通常，グルコースではこれら α-アノマーと β-アノマーは鎖状構造を介して平衡状態にあり，α-D-グルコピラノースが 36％，鎖

図 5-6　フランとピラン

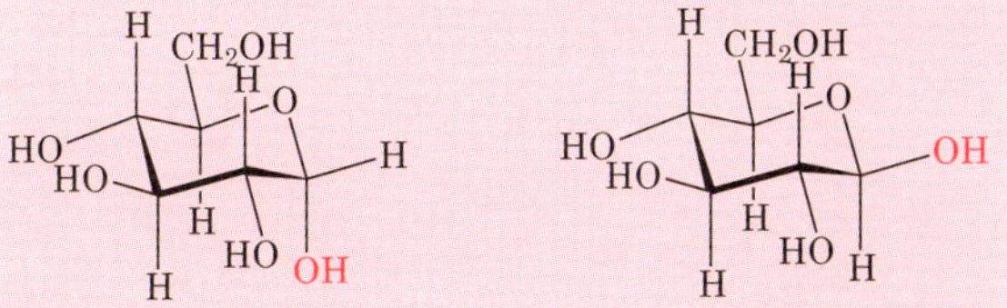

5.1 単糖の構造と性質

**図5-7** D-グルコピラノースのいす形構造

状構造が1％，β-D-グルコピラノースが63％を占めている．D-グルコピラノースは安定ないす形構造をとっている（図5-7）が，β-体ではすべてのヒドロキシ基がエクアトリアル位（p.24参照）を占めており，α-体よりも安定なためである．

### 5.1.3 変旋光

α-D-グルコースの結晶を水に溶解させると，比旋光度は+112.2°から+52.7°へ変化する．同様に，β-D-グルコースも+18.7°から+52.7°へと変化する．このことは，+52.7°でα，β両アノマーと直鎖状D-グルコース三者の存在比が平衡に達していることを表す．このように，比旋光度の値が徐々に変化して平衡値に達することを変旋光という．

### 5.1.4 単糖の誘導体

#### (a) 単糖の酸化反応

ヘミアセタールは通常，環化しているものの，ごく一部開環しているものが容易に酸化を受け，アルドン酸と総称されるカルボン酸になる．反応の平衡はアルドン酸のほうに偏り，D-ガラクトースの場合はD-ガラクトン酸になる．このように自身が酸化されやすい糖を還元糖という．たとえば，D-グルコースとBenedict試薬の反応では，硫酸銅（青色）は還元されて酸化銅Cu₂O(I)の赤褐色沈殿となり，糖は酸化されてD-グルコン酸が生じる（図

**図5-8** Benedict試薬による酸化反応

比旋光度
p.26で旋光性を学んだが，物質固有の物理定数として比旋光度を定義する．

$$[\alpha]_D^T = \frac{100 \times a}{l \times c}$$

$a$：旋光度（旋光計の読み）
$l$：試料管の長さ〔単位 dm（デシメートル）〕
$c$：試料濃度（g/100 mL）
$T$：温度
$D$：ナトリウムのD線（589 nm）
例 $[\alpha]_D^{25}$ +52.7 (c 1.0, H₂O)

D-ガラクトン酸

```
   COO⁻
 H-C-OH
HO-C-H
HO-C-H
 H-C-OH
   CH₂OH
```

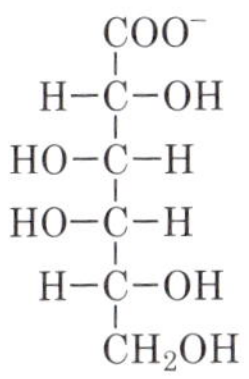

Benedict反応
アルデヒドとフェーリング液との反応と同じ化学式で表されるが，フェーリング液よりも感度がよいとされる．

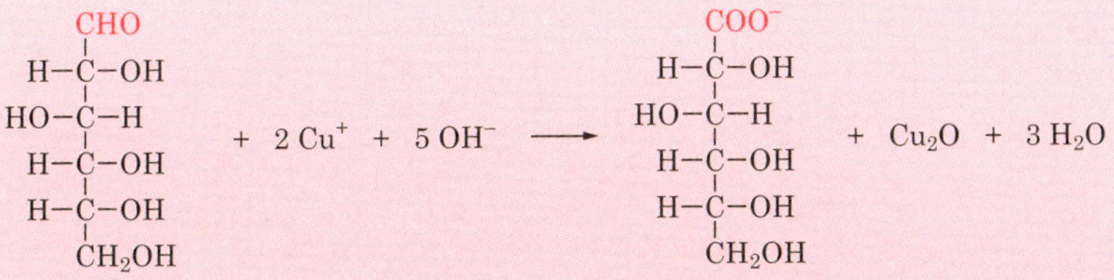

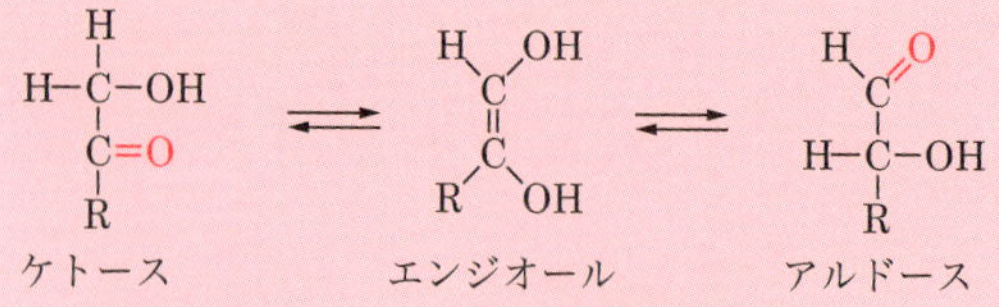

図 5-9 ケトースの互変異性

5-8).また,D-フルクトースのようなケトースの場合にも,弱塩基性の条件下では互変異性(p.74参照)によって生じるアルドースが酸化されD-グルコン酸となる(図5-9).

酵素でアルドースの第一級アルコール基のみを酸化するとウロン酸と総称されるカルボン酸ができる.D-グルコースからはD-グルクロン酸が,D-ガラクトースからはD-ガラクツロン酸が生じる(図5-10).これらは,いろいろな多糖類の構成成分になっている〔たとえば図5-21(p.104)参照〕.

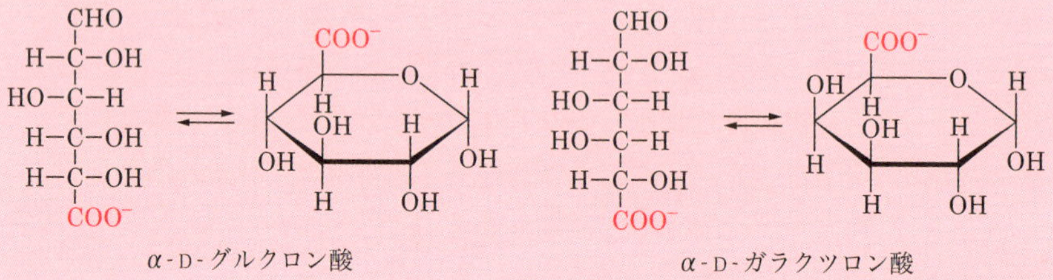

> **酵　素**
> 生体反応の触媒作用をするタンパク質(9章,p.159を参照).

図 5-10　α-D-グルクロン酸とα-D-ガラクツロン酸

### (b) 単糖の還元反応

ヘミアセタールを水素化ホウ素ナトリウム(NaBH$_4$)などで穏やかに還元すると,開環してアルジトールが得られる.D-グルコースはD-グルシトール(ソルビトール)に,D-キシロースはD-キシリトールになる.これらは甘味剤として使用されている(図5-11.p.100のコラムも参照).

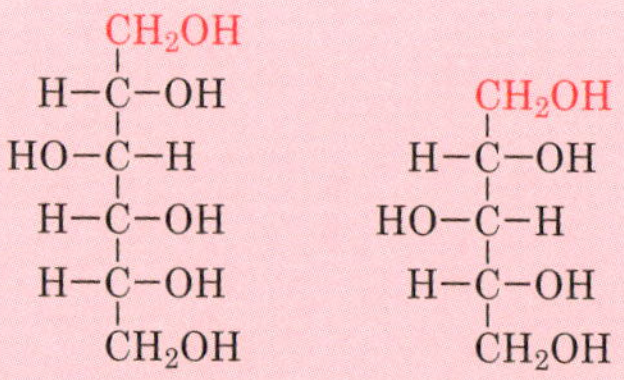

> **水素化ホウ素ナトリウム**
> ヒドリドアニオンを生成する還元剤(4章,p.68を参照のこと).

図 5-11　D-グルシトールとD-キシリトール

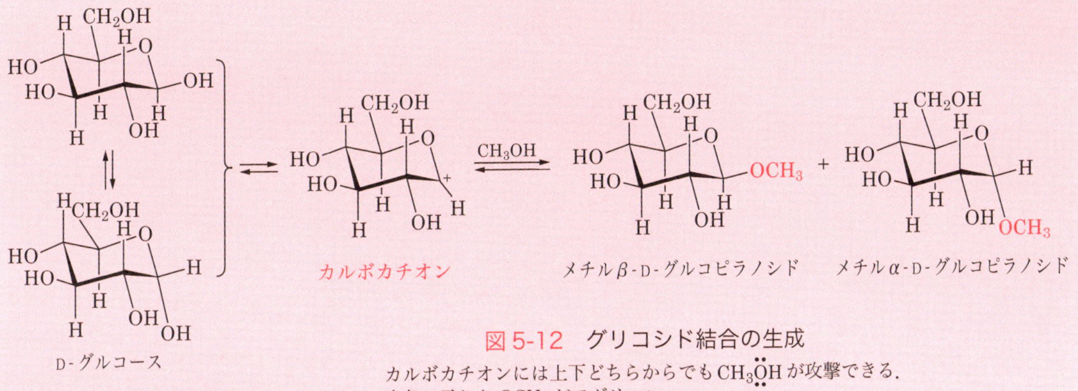

**図5-12 グリコシド結合の生成**
カルボカチオンには上下どちらからでも$CH_3\overset{..}{\underset{..}{O}}H$が攻撃できる．
赤色で示した$OCH_3$がアグリコン．

### 5.1.5 グリコシド結合の形成

　単糖の環状体であるヘミアセタールは，酸触媒存在下でアルコールと反応してアセタールを与える（p. 66参照）．単糖から生成したカルボカチオンには，上下どちらからでもアルコールが攻撃でき，その結果，$\alpha$-アノマーと$\beta$-アノマーの混合物が得られる．このアセタールをグリコシド，新たにできたC–O結合をグリコシド結合，また新たに結合したアルコール部分をアグリコンとよぶ．グリコシド結合は酸性溶液で加水分解されるが，中性もしくは塩基性溶液には安定である．D-グルコピラノースとメタノールとの反応では，メチル$\alpha$-D-グルコピラノシドとメチル$\beta$-D-グルコピラノシドができる（図5-12）．アノマーどうしは互いにジアステレオマーである．二糖や多糖もグリコシド結合を介して互いに結合している．一方，アノマー炭素とアミンが結合した$N$-グリコシド結合は核酸に見られ，酸にも強い構造である．

## 5.2　二糖の構造と性質

　二糖は，単糖のヘミアセタールがほかの単糖のヒドロキシ基と反応してできたアセタールである．

　乳に含まれるラクトース（乳糖）は，ガラクトースとグルコースからなる二糖であり，D-ガラクトピラノシル-($\beta1 \rightarrow 4$)-D-グルコピラノースと書くことができる．($\beta1 \rightarrow 4$)とは，グリコシド結合がガラクトースのC1とグルコースのC4を$\beta$アノマー結合していることを示す．グルコース部分のアノマーは$\alpha$，$\beta$体の混合物である（図5-13）．ラクトースはそのままでは吸収されず，まず腸内のラクターゼで単糖に加水分解される．ヒトの子供はほ

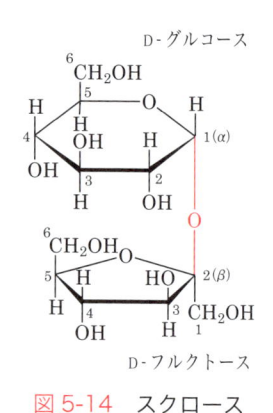

図 5-13 ラクトース
〔D-ガラクトピラノシル-(β1→4)-D-グルコピラノース〕
アノマーの ～OH は α, β の混合物であることを示す.

図 5-14 スクロース
〔D-フルクトフラノシル(β2→1α)-D-グルコピラノース〕

とんどこの酵素をもっているが, 成長するに連れてこの酵素がなくなることがある. ラクトース(乳製品)を多く摂取すると下痢や腹痛を起こす人がいるのは, このためである.

スクロース(ショ糖)はサトウキビやサトウダイコンから得られる最も一般的な甘味料である. D-フルクトフラノシル (β2→1α)-D-グルコピラノースで表され, フルクトースのC2βとグルコースのC1αが互いにグリコシド結合をしている(p. 97参照). したがって, スクロースは還元糖ではない(図5-14).

## 5.3 多糖類の構造と性質

多糖類には同じ単糖の重合体であるホモ多糖と, 異なった単糖が重合したヘテロ多糖類がある. また機能の面から見ると, 貯蔵多糖と構造多糖に分けられる.

### 5.3.1 ホモ多糖

デンプンはイネ, コムギ, イモなどに多く含まれる植物の貯蔵多糖であり, グルコースのみからなるホモ多糖である. 植物を主食とする動物のカロリー源の主体といえる. デンプンはアミロースとアミロペクチンからなっている. グルコースが (α1→4) グリコシド結合で直鎖状につながったアミロースは, 分子量が $5 \times 10^5 \sim 2 \times 10^6$ である. アミロースは水溶液中では左巻きのらせん構造をとっており, ヨウ素試験で強い青色を呈する. これは分子状ヨウ素がらせん構造にはまり込み, グルコース残基との相互作用を起こすことによる(図5-15).

一方, アミロペクチンは (α1→4) の直鎖状グリコシド結合の約25グルコース残基ごとに (α1→6) グリコシド結合を含む分枝した構造をしており, 分子量は $15 \sim 400 \times 10^6$ である(図5-16, 図5-17).

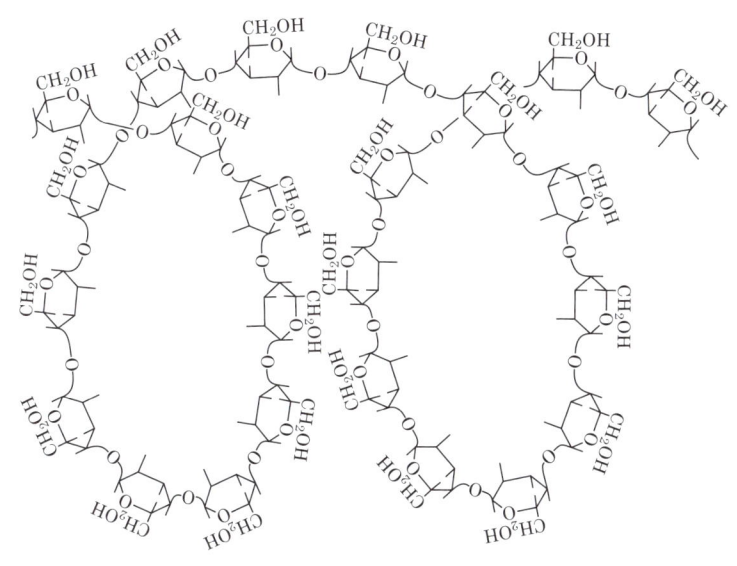

アミロースの結合様式

アミロースのらせん構造

図 5-15　アミロースの構造
赤い部分が（α1→4）グリコシド結合である．

　デンプンを摂取すると，口から小腸までの間でアミラーゼなどのさまざまな酵素によって単糖であるグルコースにまで分解され，小腸で吸収される．門脈をへていったん肝臓に運ばれたのち，そのほかの臓器に運ばれる．
　グリコーゲンは動物組織の貯蔵多糖であり，肝臓や筋肉組織に最も多く見

図 5-16　アミロペクチンの枝分れ構造
赤い部分が（α1→6）グリコシド結合を表す．

## COLUMN 甘味料のいろいろ

　砂糖（ショ糖, スクロース 1）は今日, 最も一般的な甘味料です. ヒトが甘いものを欲しがるのは, スクロースの分解から得られるグルコースが, 生物にとって最も代表的なエネルギー代謝の出発物質だからです. まさに, 甘さという快感は, 生物的欲求を満たすように仕組まれているわけです. しかし, スクロース(砂糖)の摂りすぎはエネルギー（カロリー）の摂りすぎにつながりますし, 糖尿病や虫歯といったさまざまな弊害もあります. 人類は古来より貴重品だった砂糖に代わる安価で味のよい甘味料を長年求め続けてきましたが, 近年ではそれに加え, いわゆるメタボリック・シンドローム対策の意味からも, より低カロリーの甘味料が求められるようになってきました.

　食品添加物としてショ糖の代わりに使用が認められている甘味料は, 表に示したように天然物もしくはそれを加工したものと, 化学合成品に分けられます. ちなみに, まだ発見されたばかりで毒性試験などはなされていませんが, ラグドゥネーム 11 という化合物は砂糖の 230,000 倍甘いとされ, 現在までのところ一番甘い物質だといわれています. 皆さんもこれらの甘味料をどこかで口にされているはずです. 食品の原材料名の欄を注意して見て下さい.

　さてこれらの甘味料は, 単独で用いられるほか, ほかの甘味料と併用することで, さらにその効果を高めることもあります. 甘いという味覚を感じるのは舌の上の味らい細胞ですが, これらの化合物がなぜ甘いのかはまだ研究の途上で, 統一的見解には至っていません.

　ところで, アリにアスパルテームと砂糖を与えたところ, アリはアスパルテームには見向きもせず, 砂糖のほうばかりに集まります. どうやらヒトとアリでは甘みの感じ方が異なるようです.

### 食品添加物としての甘味料

| | 甘味剤（化合物番号） | 甘さ(スクロースを1とする) | 用 法 | 備 考 |
|---|---|---|---|---|
| 天然物もしくはその加工品 | ステビア抽出物 (2) | 200～300 | 清涼飲料 | テルペン配糖体を含む |
| | グリチルリチン酸二ナトリウム (3) | 200～300 | ダイエット食品, 糖尿病患者用 | テルペン配糖体を含む. アンモニウム塩は抗アレルギー薬 |
| | D-キシリトール (4) | 1.0 | 菓子, 清涼飲料 | カロリーは砂糖1に対し0.6. 加熱に安定. 虫歯予防 |
| | D-グルシトール (5) | 0.6 | | |
| | スクラロース (6) | 600 | 菓子, 清涼飲料 | 加熱に安定. 砂糖の OH 基を Cl に換えた |
| 化学合成品 | サッカリン (7) | 350 | 菓子など | 高濃度では苦い. 熱に安定 |
| | アセスルファム・カリウム (8) | 200 | 菓子, 貯蔵期間の長い食品 | 高濃度でわずかに苦い. |
| | アスパルテーム (9) | 200 | ノンカロリー清涼飲料, 糖尿病患者用砂糖の代替 | ペプチド. 熱に不安定. |
| | ネオテーム (10) | 7,000～13,000 | | アスパルテームを N-ネオヘキシル化 |

5.3 多糖類の構造と性質

グリコーゲン　　　　　　アミロペクチン

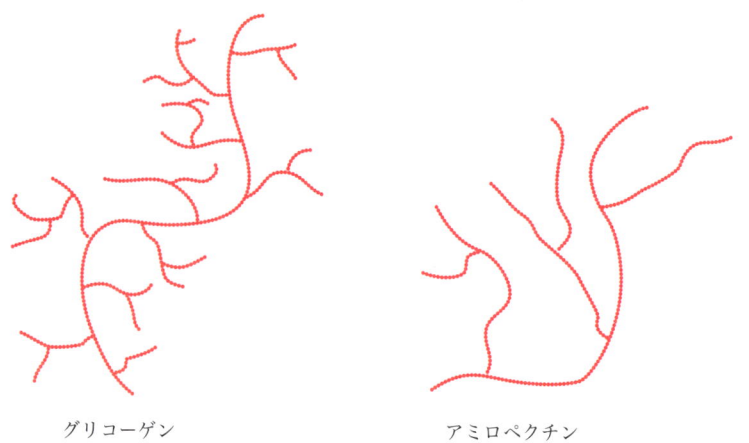

図5-17　グリコーゲンとアミロペクチンの枝分かれの比較

られる．構造はアミロペクチンに似ているが，アミロペクチンよりも枝分かれが多く，($\alpha 1 \rightarrow 4$)グリコシド結合のグルコース8～14分子おきに($\alpha 1 \rightarrow 6$)結合の枝分かれがある．分子量は$1 \sim 10 \times 10^6$程度である(図5-17)．

## COLUMN

### 酵素をだます糖尿病治療薬

　国民病ともいわれる糖尿病は，血糖値の異常な上昇がさまざまな合併症を引き起こす厄介な疾患です．糖尿病患者は，血糖を下げるホルモンであるインスリンがないか，またはその働きが低下しているので，食事をすると血糖値が異常に上昇してしまいます．糖分は単糖まで分解されてはじめて腸管から吸収されますから，血糖値の上昇を防ぐためには，摂取した糖分を単糖まで分解する酵素活性を阻害し，腸管から吸収されなくすればよいことになります．アカルボースとボグリボースは，非還元末端のα1→4結合を切るα-グルコシダーゼの阻害薬です．
　アカルボースがα-アミラーゼおよびα-グルコシダーゼ活性を阻害するのに対し，ボグリボースはα-グルコシダーゼのみを阻害します．また，グルコースやフルクトースなどの単糖を摂取した場合には吸収を阻害しません．これら阻害薬はどちらもグルコースに似たシクロヘキサン環をもつ糖誘導体（アナログ）で，末端にN原子が入っていることなどの特徴があります．このN原子が酵素阻害活性に大きくあずかっていると思われます．

ボグリボース

アカルボース

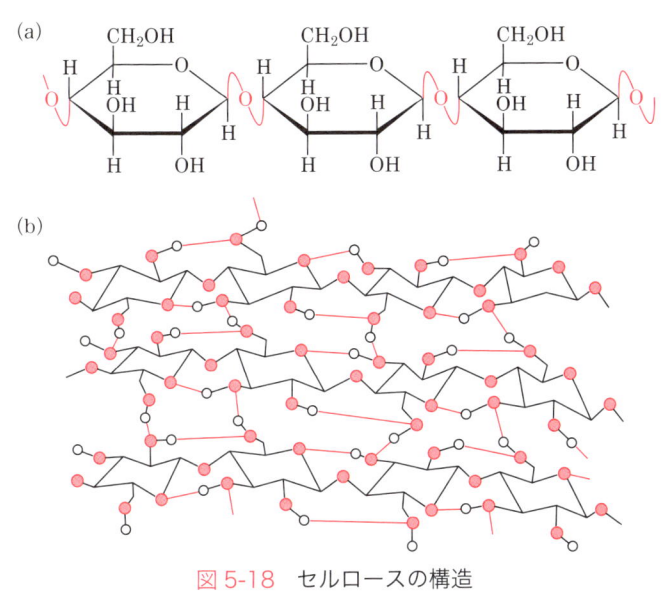

**図 5-18 セルロースの構造**
(a) 赤い部分がグルコース（β1→4）グリコシド結合，(b) 網目状水素結合の様子．●：酸素原子，○：水素原子，——：水素結合．

　構造多糖であるセルロースは自然界に最も多く存在する有機物である．3,000〜10,000個のグルコースが（β1→4）グリコシド結合で連なったホモ多糖であり，植物の細胞壁に存在し，植物体の構造を維持する働きをもつ．デンプンはα結合であるがセルロースはβ結合であることが重要で，セルロースでは約40分子が平行に並んで水素結合で結合し，シート状の紐を形づくっている（図5-18）．

　甲殻類や昆虫の殻を構成するキチンの構造と機能は，セルロースに似ている．キチンは$N$-アセチルグルコサミンが（β1→4）グリコシド結合で直鎖状に結合しているホモ多糖である．この鎖は互いに強い水素結合で結ばれている（図5-19）．

**図 5-19 キチンの構造**
赤いところが$N$-アセチル部分．

## 5.3.2 ヘテロ多糖

　ペプチドグリカンはすべての細菌細胞壁を構成し，これを強固にしている

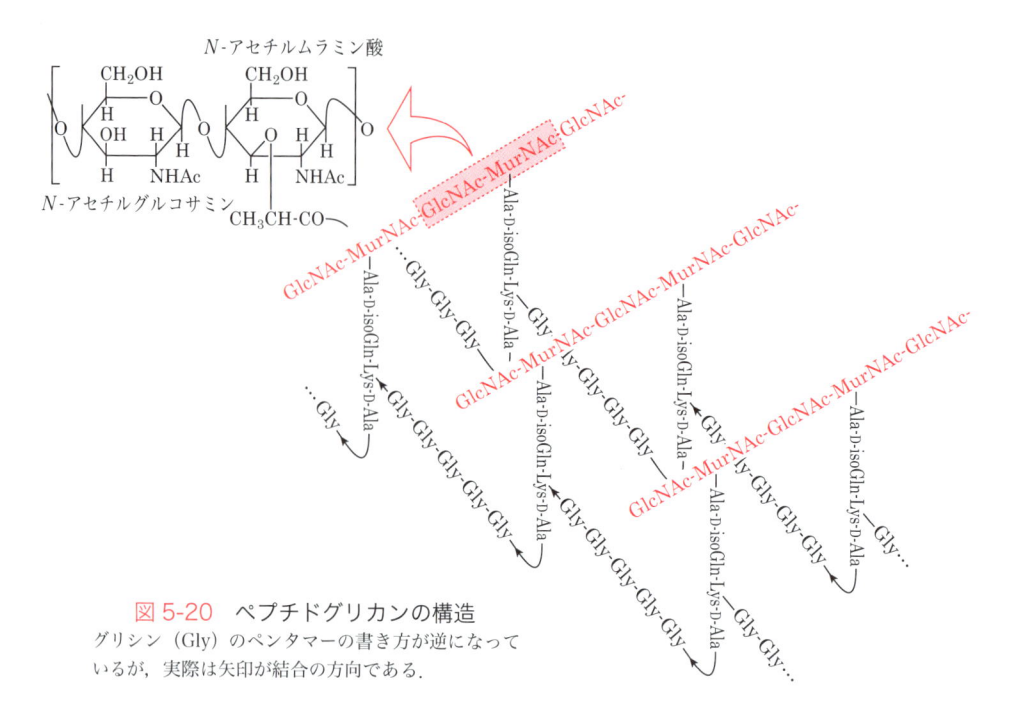

**図5-20 ペプチドグリカンの構造**
グリシン（Gly）のペンタマーの書き方が逆になっているが，実際は矢印が結合の方向である．

> コラーゲン
> 皮膚，骨，軟骨などにある線維状タンパク質で，ほかの糖タンパク質とともに細胞間を埋めて，その構造の保持に役立っている．動物で最も多いタンパク質．ゼラチンは，温度を上げて構造変化を起こさせたコラーゲンである．

糖ペプチドである．ペプチドグリカンは，$N$-アセチルグルコサミンと$N$-アセチルムラミン酸が（$\beta 1 \rightarrow 4$）結合でつながった繰り返し構造，ムラミン酸に結合したテトラペプチド鎖と，テトラペプチド間を結ぶグリシンのペンタマーの三つの単位構造からなる（図5-20）．

グルコサミノグリカンは軟骨，腱，血管壁などの結合組織にあり，コラーゲンなどのタンパク質を取り巻いている．グルコサミノグリカンは枝分れの

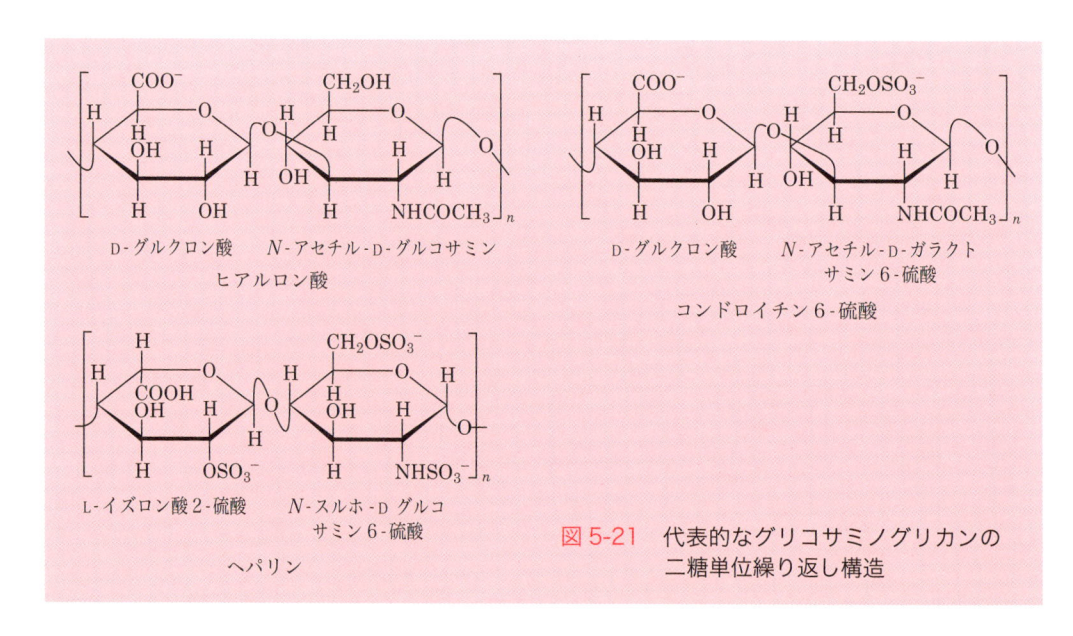

ヒアルロン酸：D-グルクロン酸，$N$-アセチル-D-グルコサミン

コンドロイチン6-硫酸：D-グルクロン酸，$N$-アセチル-D-ガラクトサミン6-硫酸

ヘパリン：L-イズロン酸2-硫酸，$N$-スルホ-D-グルコサミン6-硫酸

**図5-21 代表的なグリコサミノグリカンの二糖単位繰り返し構造**

ない直鎖多糖で，ウロン酸とヘキソサミンの二糖が単位となって連なっている．ヘキソサミンの多くは硫酸エステルになっている（図5-21）．このうちヒアルロン酸は哺乳動物の結合組織やニワトリのとさかなどに多く見られ，その溶液は非常に粘性が高く，生体では衝撃吸収と潤滑に優れた機能を発揮する．また，ヒアルロン酸は硫酸基をもたず，分子量もきわめて大きい（二糖単位で250〜25,000）．ヘパリンはほかのグリコサミノグリカンと異なり，結合組織ではなく肝臓，小腸，肺，皮膚などに多く，肥満細胞の顆粒中に保存されている．近年，ヘパリンは人工透析などの際に血液凝固を防ぐために使われている（図5-21）．

### 5.3.3 糖タンパク質

プロテオグリカンはヒアルロン酸の直鎖を中心にして，多くのグリコサミノグリカンが共有結合したタンパク質が凝集して巨大分子になったものをいう．軟骨ではコラーゲン繊維とプロテオグリカンとが複雑に入り組んでおり，組織に大きな弾性を与えている（図5-22）．

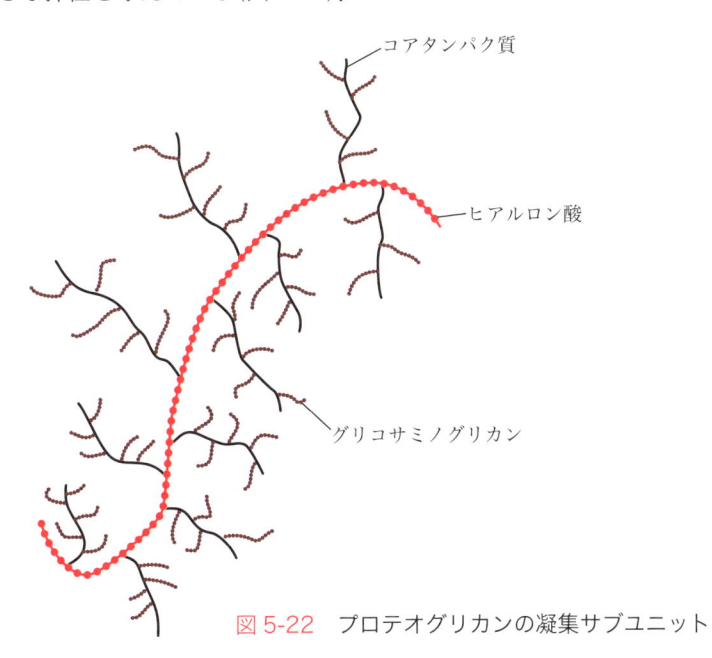

**ヘキソサミン**
ヘキソースのヒドロキシ基がアミノ基で置換されたもの．

**図5-22　プロテオグリカンの凝集サブユニット**

グリコプロテイン（糖タンパク質）には，オリゴ糖がタンパク質と$N$-または$O$-グリコシル結合で結合しているものがある．$N$-結合型は，高マンノース型，複合型，ハイブリッド型の3種類に分類できる．それらにおいてオリゴ糖の末端GlcNAcは$\beta$アノマーとしてタンパク質中のアスパラギン（Asn）残基に結合している．またタンパク質に近い5糖残基はどれも共通で，コア部分とよばれる（図5-23）．

**オリゴ糖**
単糖が約20個くらいまで結合した多糖類．

**アスパラギン**とGlcNAcとの結合

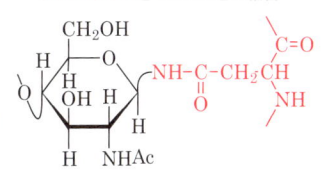

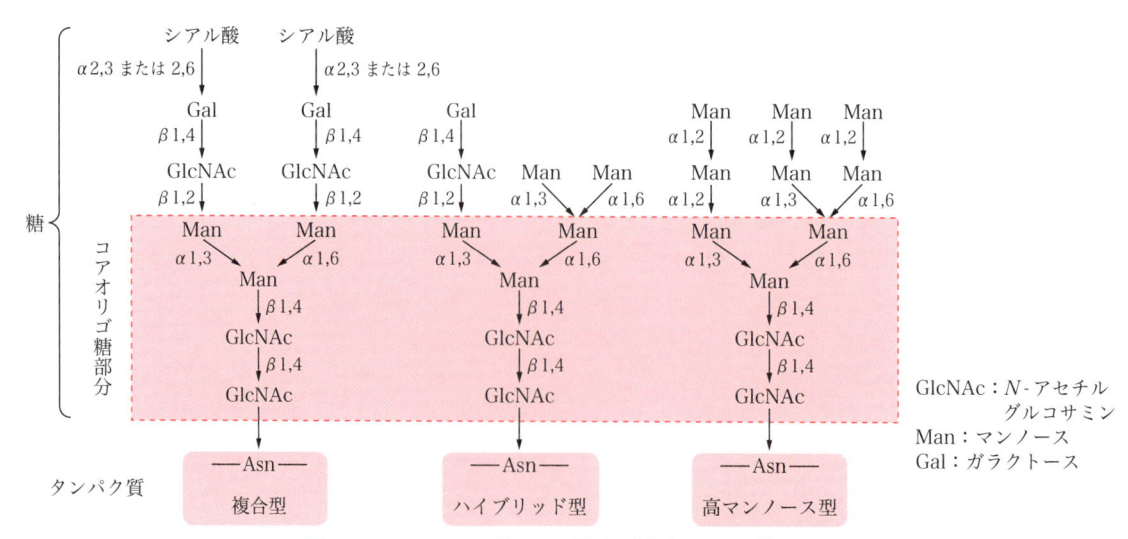

図5-23 アスパラギンN-結合型糖タンパク質の構造

　O-結合型糖タンパク質では，ガラクトシル（β1→3）N-アセチルガラクトサミンがα-アノマーとしてセリン（Ser）もしくはトレオニン（Thr）のOH基にグリコシド結合するものが多い．糖鎖の大きさは非常にまちまちで，単糖からプロテオグリカンの場合のように2,000以上も連なる場合がある（図5-24）．

　タンパク質のグリコシル化の役割は現在盛んに研究されている分野で，グリコシル化がタンパク質の構造，活性，安定性，相互認識などに影響を与

## COLUMN

### PSA（前立腺特異的抗原）によるがんの診断

　PSAによる前立腺がんの診断は，血液によるがんの診断として最も信頼のおけるものです．しかしこの診断も，前立腺がんのみを診断するのではなく，ほかの病気，たとえば前立腺肥大症なども引っかかります．

　PSAの実体は分子量33,000の糖タンパク質で，前立腺でつくられ，精子の働きを活発化させる酵素の働きをしています．タンパク質分解酵素として知られるキモトリプシン様のセリンプロテアーゼです．

　では，どのくらいの量が血中にでているかといえば，正常値で4 ng/ml以下という微量です（ngは10億分の1 g）．この値は，抗原-抗体反応によって知ることができます．これが20 ng/ml以上になると，1/3以上の確率で前立腺がんだといわれています．しかし，このPSA検査のみでは前立腺がんと確定できず，前立腺から組織を採ってきて検査をしなければなりません（生検といいます）．正常値以上の人をすべて生検するというのはなかなか大変なことです．そこで，なんとか前立腺肥大とがんを区別する検査法がないものかと，PSAの糖鎖の違いなどに目をつけて研究が行われていますが，まだ完全なものにはなっていないようです．

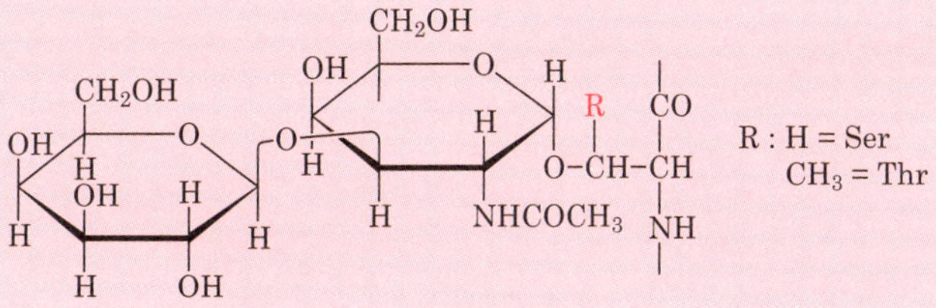

図 5-24　O-結合型糖タンパク質

えている．とくに細胞-細胞の接着現象（たとえば精子と卵子，血液の凝集，炎症反応など）においては細胞表面の糖タンパク質が関与している．

## 章末問題

1．次の糖を指示するピラノースやフラノースに環化させ生ずるアノマーを示せ．

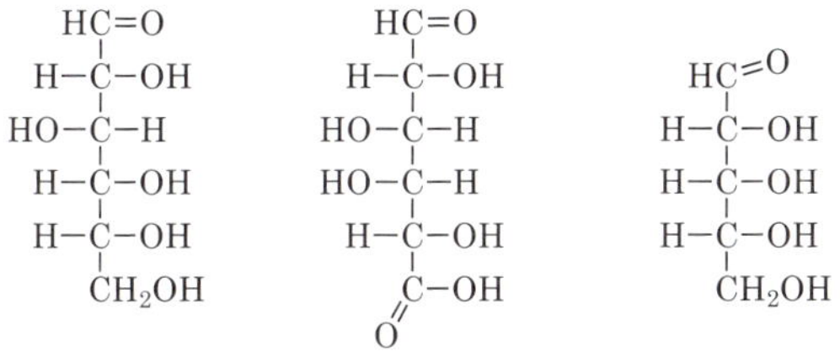

```
HC=O          HC=O
H–C–OH        H–C–OH         HC=O
HO–C–H        HO–C–H         H–C–OH
H–C–OH        HO–C–H         H–C–OH
H–C–OH        H–C–OH         H–C–OH
CH₂OH         C–OH           CH₂OH
              ‖
              O
(ピラノース)   (ピラノース)    (フラノース)
```

2．次の糖のうち，還元性を示すものと示さないものを分けよ．
　　グルコース，スクロース，セルロース，フルクトース，ラクトース，グルクロン酸

3．次の図は D-グルコースである．D-体であることを決める炭素に丸をつけよ．α-グルコシダーゼで分解を受ける D-グルコースの二糖であるトレハロースの構造を書け．また，アミロペクチンはところどころ α1→6 結合を含んでいる．この二糖の構造を書け．

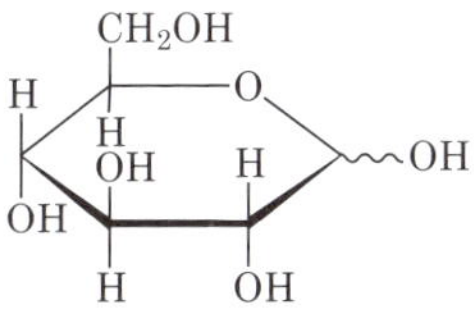

4．グルコースが 500 残基連なったアミロースには還元末端がいくつあるか．また 3,000 残基からなり 25 残基ごとに枝分れのあるアミロペクチンではどうか．

5．デンプン，グリコーゲン，セルロースの構造はどのように異なっているか．

## ■■■ 本章のまとめ ■■■

### 1. 単 糖
a）自然界の単糖はほとんどがD-体であり，アルドースとケトースがある．
b）ペントース，ヘキソースはほとんどが環化している．
c）ほかの糖とはグリコシド結合でつながっている．

### 2. ホモ多糖
D-グルコースのホモ多糖には，デンプン，グリコーゲン，セルロースなどがある．

### 3. ヘテロ多糖
a）ヘテロ多糖には細菌細胞壁のペプチドグリカン，動物の結合組織に存在するグリコサミノグリカンがある．
b）糖タンパク質は，タンパク質の一部のアミノ酸に糖鎖が結合したものである．

# 6章 脂質の性質とその働き

最近，メタボリック・シンドロームによる脂質（脂肪）の人体への蓄積が問題になっている．糖と同じく，脂質もその構造の複雑さから化学合成が難しく，その生理活性も不明な点が多かったが，近年，徐々に解明が進んでいる．

多様な分子構造をもつ脂質は，単独でさまざまな機能を発揮するだけでなく，凝集してミセルや二分子膜を構成することができる（本来は水に不溶な脂質が水に溶ける！）．なかでも脂質二分子膜は生体膜の基本となっており，生命体にとってきわめて重要な役割を果たしている．

## 6.1 脂質の分類

脂質は非常に多様な分子の総称であり，その構造上の定義ではなく，性質に由来する定義ということができる．共通しているのは，水に不溶で，クロロホルムやエーテルといった有機溶媒に可溶な生体物質ということである．生体内では，①生体エネルギーの貯蔵体としての役割のほか，②細胞膜の構成成分となり，③細胞内，細胞間のシグナル伝達にも関与している．

脂質は脂肪酸を含むものと，イソプレノイド(p. 114)から合成されるものの二つに大きく分けられる．脂肪酸を含むものとしては，ろう，トリアシルグリセロール，グリセロリン脂質，スフィンゴ脂質があり，イソプレノイドから合成されるものとしてはステロイドやテルペンなどがあげられる．

### 6.1.1 脂肪酸

脂肪酸は長い炭素鎖をもつカルボン酸であり，生体では炭素数 12～20 個を中心に偶数個の炭素からなるものが多い．また，その炭素鎖中に二重結合を含まない脂肪酸を飽和脂肪酸，含むものを不飽和脂肪酸という．不飽和脂肪酸では二重結合がシス配置をとっているのが普通である．脂肪酸は，そ

---

**シグナル伝達**
ホルモンなどが細胞膜上のタンパク質（受容体またはレセプターという）に特異的に結合すると，その信号（シグナル）は細胞内部に伝わり，酵素や因子などほかの分子が活性化される．ある場合には，この信号は DNA に伝わり，タンパク質の産生を促すことになる．このような一連の働きをシグナル伝達という．

**シスとトランス**
(p.12を参照)

シス　　トランス

表 6-1 生体脂肪酸

| 記 号[a] | 常用名 | 構 造 | 融点(℃) |
|---|---|---|---|
| 飽和脂肪酸 | | | |
| 12：0 | ラウリン酸 | $CH_3(CH_2)_{10}COOH$ | 44.2 |
| 14：0 | ミリスチン酸 | $CH_3(CH_2)_{12}COOH$ | 52 |
| 16：0 | パルミチン酸 | $CH_3(CH_2)_{14}COOH$ | 63.1 |
| 18：0 | ステアリン酸 | $CH_3(CH_2)_{16}COOH$ | 69.6 |
| 20：0 | アラキジン酸 | $CH_3(CH_2)_{18}COOH$ | 75.4 |
| 22：0 | ベヘン酸 | $CH_3(CH_2)_{20}COOH$ | 81 |
| 不飽和脂肪酸と二重結合の位置（二重結合はすべてシス形） | | | |
| 16：1 (9) | パルミトレイン酸 | $CH_3(CH_2)_5CH=CH(CH_2)_7COOH$ | −0.5 |
| 18：1 (9) | オレイン酸 | $CH_3(CH_2)_7CH=CH(CH_2)_7COOH$ | 13.4 |
| 18：2 (9,12) | リノール酸 | $CH_3(CH_2)_4(CH=CHCH_2)_2(CH_2)_6COOH$ | −9 |
| 18：3 (9,12,15) | α-リノレン酸 | $CH_3CH_2(CH=CHCH_2)_3(CH_2)_6COOH$ | −17 |
| 18：3 (6,9,12) | γ-リノレン酸 | $CH_3(CH_2)_4(CH=CHCH_2)_3(CH_2)_3COOH$ | |
| 20：4 (5,8,11,14) | アラキドン酸 | $CH_3(CH_2)_4(CH=CHCH_2)_4(CH_2)_2COOH$ | −49.5 |
| 20：5 (5,8,11,14,17) | EPA[b] | $CH_3CH_2(CH=CHCH_2)_5(CH_2)_2COOH$ | −54 |

a) 炭素原子数：二重結合数（その位置），b) エイコサペンタエン酸．

**脂肪酸の表記**
カルボン酸は p.69 を参照．
飽和脂肪酸の場合は，

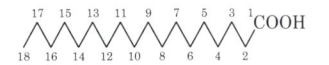

ステアリン酸 18：0 のように書き（炭素−炭素結合は sp³ 混成軌道をとっており，ギザギザで表す），不飽和脂肪酸の場合は，

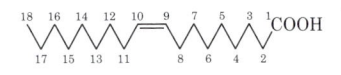

オレイン酸 18：1(9) のように書く．

**脂質の流動性**
不飽和脂肪酸はその分子中のシス配置のため分子がねじれ，飽和脂肪酸のように分子が規則正しく並ばない．そこで分子が自由に動けることになり流動性が増加する．

の炭素数と：を隔てて二重結合の数，そして括弧内にカルボン酸から数えた二重結合の位置で表記する．たとえば，ステアリン酸は 18：0，オレイン酸は 18：1(9)，α-リノレン酸は 18：3(9,12,15) となる．生体に見られるおもな脂肪酸を表 6-1 に示した．

この表からもわかるように，飽和脂肪酸の融点は分子量の大きいものほど高く（p.34 参照），同じ炭素数の場合，不飽和の多いものほど融点が低い．また，成分脂肪酸の不飽和度が増加すると脂質の流動性が増加するが，この性質は生体膜にとって重要である．生体において脂肪酸はさまざまな分子にエステルとして結合している．

### 6.1.2 ろう

ろうは長鎖飽和脂肪酸と長鎖アルコールがエステルをなしており，植物の葉，幹，果実，動物においては皮膚をコーティングして保護している．たとえばミツバチの巣の構成成分である「みつろう」は，炭素数 26 の脂肪酸と炭素数 30 のアルコールからなっている．ろうは生物界に広く見られ，鳥の羽や動物の毛などのはっ水性はろうによるものである（図 6-1）．

$$CH_3-(CH_2)_{24}-\overset{O}{\underset{\|}{C}}-O-(CH_2)_{29}-CH_3$$

図 6-1 ろうの構造

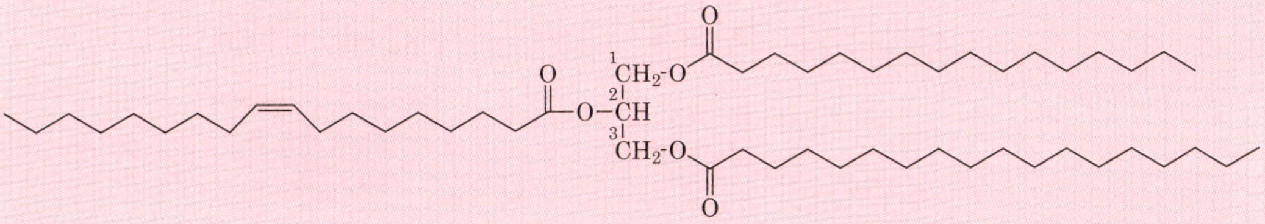

図 6-2　トリアシルグリセロール（1-パルミトイル-2-オレイル-3-ステアロイルグリセロール）

## 6.1.3　トリアシルグリセロール

　トリアシルグリセロールはグリセロールの脂肪酸トリエステルである（図6-2）．動植物の脂肪のほとんどがこれである．トリアシルグリセロールは非極性で水に不溶であり，このため中性脂肪とよばれることもある．ほとんどのトリアシルグリセロールはさまざまな脂肪酸の混合物となっており，その命名においては，グリセロールのどの炭素にどの脂肪酸がついているかを明らかにする（図6-2）．

　動物では，トリアシルグリセロールはエネルギーの貯蔵を担っている．トリアシルグリセロールは脂肪細胞中に無水の油滴として存在している．また，トリアシルグリセロールは糖やタンパク質と比較して，完全酸化されたときにはるかに多くのエネルギーを放出する．また，皮下脂肪は保温の役割をも担っている．しかし近年，脂肪の取りすぎが逆にわれわれの健康問題として浮上してきているのは周知のとおりである．

　植物では種子や果実のなかのエネルギー貯蔵体となっている．植物油は不飽和脂肪酸を多く含み，動物のトリアシルグリセロールよりも融点が低い．

*トリアシルグリセロールの表記*
グリセロールは次のように番号づけして表すことが決められている．

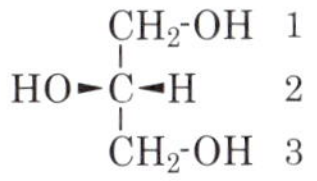

ここで1, 2, 3を stereospecific numbering といい，*sn* の記号を用いる．たとえば

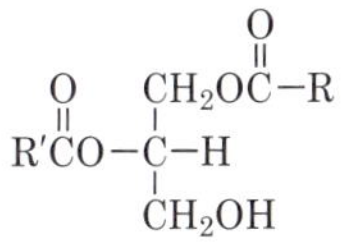

は，*sn* -1,2-ジアシルグリセロールと表記する．

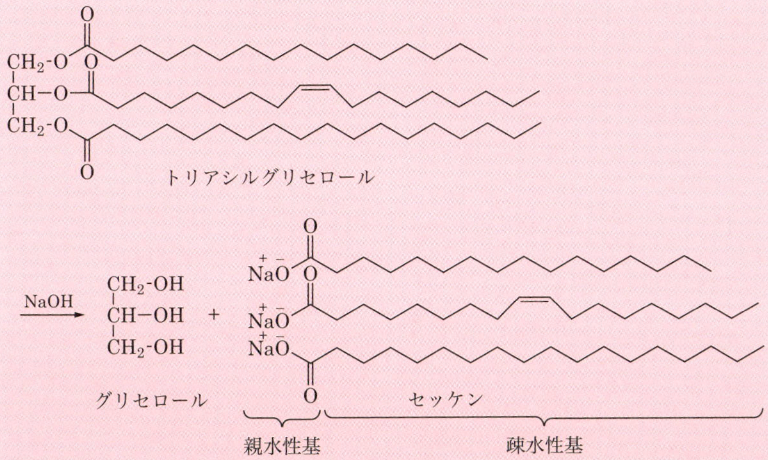

図 6-3　トリアシルグリセロールの加水分解

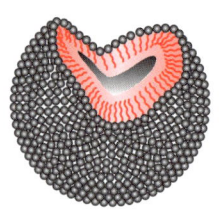

図 6-4　ミセルの構造

トリアシルグリセロールを水酸化ナトリウムの存在下に加水分解（けん化）するとセッケンができる（図 4-41，p. 74 参照）．セッケンは長鎖脂肪酸のナトリウム塩で（図 6-3），長い脂肪酸部分の非極性疎水性基と，カルボン酸ナトリウム塩の極性親水性基を併せもつ両親媒性物質である．そのためセッケンは水中ではミセルとよばれる凝集体を形成する（図 6-4）．極性の大きなカルボン酸ナトリウム塩は，水を引きつけるためにミセルの外側にあり，非極性部は水との接触を避けるため内側に埋もれる構造になる．セッケンの洗浄力は，汚れの油成分をミセルの中心に包み込んで，可溶化しているからである．

**両親媒性物質**
一つの分子内に親水性基と疎水性基を同時に含む物質．

### 6.1.4　グリセロリン脂質

グリセロリン脂質はホスホグリセリドともよばれ，膜構造の最も重要な構成成分である（膜については 6.3 節で述べる）．基本構造としてグリセロール-

表 6-2　おもなグリセロリン脂質

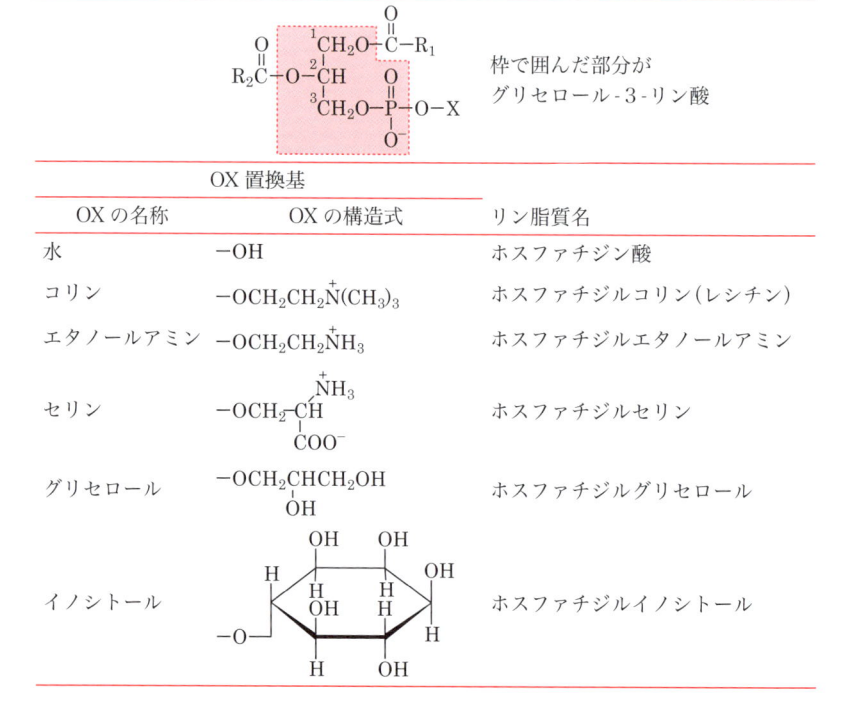

枠で囲んだ部分がグリセロール-3-リン酸

| OX の名称 | OX の構造式 | リン脂質名 |
|---|---|---|
| 水 | $-OH$ | ホスファチジン酸 |
| コリン | $-OCH_2CH_2\overset{+}{N}(CH_3)_3$ | ホスファチジルコリン（レシチン） |
| エタノールアミン | $-OCH_2CH_2\overset{+}{N}H_3$ | ホスファチジルエタノールアミン |
| セリン | $-OCH_2CH(\overset{+}{N}H_3)COO^-$ | ホスファチジルセリン |
| グリセロール | $-OCH_2CHCH_2OH$ の OH | ホスファチジルグリセロール |
| イノシトール | （イノシトール環構造） | ホスファチジルイノシトール |

3-リン酸をもつ両親媒性物質である（表6-2）．

表6-2でR₁とR₂は高級脂肪酸で疎水性非極性部位にあたり，R₂にはしばしば不飽和脂肪酸が入る．リン酸–OXの部分が親水性極性基に該当する．OX = OHのときが最も単純な化合物でホスファチジン酸という．このほか，どのようなアルコール分子がリン酸とエステル結合するかによって，ホスファチジルコリンとかホスファチジルエタノールアミンのように命名する．

### 6.1.5 スフィンゴ脂質

スフィンゴ脂質も膜成分であり，グリセロールの代わりにセリンとパルミトイル誘導体からできるスフィンゴシンが基本構造である．スフィンゴシンの二重結合はトランス形であり，そのアミノ基が高級脂肪酸でアシル化されたものをセラミドという（図6-5）．

スフィンゴミエリンは代表的なスフィンゴ脂質であり，セラミドの第一級ヒドロキシ基にホスホコリンやホスホエタノールアミンが結合したものである〔図6-6(a)〕．これらはスフィンゴリン脂質に分類される．脳や神経組織のみならず，広く臓器組織に見いだされる．

セレブロシドは，スフィンゴミエリンの第一級ヒドロキシ基に，おもにガ

> **高級脂肪酸**
> この場合，「高級」とは炭素数の多いことをいう．長鎖脂肪酸と同じ（表6-1参照）．

> **スフィンゴ脂質**
> 発見当時，その機能が不明（現在でも完全に解明されているとはいいがたいが）であったことより，スフィンクスになぞらえて命名された．

> **セラミド**
> セラミドの具体的な分子の形を以下に示す．

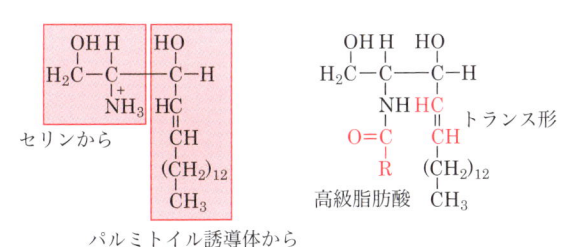

図6-5 スフィンゴシンとセラミド

図6-6 （a）スフィンゴミエリン，（b）ガラクトセレブロシド

ラクトースの結合したスフィンゴ糖脂質である（これをガラクトセレブロシドという）〔図6-6(b)〕．脳組織に多く見いだされる．

### 6.1.6 イソプレノイド

イソプレノイドにはテルペンとステロイドがある．テルペンの炭素数は，いずれも5の倍数であることが分析により明らかになっていた．これは炭素数5のイソプレン（2-メチル-1,3-ブタジエン）からの誘導体であることを示している．しかし生体では，テルペンやステロイドはイソプレンから合成されるのではなく，炭素5個にリン酸のついたイソペンテニルピロリン酸を介して合成される（図6-7）．

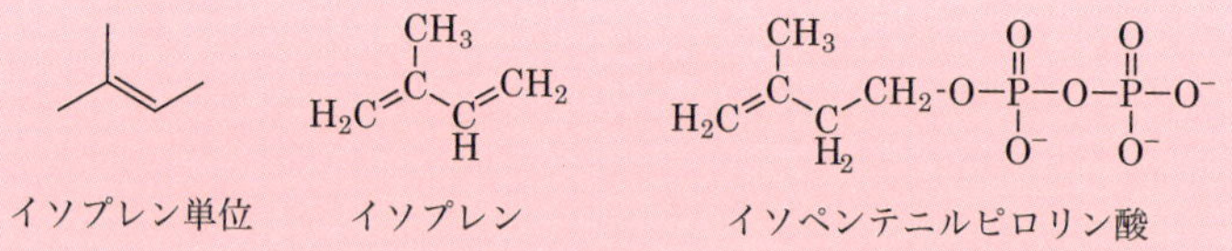

図6-7 イソプレンとイソペンテニルピロリン酸

テルペンはその分子に含まれるイソプレンの数によってモノテルペン（イソプレン2個），セスキテルペン（同3個），ジテルペン（同4個），トリテルペン（同6個），テトラテルペン（同8個）などに分類される．モノテルペンにはバラの香りに含まれるゲラニオールや$d$-ショウノウが，トリテルペンにはサメの肝油に含まれ，またステロイドの前駆体であるスクアレンがあり，またテトラテルペンにはビタミンAの前駆体でもある$β$-カロテンなどがある（図6-8）．

同じくイソプレノイド誘導体であるステロイドは，四つの環が縮合した構

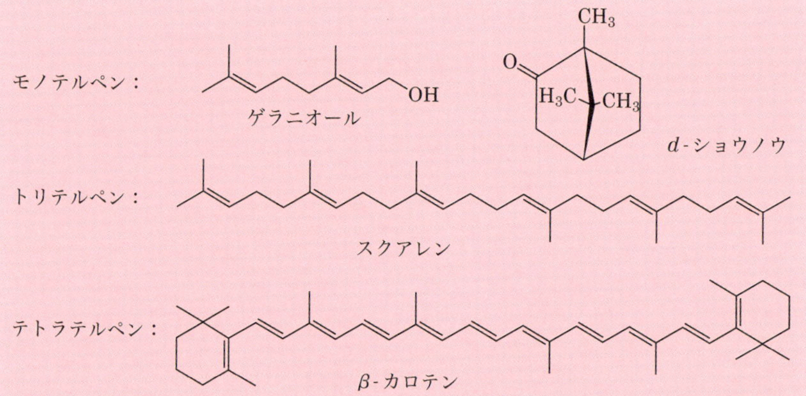

> $d$-ショウノウ
> カンフル，カンファーともいう．

図6-8 テルペン類

造になっている．スクアレンの分子内縮合で合成されるコレステロールは哺乳類に最も多いステロイドで，細胞膜の主成分の一つである（図6-9）．また，しばしば長鎖脂肪酸とアルコール性ヒドロキシ基で縮合し，コレステロールエステルとして存在する．

コレステロールエステル

R–C–O は長鎖脂肪酸

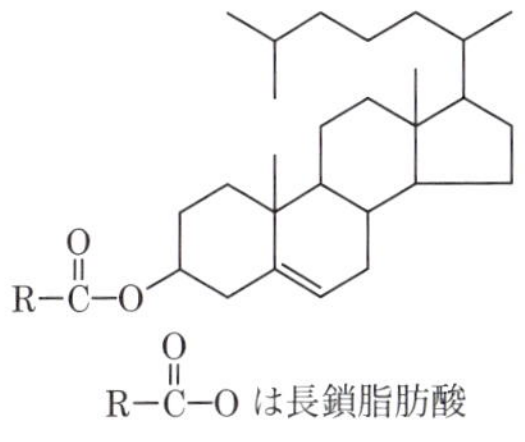

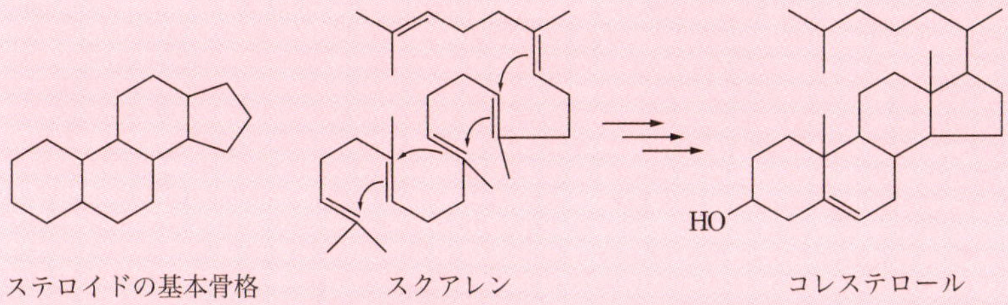

図 6-9　ステロイドの基本骨格とスクアレンからコレステロールの生合成

　コレステロールは哺乳類のステロイドホルモンの前駆体としても重要である．代表的なステロイドホルモンとしては，副腎皮質で合成されるアルドステロンやコルチゾール，また性腺で合成されるテストステロン，プロゲステロン，エストラジオールなどがある（図6-10）．

　アルドステロンに代表されるミネラルコルチコイド（電解質コルチコイド）は，腎臓を介する$Na^+$の再吸収と$K^+$イオンの排泄の促進作用をもち，水の代謝に影響を与えるとともに，血圧の上昇にもかかわっている．コルチゾールやそのほかのグルココルチコイド（糖質コルチコイド）は，肝臓における糖新生（p. 167 参照），グリコーゲン貯蔵の促進，血糖値の上昇などにかかわり，また抗炎症作用も知られている．男性ホルモンであるテストステロンは精巣で合成され，男性的な身体的特徴を形づくるとともに，タンパク質同化作用

**コルチコイド**
ミネラルコルチコイドは電解質の代謝に，グルココルチコイドは糖代謝に大きな働きをするのでこうよばれる．

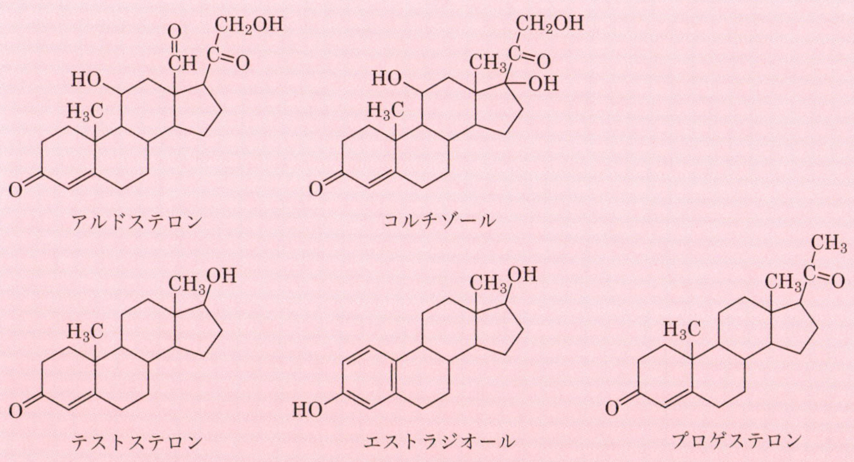

図 6-10　代表的なステロイドホルモン

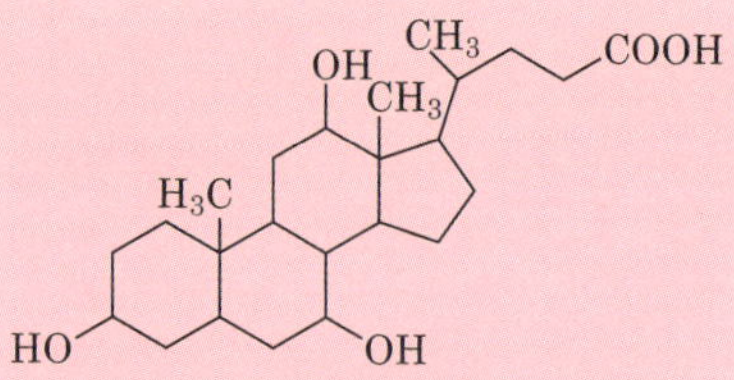

図6-11 胆汁酸（コール酸）

をもち，女性ホルモンであるエストラジオールやプロゲステロンは，おもに排卵や妊娠にかかわっている．

## COLUMN

### コレステロールを減らせ！

近年，生活習慣病の一つである高脂血症が広く高度成長社会に蔓延し，問題になっています．高脂血症は放っておくと血管がもろくなったり，詰まったりして心臓発作や脳卒中の原因になります．高脂血症のおもな原因は血中コレステロールの増加ですから，コレステロールの合成を阻害すればかなりの効果が期待できます．

スタチンはコレステロール合成における3-ヒドロキシ-3-メチルグルタリル-CoA（HMG-CoA: 3-hydroxy-3-methyl-glutaryl-coenzyme A）をメバロン酸に還元する過程を阻害する化合物です．メバロン酸はさらに数段階を経てイソペンテニルピロリン酸となり，ここからステロイドの合成が始まります．これらのスタチンを比べてみると，いずれも上部の白い部分の構造がHMG-CoAと似ていることがわかります．この部分が酵素の活性中心に入り込んで，酵素の働きを阻害するのです．コレステロールの減少により，悪玉コレステロールとよばれている低密度リポタンパク質（LDL）の血中濃度を35%低下させるとともに，このタンパク質を吸収する受容体を増やしてLDLの代謝を活性化します．

大規模な臨床試験も行われ，LDLの減少により心臓発作や脳卒中も確実に減少することが明らかになっています．現在，全世界でのスタチン薬の売り上げは2兆5,000億円といわれています．

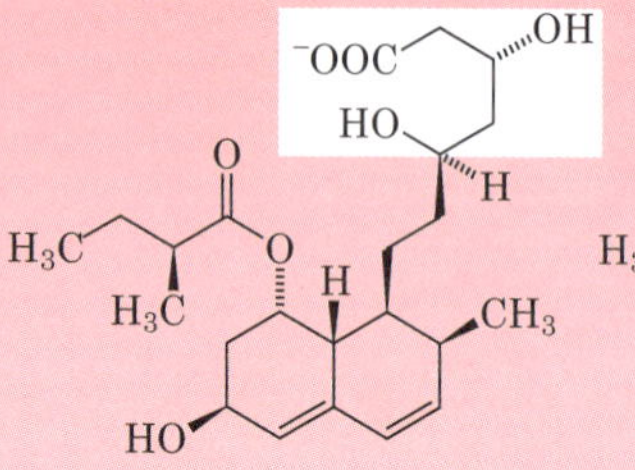

フラバスタチン（半合成品）
ロバスタチン（天然物） 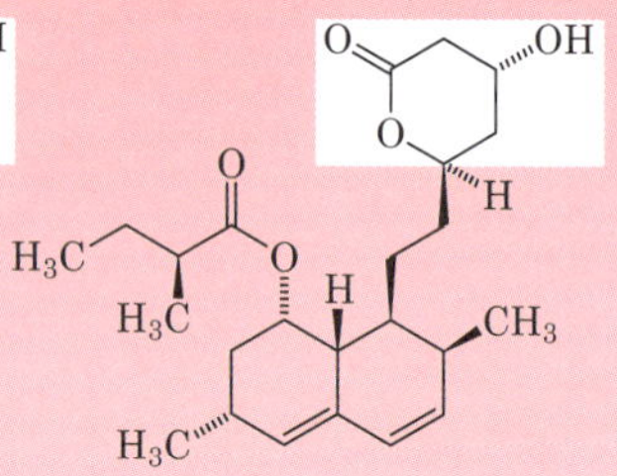
アトルバスタチン（合成品）
ロスバスタチン（合成品） 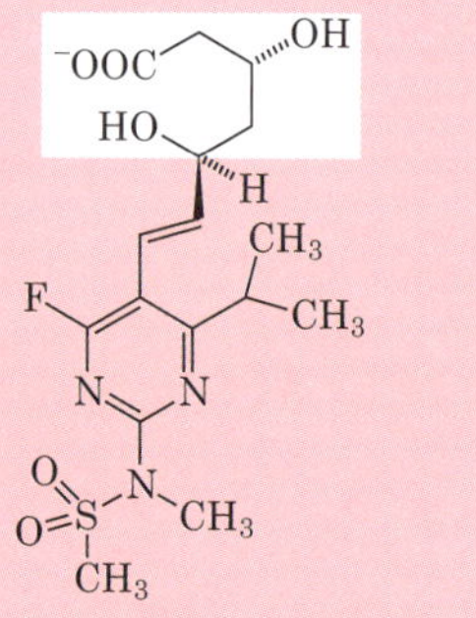

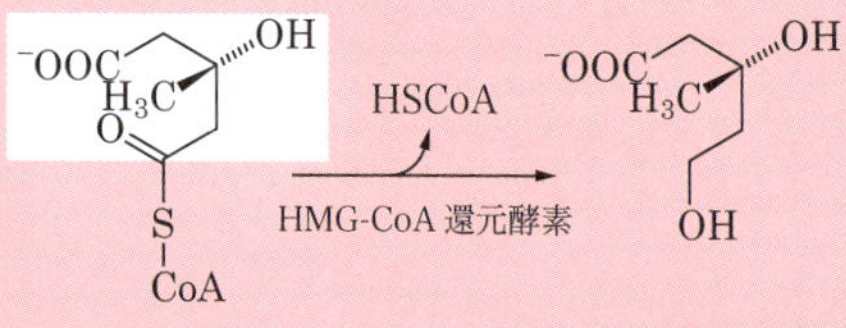

HMG-CoA → メバロン酸（HMG-CoA還元酵素，HSCoA）

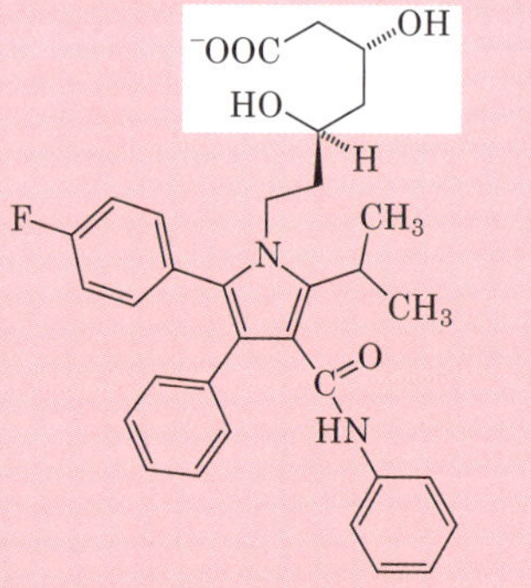

このようにステロイドはさまざまなホルモンの前駆体であるばかりでなく，脂肪の小腸における消化と吸収にかかわる胆汁酸（コール酸）の前駆体でもある（図6-11）．

## 6.2　リポタンパク質

リポタンパク質という名前から，タンパク質に高級脂肪酸やステロイドが結合した物質を想像するかもしれないが，実際には動物の血中に見られるコレステロールやトリグリセリド，リン脂質などとタンパク質との複合体をさす．これらの脂肪類は水には不溶であるが，タンパク質と複合体を形成することによって可溶化し，これにより脂肪類を組織からほかの組織へと運搬することを可能にしている．リポタンパク質に含まれるタンパク質をアポリポタンパク質という（図6-12）．

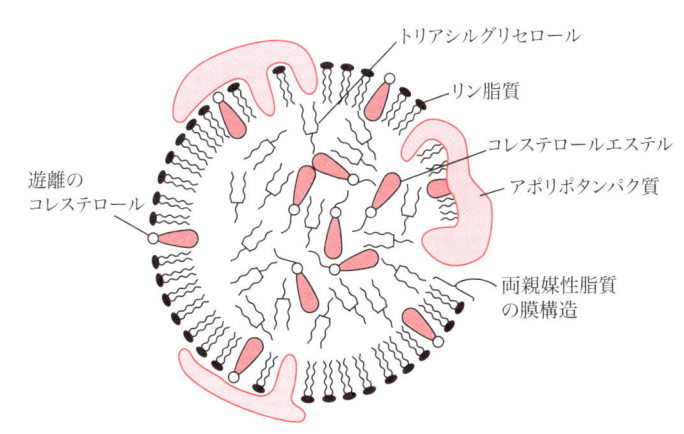

図6-12　リポタンパク質の構造

リポタンパク質はミセル状の粒子で，コレステロールエステルやトリアシルグリセロールの非極性な中心部を，リン脂質，コレステロール，アポリポタンパク質の両親媒性の層が取り巻いている．リポタンパク質はその密度によって低いほうからキロミクロン，VLDL，IDL，LDLとHPLの五つに分類される（表6-3）．

キロミクロンは小腸から吸収された食事由来のトリアシルグリセロールやコレステロールエステルを取り込んで小腸で合成され，これらを脂肪細胞や筋肉へ運搬する．これらの組織に脂肪を与えたのち，コレステロールが残ったキロミクロンは肝臓に取り込まれる．したがって脂肪の含有率が最も高く，密度は低く，直径は大きい．超低密度リポタンパク質（VLDL）や中間密度リポタンパク質（IDL）は，体内で合成されたトリアシルグリセロールやコレステロールを肝臓からさまざまな組織へ輸送する．密度はキロミクロンより高

表6-3 ヒト血漿中のおもなリポタンパク質

| | キロミクロン | VLDL | IDL | LDL | HDL |
|---|---|---|---|---|---|
| 密度(g/cm³) | <0.95 | <1.01 | 1.01〜1.02 | 1.02〜1.06 | 1.06〜1.21 |
| 粒子直径(Å) | 750〜12,000 | 300〜800 | 250〜350 | 180〜250 | 50〜120 |
| 粒子質量(kD) | 400,000 | 10,000〜80,000 | 5,000〜10,000 | 2,300 | 175〜360 |
| 由来 | 小腸 | 肝臓(小腸) | VLDL | VLDL | 肝臓, 小腸, VLDL, キロミクロン |
| タンパク質(%) | 〜2.0 | 〜10 | 〜18 | 〜24 | 〜55 |
| リン脂質(%) | 〜9 | 〜10 | 〜22 | 〜20 | 〜24 |
| 遊離コレステロール(%) | 〜1 | 〜7 | 〜8 | 〜8 | 〜2 |
| トリアシルグリセロール(%) | 〜85 | 〜50 | 〜22 | 〜10 | 〜4 |
| コレステロールエステル(%) | 〜3 | 〜12 | 〜30 | 〜33 | 〜15 |
| おもなアポリポタンパク質 | A-I, A-IV, B-48, C-I, C-II, C-III, E | B-100, C-I, C-II, C-III, E | B-100, E | B-100 | A-I, A-II, C-I, C-II, C-III, D |

VLDL: very low density lipoprotein (超低密度リポタンパク質), IDL: intermediate density lipoprotein (中間密度リポタンパク質), LDL: low density lipoprotein (低密度リポタンパク質), HDL: high density lipoprotein (高密度リポタンパク質).

**kD**
キロダルトンと読む. 分子量はCを12としたときのその物質1モルの相対質量であるが(したがって単位はない), ダルトンは分子量の単位として扱われる(数値は分子量と同じとなる). 大きな複合タンパク質やリボソームなどの生体高分子の質量を表すのに用いられる.

く, 直径も小さくなっている. こうして体内を回っていくうちに, VLDLやIDLからトリアシルグリセロールやいくつかのタンパク質がはぎとられ, 組織に移行し, トリアシルグリセロール含量の減ったリポタンパク質は低密度リポタンパク質(LDL)になるか肝臓に取り込まれる. LDLの粒子径はさらに小さくなってトリアシルグリセロールの含量は減り密度は上昇していく. LDLは各組織へ残ったコレステロールエステルを運搬する. 高密度リポタンパク質(HDL)は肝臓で合成され, LDLとは逆に細胞表面の膜からコレステロールを取り込む役目をしている. 取り込んだコレステロール(エステル)は肝臓に運ばれ, 胆汁酸へと変換され排出される.

## 6.3 膜

**水 和**
p.52の溶媒和を参照. 溶媒が水の場合を水和という.

先に述べたように, グリセロリン脂質やスフィンゴ脂質は両親媒性物質であり, 膜の重要な構成成分である. リン脂質が水に懸濁されると, 水和したリン酸部分と2本の疎水性炭素鎖の断面積がほぼ等しくなるため, ミセルのような球状ではなく, 平面構造をもつ脂質二分子膜を形成する. ここにコレステロールが埋め込まれ, 膜構造の基本となる. コレステロールは膜の剛直性を増加させている. また, 不飽和脂肪酸を多く含む膜のほうが飽和脂肪酸を多く含んだ膜よりも流動性に富む(図6-13, p.110を参照).

脂質二分子膜は細胞質や細胞小器官をほかから区別し, 生物現象の起こる

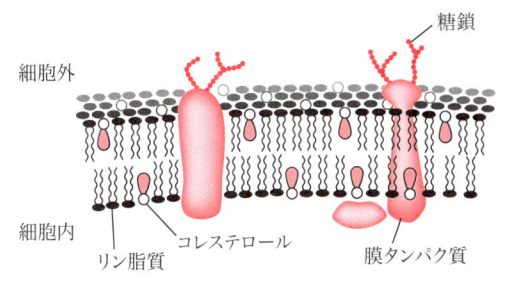

図 6-13　生体膜の模式図

空間を区切る役割をしている．脂質二分子膜はイオンや極性のある分子を通過させないので，膜の両側に大きな濃度変化をつくることができ，特定の生物現象に必要な物質を確保できる．しかし，このような生物現象を恒常的に維持するためには，外部との物質・エネルギーの交換も必要である．その働きを担っているのが，生体膜に埋め込まれているタンパク質である．それぞれの膜によりその働きが異なることから，タンパク質の種類や含量も千差万別であるが，タンパク質が膜重量の約 50〜70% を占め，糖鎖が占める割合は 10% 以下である．細胞表面に限っていえば，さまざまなイオンや小分子のだし入れを行うイオンチャネルやトランスポータータンパク質，細胞外の情報をホルモンなどを通じて細胞内に伝える受容体タンパク質などがある．

**イオンチャネル**
生体膜はイオンを通すことができないが，膜を貫通するタンパク質の働きによって，$H^+$, $Na^+$, $Ca^{2+}$, $Cl^-$ イオンなどが通過できるようになる．

**トランスポータータンパク質**
たとえば，糖，アミノ酸，脂質の細胞内への取り込み，細胞にとっての毒性物質の排出を行う特異的なタンパク質がある．

**受容体タンパク質**
ホルモンやある種の因子がまず結合するタンパク質．これにより，その信号が細胞内部に伝えられる．

## 章末問題

1. 次の脂肪酸の構造式を書け
   18 : 1 (9)　　20 : 4 (5,8,11,14)　　12-ヒドロキシ 18 : 2 (6,9)

2. 同じ炭素数の脂肪酸，パルミチン酸とパルミトレイン酸ではどちらの融点が高いか．その理由を述べよ．

3. 次のメントール，ショウノウ，レチノールはどのようにイソプレン単位を含むかを示せ．

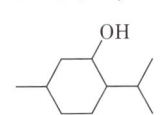

4. 動脈疾患（高脂血症）において HDL と LDL はどのように働くかを述べよ．

## 本章のまとめ

1. **脂質の分類**：以下の六つがある．
   a) 脂肪酸：長鎖カルボン酸で飽和，不飽和カルボン酸がある．イソプレノイド以外のどの脂質にも含まれる．
   b) ろう：植物の表面や動物の皮膚をコーティングしている．
   c) トリアシルグリセロール：水に不溶．動物のエネルギーの貯蔵を担う．アルカリで加水分解するとセッケンができる．セッケンは水中でミセルを形成する．
   d) グリセロリン脂質：膜構成成分でホスファチジン酸誘導体である．
   e) スフィンゴ脂質：スフィンゴシンが基本構造でいろいろな膜構造に見いだされる．
   f) イソプレノイド：テルペンとステロイドがあり，五つの炭素が基本構造．とくにステロイドはいろいろなステロイドホルモンの基本骨格となっている．

2. **リポタンパク質**

   コレステロール，トリグリセリド，リン脂質などとタンパク質の複合体．その性質により分類され，それぞれが脂質の体内での運搬にあずかる．

3. **膜**

   脂質二分子膜はグリセロリン脂質やスフィンゴ脂質などの両親媒性物質が重要な成分である．とくに細胞膜は生物現象の起こる場所を提供している．膜にはさまざまなタンパク質が埋め込まれており，外部と物質，エネルギーの交換が行われる．

# 7章 アミノ酸・ペプチド・タンパク質の化学

　タンパク質やペプチドは，20種類のアミノ酸がアミド結合（ペプチド結合）によってつながったものである（ペプチドはアミノ酸の数が50以下の小タンパク質をいう）．生体中のアミノ酸は20種だから，そのつながり方は$20^n$（$n$はアミノ酸の数）の組合せのなかから選ばれたものである．たとえば100個のアミノ酸が連なったタンパク質なら，$20^{100}$通りもの可能性が考えられるが，実際には，ヒトのタンパク質の配列は20,000〜30,000種類であるといわれている．このポリペプチド鎖はアミノ酸の並び方により特別な立体構造をとりうる．この立体構造がさまざまなタンパク質，ペプチドの生理活性を決める．

　本章では，タンパク質の構成単位であるいろいろなアミノ酸からペプチド，そしてさらにはタンパク質の構造までを概観する．

> **ペプチド結合**
> 有機化学ではアミド結合であるが，タンパク質化学においてはこれをペプチド結合とよぶ．なお，アミド結合については p.73 も参照のこと.

## 7.1 アミノ酸とタンパク質の一次構造

　最初にも述べたように，タンパク質やペプチドはアミノ酸が連なって結合したものである．このアミノ酸のつながりの順序をタンパク質の一次構造という．この一次構造がタンパク質の立体構造(高次構造)を決定づけている．

　アミノ酸の一般式を図7-1に示す．アミノ基とカルボキシ基の$pK_a$はそれぞれ2.3付近と9.6付近にあり，生理的条件下では解離している．このように正負両方の電荷(解離基)をもつ分子を両性イオン(zwitterion)という．

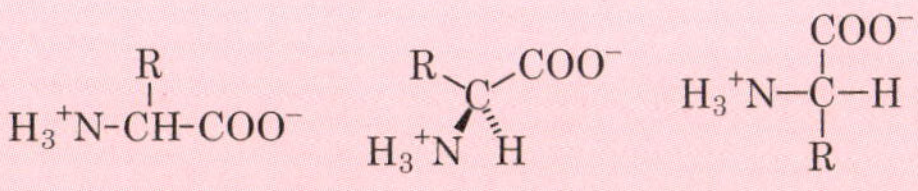

**図7-1** アミノ酸の一般式，立体構造，Fischerの投影式

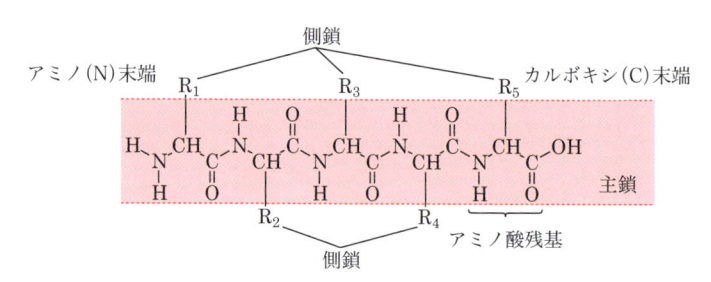

図 7-2　ポリペプチド鎖におけるアミノ酸残基，主鎖，側鎖

Fischer の投影式（p. 28 参照）で示すとわかるように，天然のタンパク質に含まれるアミノ酸はアミノ基が左側にありL型である（図7-1）．ただしグリシンは不斉炭素がなく，L型でもD型でもない（図7-3 参照）．また，カルボン酸に対してα位の炭素にアミノ基がついているからα-アミノ酸である．実際のアミノ酸の性質を決定している部分（図7-1にRで表してある）を側鎖とよぶ．アミノ酸名の表記の仕方には，従来の三文字表記のほか，近年では一文字表記法も用いられる（図7-3～7-6参照）．

　アミノ酸どうしが反応してペプチドになるとき，一つのアミノ酸のカルボキシ基ともう一つのアミノ酸のアミノ基から水がとれて結合し，アミド結合（ペプチド結合）を生じる．アミノ酸がポリペプチドに連なったとき，そのアミノ酸一つ一つをアミノ酸残基とよび，Rを除いたペプチド結合の列を主鎖，Rを側鎖とよぶ．また，アミノ酸配列（アミノ酸の並び方）を書くときには，アミノ基の末端（アミノ末端またはN末端ともいう）から順次カルボキシ基の末端（カルボキシ末端またはC末端ともいう）のほうへ左から右へ書いてゆく（図7-2）．たとえば，アラニルグリシルリシルアルギニン（形容詞-形容詞-……名詞で記す）は，三文字表記ではAla–Gly–Lys–Arg，もしくはアミノ末端とカルボキシル末端の反応できるHとOHを加えてH–Ala–Gly–Lys–Arg–OHと書き，一文字表記ではAGKRと記す．

　ポリペプチドにおいては，主鎖のアミド基が水素結合をして高次構造の形成にあずかることもあるが，おもにその性質や構造を決定づけているのは側鎖である．生体中にみられる20個のアミノ酸は，側鎖の性質によって四つの種類に分けられる．疎水性(非極性)アミノ酸，親水性(極性)アミノ酸，塩基性アミノ酸，酸性アミノ酸である．以下，それぞれのアミノ酸の特徴を見ていこう．

### 7.1.1　非極性で中性のアミノ酸

　このアミノ酸の仲間には，側鎖Rとして疎水基をもつものが含まれる．グリシンの水素原子，アラニン，バリン，ロイシン，イソロイシン，メチオ

---

**水素結合**

図 3-1 (p. 33) で，水素結合とは水素原子を仲立ちとする分子間の結合であると述べた．水素結合は

$-N-H\cdots O=$　　$-N-H\cdots N\diagup$

$-O-H\cdots N\diagup$

などのかたちで広く存在している．たとえば，ペプチド結合では，

などである．

## 7.1 アミノ酸とタンパク質の一次構造

**グリシン**
Gly, G
Mw 75.07
p$K_1$ 2.35
p$K_2$ 9.78

**アラニン**
Ala, A
Mw 89.10
p$K_1$ 2.34
p$K_2$ 9.69

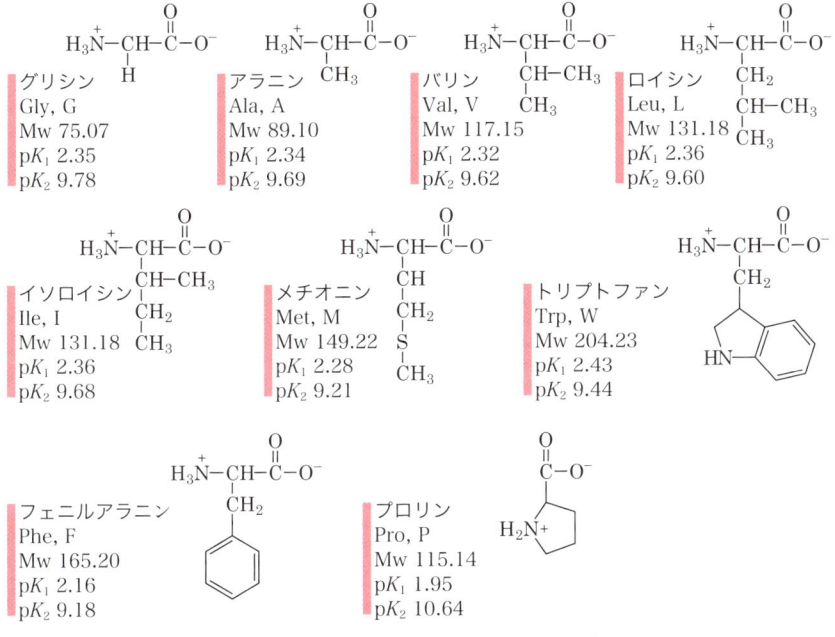

**バリン**
Val, V
Mw 117.15
p$K_1$ 2.32
p$K_2$ 9.62

**ロイシン**
Leu, L
Mw 131.18
p$K_1$ 2.36
p$K_2$ 9.60

**イソロイシン**
Ile, I
Mw 131.18
p$K_1$ 2.36
p$K_2$ 9.68

**メチオニン**
Met, M
Mw 149.22
p$K_1$ 2.28
p$K_2$ 9.21

**トリプトファン**
Trp, W
Mw 204.23
p$K_1$ 2.43
p$K_2$ 9.44

**フェニルアラニン**
Phe, F
Mw 165.20
p$K_1$ 2.16
p$K_2$ 9.18

**プロリン**
Pro, P
Mw 115.14
p$K_1$ 1.95
p$K_2$ 10.64

図 7-3　非極性で中性のアミノ酸*

\* p$K_1$ はカルボン酸，
p$K_2$ はアミノ基，
p$K_R$ は側鎖の p$K_a$ 値．
以下，図 7-4 〜 7-6 も同様．

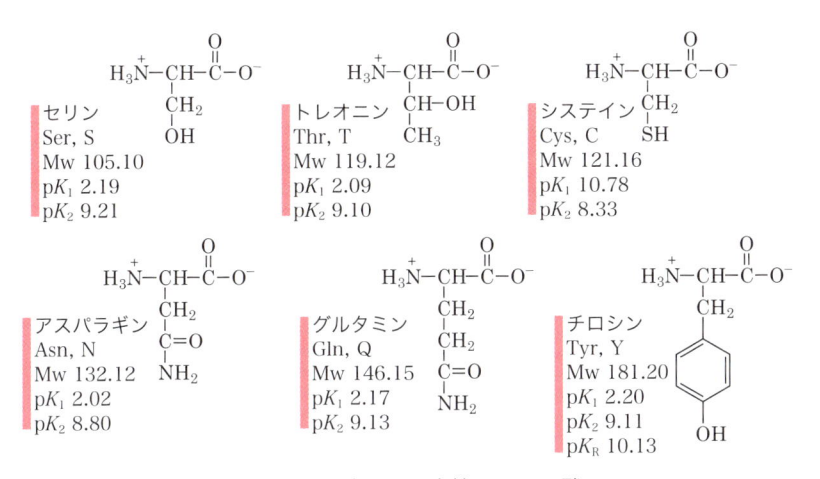

**セリン**
Ser, S
Mw 105.10
p$K_1$ 2.19
p$K_2$ 9.21

**トレオニン**
Thr, T
Mw 119.12
p$K_1$ 2.09
p$K_2$ 9.10

**システイン**
Cys, C
Mw 121.16
p$K_1$ 10.78
p$K_2$ 8.33

**アスパラギン**
Asn, N
Mw 132.12
p$K_1$ 2.02
p$K_2$ 8.80

**グルタミン**
Gln, Q
Mw 146.15
p$K_1$ 2.17
p$K_2$ 9.13

**チロシン**
Tyr, Y
Mw 181.20
p$K_1$ 2.20
p$K_2$ 9.11
p$K_R$ 10.13

図 7-4　極性をもつ中性のアミノ酸

ニンに含まれる脂肪族側鎖，フェニルアラニンとトリプトファンの芳香環である．ポリペプチドでは，この側鎖間の疎水結合でアミノ酸どうしが相互作用することが可能になる．また，プロリンはほかのアミノ酸と異なり第二級アミノ基をもつため，ポリペプチドの立体構造では特殊な役割をすることになる．これらアミノ酸の構造式，略号，分子量，p$K_a$ 値を図 7-3 に示す．

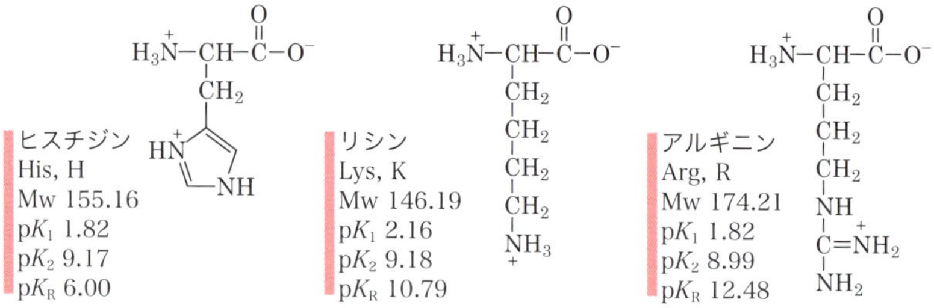

**ヒスチジン**
His, H
Mw 155.16
p$K_1$ 1.82
p$K_2$ 9.17
p$K_R$ 6.00

**リシン**
Lys, K
Mw 146.19
p$K_1$ 2.16
p$K_2$ 9.18
p$K_R$ 10.79

**アルギニン**
Arg, R
Mw 174.21
p$K_1$ 1.82
p$K_2$ 8.99
p$K_R$ 12.48

図 7-5　塩基性アミノ酸

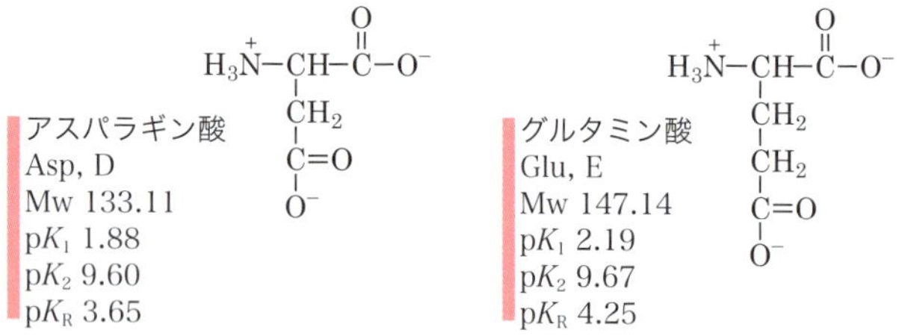

**アスパラギン酸**
Asp, D
Mw 133.11
p$K_1$ 1.88
p$K_2$ 9.60
p$K_R$ 3.65

**グルタミン酸**
Glu, E
Mw 147.14
p$K_1$ 2.19
p$K_2$ 9.67
p$K_R$ 4.25

図 7.6　酸性アミノ酸

### 7.1.2 極性をもつ中性のアミノ酸

Rとして極性のある親水性基をもつアミノ酸である．水素結合でアミノ酸どうしが相互作用することが多い．セリン，トレオニン，チロシンにはヒドロキシ基があるが，これらは水素結合のほか，リン酸エステル化を受けたり，セリン，トレオニン，アスパラギンには糖が結合することも多い．また，アスパラギン，グルタミンはアスパラギン酸やグルタミン酸のカルボン酸がアミドに変化したものである．システインはS-S架橋を形成して立体構造に寄与する(図7-4)．

### 7.1.3 塩基性アミノ酸

Rとして塩基性基をもつアミノ酸である(図7-5)．ヒスチジンのイミダゾール基，リシンのアミノ基，アルギニンのグアニジル基がある．酸性基との静電的相互作用によるイオン結合などで立体構造の形成にあずかる．側鎖の塩基性は，ヒスチジン，リシン，アルギニンの順に強くなる．

### 7.1.4 酸性アミノ酸

側鎖にカルボキシ基をもつアミノ酸である (図7-6)．アスパラギン酸とグルタミン酸のカルボン酸である．酸性はアスパラギン酸のほうがグルタミン酸よりわずかに強い．塩基性アミノ酸との静電的相互作用などを介して立体構造の形成に役立つ．

## 7.2 アミノ酸の等電点

等電点（p$I$）というのは，分子中の正と負の荷電数が同じになるpH，すなわち電気的に中性なpHであり，等電点のプラス側とマイナス側のp$K_a$の中間点である．アラニンを例にとると，pH 1の状態ではカルボキシ基は電荷を帯びていない（R–COOH）が，ここから徐々に水素イオン濃度を下げていく（塩基性にしていく）と，カルボキシ基のp$K_1$(2.34)，p$I$，さらにはアンモニウムイオンのp$K_2$(9.67)を経て，すべてのアンモニウムイオンがアミノ基（NH$_2$-R'）になる〔図7-7(a)〕．

すなわち，

$$H_3\overset{+}{N}-CH(CH_3)-COOH \rightleftharpoons H_3\overset{+}{N}-CH(CH_3)-COO^- \rightleftharpoons H_2N-CH(CH_3)-COO^-$$

正電荷　　　　　　　　中性　　　　　　　　負電荷

p$K_1$=2.34　　p$I$　　p$K_2$=9.69

となり，

$$pI = \frac{pK_1 + pK_2}{2} = \frac{2.34 + 9.69}{2} = 6.02$$

となる．

一方，グルタミン酸では，やはりp$I$は全電荷がプラスからマイナスに変わるp$K_a$の中間値であるから，構造式を書くと

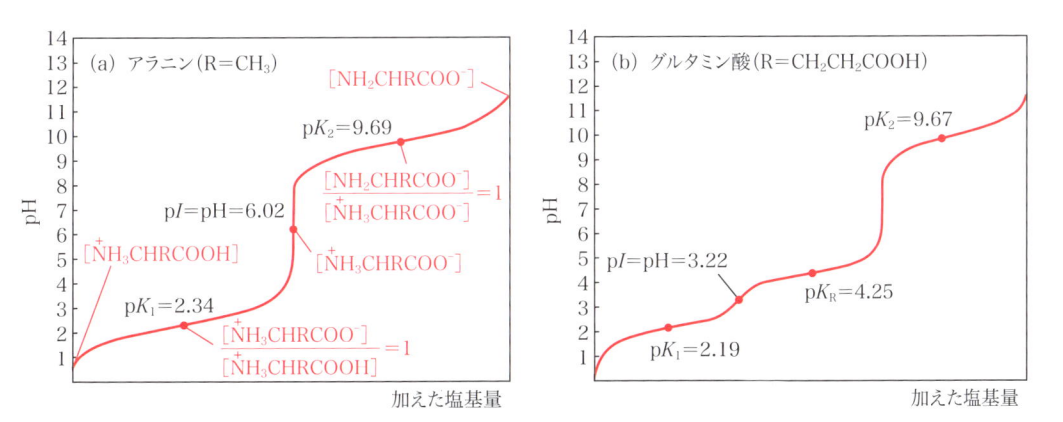

$$\begin{array}{c}COOH\\|\\CH_2\\|\\CH_2\\|\\H_3\overset{+}{N}-CH-COOH\end{array} \rightleftharpoons \begin{array}{c}COOH\\|\\CH_2\\|\\CH_2\\|\\H_3\overset{+}{N}-CH-COO^-\end{array} \rightleftharpoons \begin{array}{c}COO^-\\|\\CH_2\\|\\CH_2\\|\\H_3\overset{+}{N}-CH-COO^-\end{array} \rightleftharpoons \begin{array}{c}COO^-\\|\\CH_2\\|\\CH_2\\|\\H_2N-CH-COO^-\end{array}$$

p$K_1$=2.19　p$I$　p$K_R$=4.25　　p$K_2$=9.67

図7-7　アラニン(a)とグルタミン酸(b)の滴定曲線

となり，

$$pI = \frac{pK_1 + pK_R}{2} = \frac{2.19 + 4.25}{2} = 3.22$$

となる〔図7-7(b)〕．

　この等電点の概念は，ペプチドやタンパク質にも応用可能である．等電点（pI）ではプラスとマイナスの電荷が差し引きゼロになり（極性が最小となる），そのときタンパク質の溶解度は最も小さくなる．

## 7.3　タンパク質やペプチド中でのアミノ酸の修飾

　先に述べたように，タンパク質合成に用いられるアミノ酸は20種類であるが，タンパク質やペプチド鎖ができ上がったあとに修飾を受けるアミノ酸がある．これらの修飾は，タンパク質やペプチドの生理作用発現に必須である．
　システインのSH基は酸化されるとジスルフィド結合を形成し，シスチンになる（図7-8）．ジスルフィド架橋は，オキシトシン（p. 128参照）のような

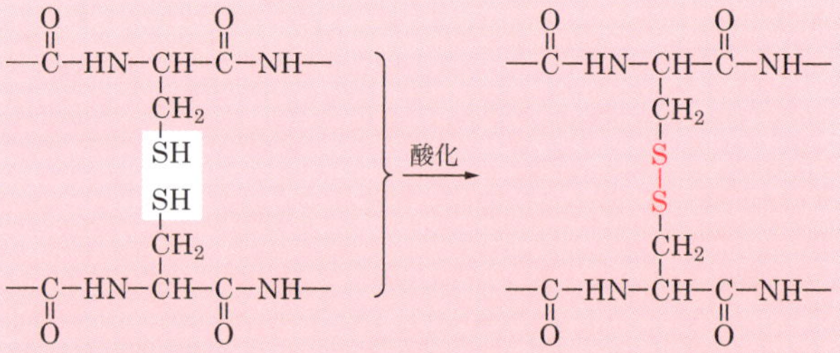

図7-8　システインの酸化によるジスルフィド結合の形成

小分子ペプチドからミオグロビン（p. 139参照）のような大きなタンパク質までしばしば見られ，タンパク質の立体構造を規定している．

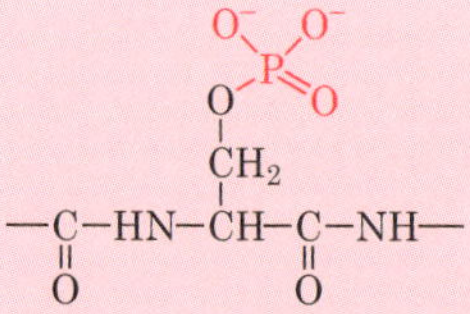

図7-9　セリンのリン酸エステル化

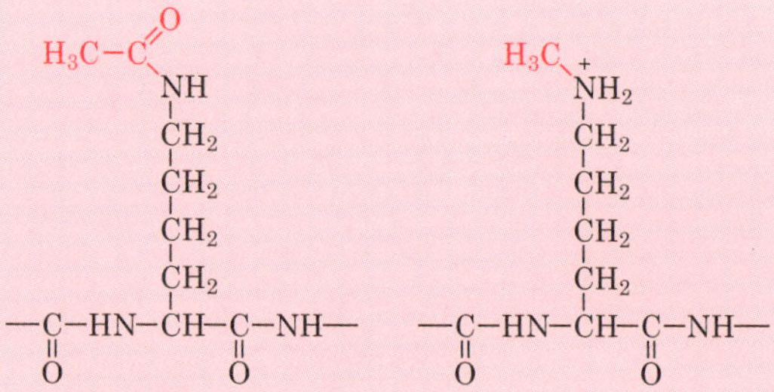

図7-10　リシン側鎖のアセチル化やメチル化

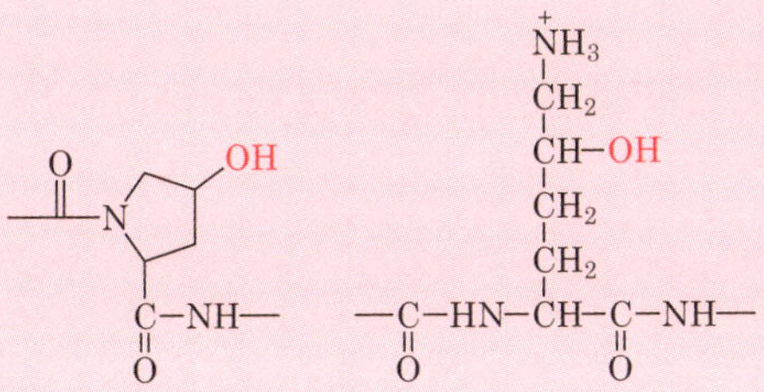

**図 7-11** ヒドロキシプロリンとヒドロキシリシン

**図 7-12** ピログルタミン酸 (pGlu)

　酵素タンパク質などのセリン，トレオニン，チロシンなどのヒドロキシ基はしばしばリン酸エステル化され，酵素活性の制御にかかわっている（図7-9）．ヒストン（p. 149 参照）のような核内のタンパク質においては，リシン残基の側鎖アミノ基がアセチル化を受けたりメチル化を受けることによって，遺伝子発現の制御がなされている（図7-10）．

　コラーゲン（p. 104 参照）中のプロリンやリシンは，しばしばヒドロキシ化を受けている（図7-11）．また，ある種のペプチドホルモンでは，アミノ末端のグルタミン酸やグルタミン残基が脱水を受けてピログルタミン酸になっているものもある（図7-12）．そのほか，糖タンパク質についてはすでに述べたとおりである(p. 105)．

## 7.4　いろいろな生理活性ペプチド

　一般的に結合アミノ酸が約 50 個以下のものをペプチドとよぶが，これらのなかにも重要な生理活性をもつものがある(表 7-1)．

　グルタチオンは分子中にグルタミン酸の側鎖が関与した $\gamma$-ペプチド結合を含むトリペプチドである．多くの動物の細胞中や血液中に見いだされ，システイン残基の -SH 基による還元性を利用した多くの生物学的活性に関与している．たとえば，タンパク質のジスルフィド結合と反応して，その -SH 基を再生したり，過酸化水素やラジカル反応基などと反応してその解毒作用を表す．これらの反応において，グルタチオン自身は酸化されてジスルフィド二量体になる．

　オキシトシンは脳下垂体から分泌され，たとえば出産時に子宮筋を収縮させたり，乳腺に働いて母乳の分泌を促進する．分子内ジスルフィド結合の存在やカルボキシ末端がアミド(-CONH$_2$)構造になっていることに注意してほしい．最初に化学合成されたペプチドホルモンである．

　甲状腺刺激ホルモン放出ホルモンと性腺刺激ホルモン放出ホルモンは，脳の視床下部で合成され，脳下垂体に働いてそれぞれ甲状腺刺激ホルモン

**$\gamma$-ペプチド結合**
グルタミン酸の側鎖カルボキシ基（$\gamma$位にある）にシステインのアミノ基が結合している．

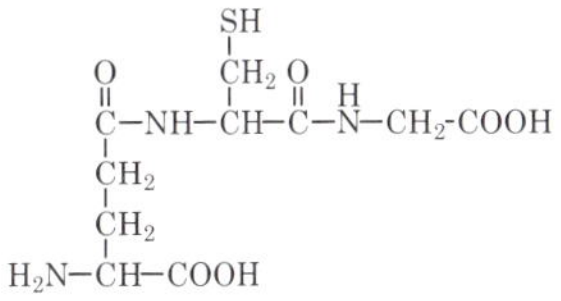

グルタチオンの構造

表7-1 代表的な生理活性ペプチド

| 名称 | アミノ酸配列 |
|---|---|
| グルタチオン | Glu―Cys―Gly（GluのγカルボキシルがCysと結合） |
| オキシトシン | Cys–Tyr–Ile–Gln–Asn–Cys–Pro–Leu–Gly–NH$_2$（Cys間でS-S結合） |
| 甲状腺刺激ホルモン放出ホルモン（TRH） | pGlu–His–Pro–NH$_2$ |
| 性腺刺激ホルモン放出ホルモン（GnRH） | pGlu–His–Trp–Ser–Tyr–Gly–Leu–Arg–Pro–Gly–NH$_2$ |
| メチオニンエンケファリン | Tyr–Gly–Gly–Phe–Met |
| サブスタンス P | Arg–Pro–Lys–Pro–Gln–Gln–Phe–Phe–Gly–Leu–Met–NH$_2$ |
| アンギオテンシン | Asp–Arg–Val–Tyr–Ile–His–Pro–Phe |
| ニューロペプチド Y | Tyr–Pro–Ser–Lys–Pro–Asp–Asn–Pro–Gly–Glu–Asp–Ala–Pro–Ala–Glu–Asp–Met–Ala–Arg–Tyr–Tyr–Ser–Ala–Leu–Arg–His–Tyr–Ile–Asn–Leu–Ile–Thr–Arg–Gln–Arg–Tyr–NH$_2$ |
| グレリン | Gly–Ser–Ser($n$-Octanoyl)–Phe–Leu–Ser–Pro–Glu–His–Gln–Arg–Val–Gln–Gln–Arg–Lys–Glu–Ser–Lys–Lys–Pro–Pro–Ala–Lys–Leu–Gln–Pro–Arg |
| インスリン | Gly–Ile–Val–Glu–Gln–Cys–Cys–Thr–Ser–Ile–Cys–Ser–Leu–Tyr–Gln–Leu–Glu–Asn–Tyr–Cys–Asn<br>Phe–Val–Asn–Gln–His–Leu–Cys–Gly–Ser–His–Leu–Val–Glu–Ala–Leu–Tyr–Leu–Val–Cys–Gly–Glu–Arg–Gly–Phe–Phe–Tyr–Thr–Pro–Lys–Thr |
| ペニシリン | （構造式） |
| アスパルテーム | Asp–Phe–OCH$_3$ |

(TSH)，性腺刺激ホルモン(LHやFSH)を分泌させる．これらのホルモンではカルボキシ末端がアミド化されているのみならず，アミノ末端がピログルタミン酸(図7-12)に環化している．

エンケファリンはモルヒネ受容体に作用する内因性物質として見いだされたペプチドである．痛みを和らげる作用があり，脳内に多く見いだされる．

サブスタンスPは神経組織や消化管に多く見られるペプチドで，痛覚情報伝達物質として知られている．また，血圧降下作用などをもつ．

アンギオテンシンには血圧を上昇させる作用がある．前駆体からレニン，さらにはアンギオテンシン変換酵素によって切りだされる．高血圧症に深くかかわる生理活性ペプチドある．

ニューロペプチドYは，中枢および末梢神経系のペプチド性神経伝達物質であり，摂食促進作用や血管収縮作用をもつ．

グレリンは最初，胃から発見されたペプチドであるが，やはりこれも摂

食促進作用をもち，肥満を誘発する．グレリンの3番目のアミノ酸Serは，側鎖の-OH基がオクタノイル基でアシル化されている．

インスリンは51アミノ酸残基からなる最も大きなペプチドホルモンであり，分子中に三つのジスルフィド結合をもつ．膵臓で生産され，血糖の低下作用をもつ．糖尿病と深くかかわっているホルモンである．

ペニシリンは代表的な抗生物質である．アシル基（ベンジルカルボニル基）を除いた四員環と五員環部分はバリンとシステインから生合成される．

アスパルテームは人工的につくりだされた甘味料である．その甘さは砂糖の200倍といわれている．

以上，さまざまな生理活性をもつペプチドのほんの一部を紹介した．多くの生理活性ペプチドは互いに関係のあるものどうしが作用しあい，生体の恒常性（ホメオスタシスという）を保つのに役立っている．

アシル化セリン

## COLUMN

### 前立腺がん治療薬

視床下部ホルモンである性腺刺激ホルモン放出ホルモン（GnRH）は，その名のとおり下垂体に作用して性腺刺激ホルモン（LHやFSH）を遊離させるペプチドです．このペプチドの高活性アナログ（スーパーアゴニスト）は前立腺がんの治療薬に使われています．前立腺がんはホルモン依存性が高く，その病状の進展にテストステロンが影響を与えているからです．

リュープロレインでは，天然体GnRHのGly-NH$_2$をNH-C$_2$H$_5$にすると活性が5倍に，さらに真ん中のGlyをD-Leuに変換すると活性が20倍上昇しました．この活性の上昇は相乗的で，両方を変換すると結果的に80倍上昇します．この相乗効果はそのほかのスーパーアゴニストも同様であると考えられています．

天然のホルモンにD-アミノ酸を挿入するという発想は普通思いつきませんが，これによりβターンの構造（p.137参照）をとりやすくなって活性が上昇するといわれています．この薬を投与すると，下垂体にあるこのペプチドの受容体の数が著しく低下してLHやFSHの分泌を抑え，結果的に精巣におけるテストステロンの分泌がなくなるとされています．これらの薬剤は，徐放性のマイクロカプセルや点鼻薬などとして投与されています．

| | |
|---|---|
| pGlu-His-Trp-Ser-Tyr—Gly—Leu-Arg-Pro-Gly-NH$_2$ | 天然体 |
| pGlu-His-Trp-Ser-Tyr-D-Leu-Leu-Arg-Pro-NH-C$_2$H$_5$ | リュープロレイン |
| pGlu-His-Trp-Ser-Tyr-D-Ser($^t$Bu)-Leu-Arg-Pro-NH-NH-CO-NH$_2$ | ゴセレリン |
| pGlu-His-Trp-Ser-Tyr-D-Ser($^t$Bu)-Leu-Arg-Pro-NH-C$_2$H$_5$ | ブセレリン |

GnRHスーパーアゴニスト

## 7.5 タンパク質の構造と性質

タンパク質にはさまざまな機能がある．たとえば，酵素として働くタンパク質は生体のいろいろな化学反応（食物の消化，エネルギーの生産，生体物

---

**COLUMN**

### 固相法によるペプチド合成

ペプチドは人工的な合成法によっても得ることができます．

樹脂にエステル結合したアミノ酸に，アミノ基と側鎖の官能基を保護したアミノ酸を縮合させ，洗浄，アミノ保護基の除去，洗浄を繰り返していくと，樹脂上にペプチド鎖が延長されていきます．アミノ基の保護基にはピペリジン（塩基）で切れるFmoc基を用い，側鎖の保護基にはトリフルオロ酢酸で除去できるものを用います．アミノ酸の活性化にはジシクロヘキシルカルボジイミドと添加剤を混ぜ合わせたものがよく使用されます．この一連の反応では，過剰のアミノ酸縮合剤やピペリジンを用いることと，ペプチド樹脂を毎回よく洗浄することが肝心です．樹脂上にアミノ酸を延長し終わったら，トリフルオロ酢酸で処理してペプチドを樹脂から脱離すると同時に，側鎖の保護基を除去します．得られたペプチドはいろいろな方法で精製します．自動合成機も開発されており，この方法では約50残基までのペプチドが合成できます．このようにして得られたペプチドは，生理活性の測定や，生理的な意義の解明に用いられます．

このような合成法の原理は，R. B. Merrifieldによって開発され，タンパク質，ペプチド，さらには核酸の化学に多大な貢献をしました．

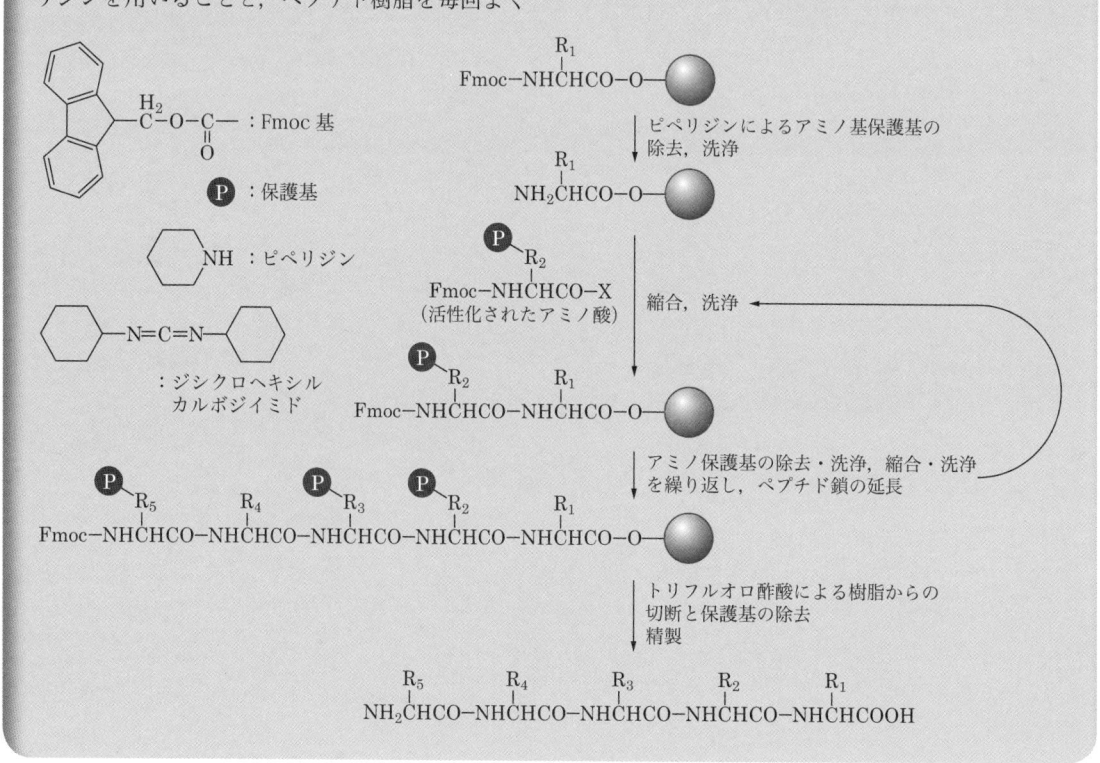

質の化学合成など）を触媒する．またある種のタンパク質は，体の構造を維持したり，運動をするのに役立っている．また，さまざまな物質の輸送にもかかわっており，膜構造には水やイオンのチャネル，グルコースの輸送タンパク質などがある．生体防御にかかわる免疫系のタンパク質や，生体のホメオスタシスを維持するためのホルモンとして働くタンパク質もある．

　タンパク質をその形状から分類すると，球状タンパク質と繊維状タンパク質に分類できる．球状タンパク質は一般的に水に可溶な分子である．このタンパク質の表面はおもに親水性のアミノ酸残基から成り立っており，その中心部には疎水性アミノ酸が折り込まれている．球状タンパク質の内部はアミノ酸残基でぎっしり詰まっており，ほとんど水の分子も入り込めないほどである．繊維状タンパク質としては，皮膚や骨などにあるコラーゲン，毛や爪に存在するケラチンなどがあげられる．これらは水になかなか溶けにくく，物理的にも強い性質をもっている．

Robert Bruce Merrifield
（1921～2006年），アメリカの生化学者．固相ペプチド合成法を考案．1984年ノーベル化学賞受賞．

### 7.5.1 タンパク質の構造

　タンパク質の構造には階層的に，アミノ酸配列を示す一次構造，アミノ酸主鎖のとりうる局部的な立体構造（コンホメーション）からくる二次構造，アミノ酸側鎖間のさまざまな相互作用から決定づけられる全体のコンホメーションである三次構造，複数のタンパク質が寄り集まって機能するとき，それらの互いの配置を表す四次構造がある．

### 7.5.2 タンパク質の一次構造の決定

#### (a) タンパク質の精製

　タンパク質の構造を決定するためには，そのタンパク質が単一物質である必要がある．タンパク質の精製にはいろいろな手段が考えられるが，一番広く行われるのがカラムクロマトグラフィーである．カラムクロマトグラフィーにおいて，タンパク質は移動相とよばれる溶媒（ほとんどの場合は薄い緩衝液の水溶液である）に溶かし，これをクロマトグラフィーの担体のカラム（固定相とよばれる）に流し込む．固定相の間を移動相に乗ってタンパク質が流れていくうちに，両相への分配の程度の差を利用することによってそれぞれのタンパク質を分離することができる．たとえば，イオン交換クロマトグラフィー，ゲルろ過クロマトグラフィー，疎水性クロマトグラフィー，アフィニティクロマトグラフィーなどからそのタンパク質に適した方法を選びだし，または組み合わせて精製を行う（図7-13）．

　イオン交換クロマトグラフィーでは，たとえばスルホン酸型の固定相をもつ樹脂をカラムに詰め，ここにタンパク質の混合溶液を流す．スルホン酸型

カラムクロマトグラフィー
細長いガラス管などに各種固定相を詰めたもの．通常は上部から大気圧を利用して移動相を流す．

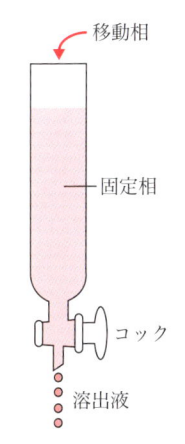

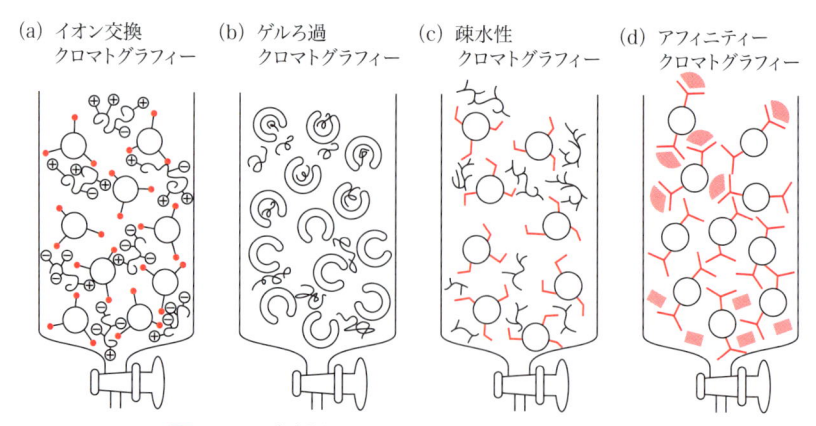

### 図7-13 各種クロマトグラフィーの分離の仕方

(a) イオン交換クロマトグラフィー　(b) ゲルろ過クロマトグラフィー　(c) 疎水性クロマトグラフィー　(d) アフィニティークロマトグラフィー

○や◎が固定相を表す．(a)で●は-SO$_3^-$基を，(c)で ⌐ は炭素4〜18の炭素鎖を，(d)のYはリガンドを示す．

固定相はマイナスの電荷をもっているので，酸性アミノ酸を多く含む（負電荷をもつ）タンパク質ほど固定相との反発が大きくなり，早く流れでてくる．溶出してくる液をフラクションに分けて取ることで，各成分を分離することができる．

ゲルろ過クロマトグラフィー（分子ふるいクロマトグラフィーともいう）では，タンパク質分子をその大きさで分離する．ほぼ同じ大きさの孔をもつビーズを固定相に用い，いろいろな大きさのタンパク質混合物を流すと，大きな分子のタンパク質はその孔に入り込むことができずに速く流れるが，分子量の小さな分子は，孔に出入りしながら流れてくるので遅れてでてくることになる．

疎水性クロマトグラフィーでは，各種のタンパク質と固定相との疎水性相互作用の違いによって分離を行う．固定相に吸着された疎水性タンパク質は，緩衝液の塩濃度を下げるか，有機溶媒を溶出液に混合することによって流しだすことができる．

アフィニティクロマトグラフィーでは，特殊なリガンドを固定相につけ，それに対するタンパク質の親和性（アフィニティー）を利用して分離する．タンパク質の混合物をカラムに流すと，リガンドと親和性をもつ目的タンパク質のみが固定相に吸着され，目的タンパク質以外は素通りする．リガンドとの吸着を弱める条件（塩濃度を高くするなど）を用いると，吸着されていた目的タンパク質を溶出させることができる．

これらのカラムクロマトグラフィーのほかに，高速液体クロマトグラフィー（HPLC）がある．この方法では，分離効率を上げるため，上で述べたさまざまな樹脂の粒度の細かいものを使う．粒度が細かいため大気圧だけでは移動相を流すことができないので，固定相をステンレス製のカラムに詰

---

**リガンド**
ある目的タンパク質に特異的に結合する物質．酵素と基質，タンパク質とその抗体，受容体とホルモンなどで，後者をリガンドという．

**HPLC**
High performance（または pressure) liquid chromatography の略．

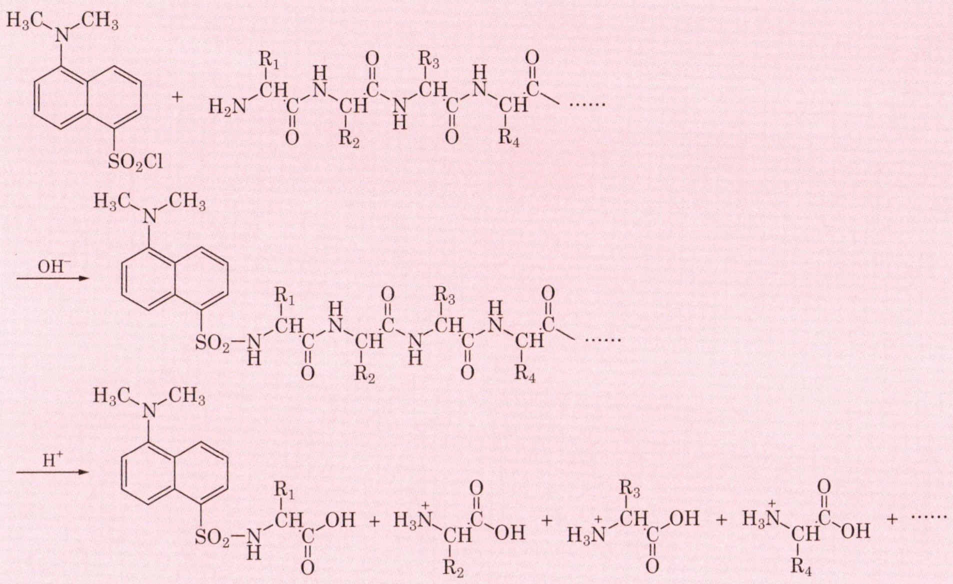

**図7-14　ダンシルアミノ酸の合成とアミノ末端アミノ酸の同定**

め，ポンプで高圧をかけて移動相を流す．このため，高速液体クロマトグラフィーを利用すると短時間のうちに分析，精製ができる．

### (b) タンパク質のアミノ酸組成の分析と末端アミノ酸の同定

さて，タンパク質が単一になったら，まずアミノ酸分析を行い，そこに含まれるアミノ酸のモル比（組成）を知る．タンパク質に6モル塩酸を加え，110℃で24時間以上かけてアミド結合を加水分解し，アミノ酸にまでばらばらにする．これをアミノ酸自動分析装置にかけて，アミノ酸のモル比を求める．アミノ酸分析にはイオン交換樹脂を用いる高速液体クロマトグラフィーが使われる．

ついで，タンパク質にダンシルクロリド（DNS-Cl, 5-ジメチルアミノナフタレン-1-スルホニルクロリド）を反応させる．この反応では遊離の α-アミノ基のみがダンシル化されるので，生成物を酸加水分解するとアミノ末端アミノ酸を簡単に同定できる（図7-14）．

また，タンパク質にカルボキシペプチダーゼを短時間反応させ，遊離してくるアミノ酸を分析することによりカルボキシ末端アミノ酸を同定できる．

### (c) タンパク質の断片化とそのアミノ酸配列の決定

次に，さまざまな酵素でタンパク質を処理してこれを断片化する．トリプシンはアミノ酸配列中のリシンやアルギニンの，リシルエンドペプチダーゼはリシンの，$V_8$ プロテアーゼはアスパラギン酸やグルタミン酸のカルボキシ末端を切断する（表7-2）．

カルボキシペプチダーゼ
カルボキシ末端からアミノ酸を一つずつ切りだしてくるタンパク質加水分解酵素．

## 7章 ◆ アミノ酸・ペプチド・タンパク質の化学

表 7-2 酵素によるタンパク質の特異的切断

| 酵素 | アミノ酸残基 |
|---|---|
| トリプシン | ——Lys↓—— ——Arg↓—— |
| リシルエンドペプチダーゼ | ——Lys↓—— |
| V₈プロテアーゼ | ——Asp↓—— ——Glu↓—— |

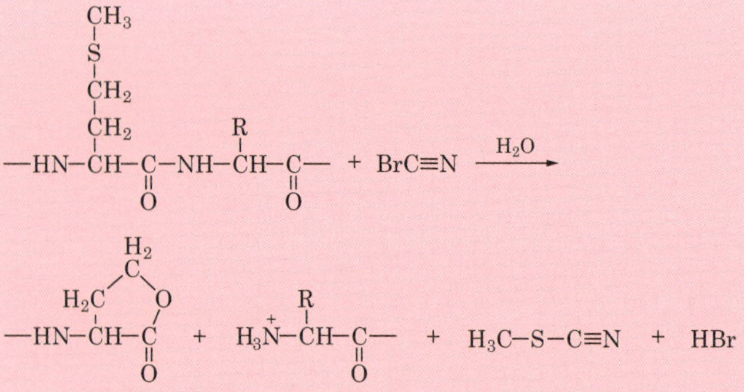

図 7-15 ブロモシアンによるタンパク質の切断

**ホモセリンのラクトン**
自己分子内のアルコール基とエステル結合した環状化合物をラクトンという.

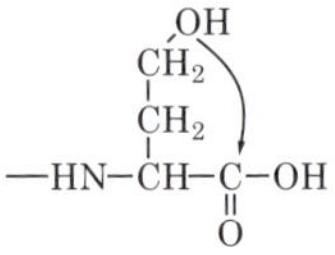

ペプチドを化学的に切る方法としては，ブロモシアン（Br–C≡N）を反応させメチオニンのカルボキシ基側で切る方法がある（図7-15）．図に示すように，この反応ではメチオニンはホモセリンのラクトンに変化する．

一般的には，これらの断片化したペプチドを精製単離し，次に述べるアミ

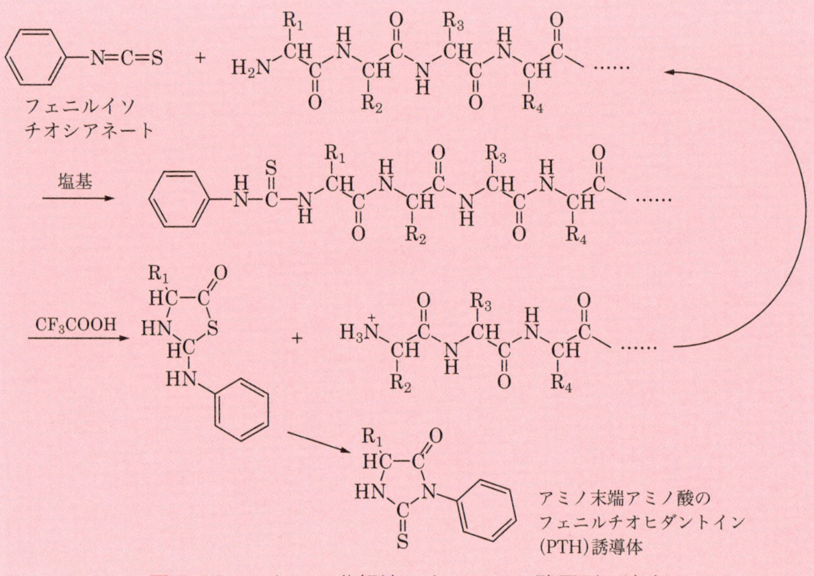

図 7-16 エドマン分解法によるアミノ酸配列の決定

アミノ末端アミノ酸のフェニルチオヒダントイン（PTH）誘導体

ノ酸配列決定に付す．これにはエドマン分解法(Edman method)が用いられる（図 7-16）．フェニルイソチオシアネートをポリペプチドのアミノ末端と反応させ，ついでトリフルオロ酢酸を反応させるとアミノ末端のアミノ酸残基が環化誘導体となって離れる．しかし，2番目以降のアミノ酸残基からなるペプチド鎖は無傷で残る．遊離してきたアミノ末端アミノ酸の環化誘導体を有機溶媒で抽出し，酸処理すると安定なフェニルチオヒダントイン(PTH)アミノ酸に変換される．これを高速液体クロマトグラフィーで同定することによりアミノ末端アミノ酸がわかる．2番目以降のアミノ酸も，無傷で残った1残基短くなったペプチド鎖にこの反応を繰り返すことによって決定できる．この一連の反応を全自動化した機械を用いると，数ピコ($10^{-12}$)モルのポリペプチドから50〜60アミノ酸残基までの配列決定が可能である．

### (d) タンパク質の全アミノ酸配列の決定

このようにしてアミノ末端，カルボキシ末端，各部分ペプチドのアミノ酸配列などが決定されると，次にはこれらのデータをもとにアミノ酸配列の重なりを調べ，ペプチドを並べれば，タンパク質の全アミノ酸配列を知ることができる．

$V_8$プロテアーゼで切ったフラグメント①，②，③の配列を決定しても，これらのフラグメントがどのように並んでいるかは不明である．そこでトリプシンで切ったフラグメントの配列ⓐ，ⓑ，ⓒと並べてみればその配列の重なり具合から全アミノ酸配列を知ることができる（図 7-17）．

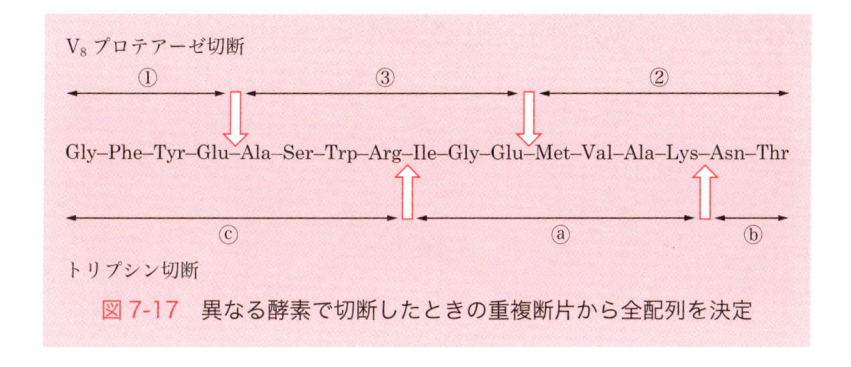

**図 7-17** 異なる酵素で切断したときの重複断片から全配列を決定

## 7.5.3 タンパク質の二次構造

タンパク質の二次構造とは，ポリペプチド主鎖のみが関与した局所的な規則的構造であり，αヘリックス（らせん），βシート，βターン構造がある．これらはペプチドにもあてはまる．

一般のアミド結合は共鳴により二重結合の性質を帯びるため，平面構造をとり回転も阻害されている（p. 73 参照）．ペプチド結合でも同様で，カルボ

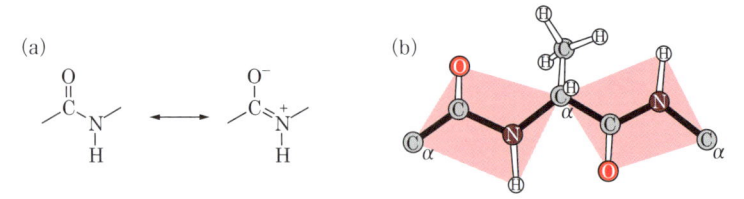

**図 7-18　ペプチド結合の共鳴構造(a)とそれによる平面性(b)**

ニル炭素と窒素，およびこれらの原子に直結した炭素原子はすべて同一平面状にある．また，いくらかの例外もあるが，二重結合性を帯びた C–N 結合に対し，二つの $C_\alpha$ 原子はトランスの位置にくる．隣接したペプチド結合どうしは $C_\alpha$ 原子をはさんで回転が可能である．二次構造はこの回転によってつくられる（図 7-18）．

　αヘリックスは右巻きのらせん構造をとっている．1 回転にアミノ酸 3.6 残基を含み，ピッチは 0.54 nm である．αヘリックスでは主鎖のカルボニル C=O が，次の四つ目のペプチド結合のアミノ基の水素 N–H と水素結合をつくる．

　この水素結合はαヘリックスの軸方向であり，すべての残基がこの結合にあずかり，立体構造（コンホメーション）を安定化している．側鎖はらせん構

**ピッチ**
らせんひと巻きで進む距離のこと．

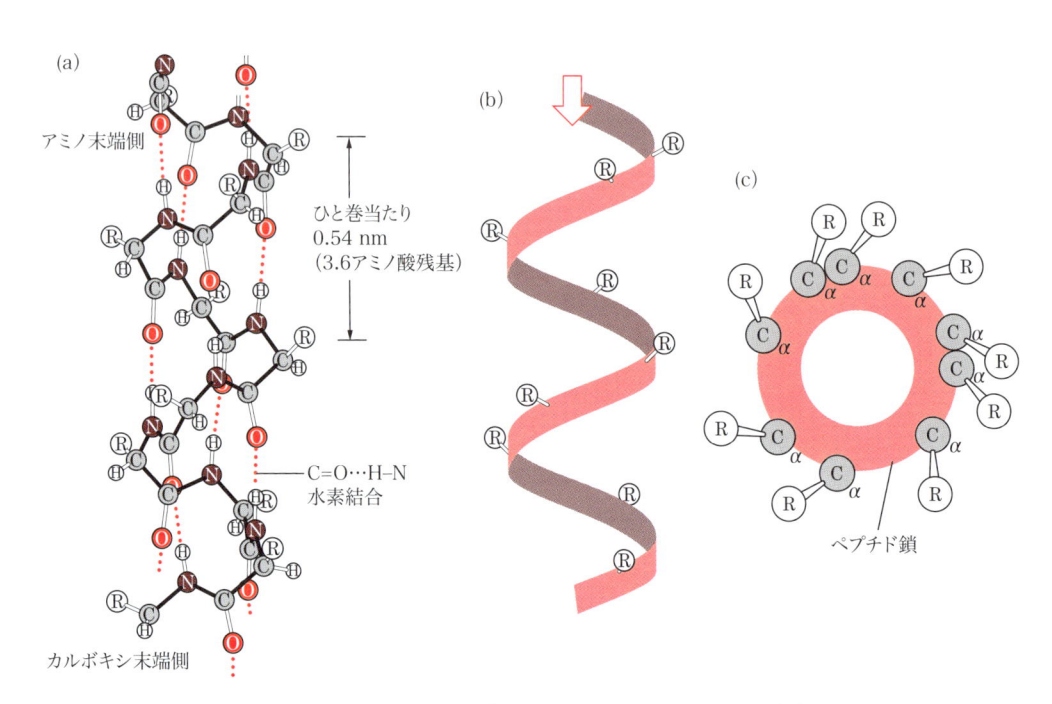

**図 7-19　αヘリックス(a)とそれを横から見たとき(b)と上から見たとき(c)の概念図**
R は側鎖を表す．(c) はヘリックスを矢印の方向から見たところ．側鎖がヘリックスの外側に突きでている．

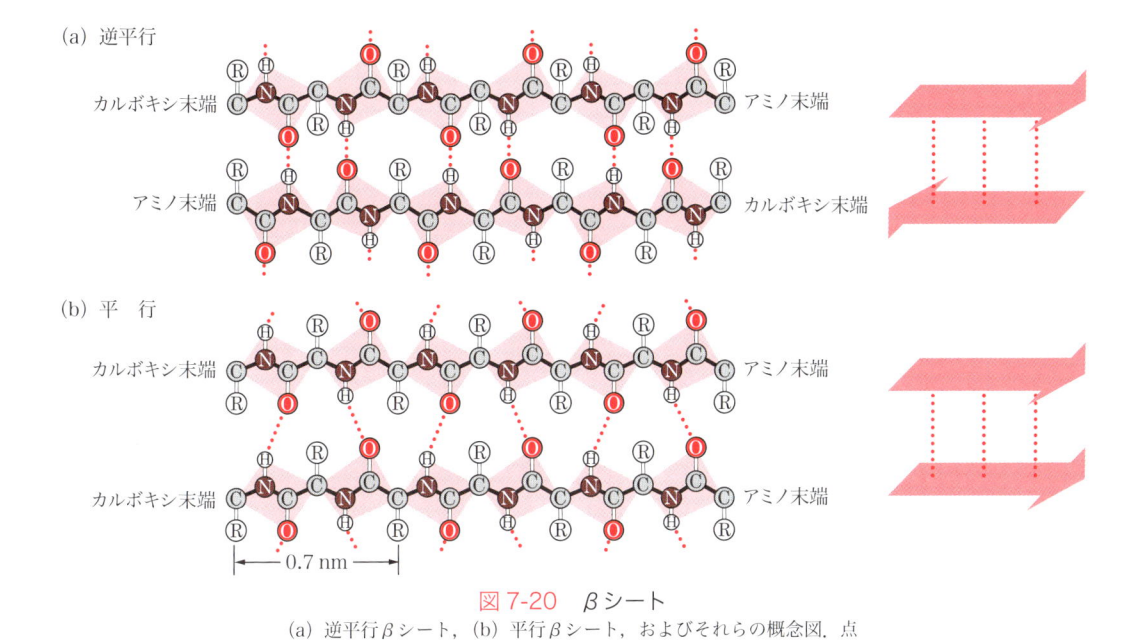

(a) 逆平行

図7-20 βシート
(a) 逆平行βシート，(b) 平行βシート，およびそれらの概念図．点線はポリペプチド側鎖の水素結合を，Rは側鎖を表す．

造の外側に突きだしている．αヘリックスはおおよそ20残基以下のアミノ酸からなっている(図7-19).

βシートでは，平行に並んだペプチド鎖が互いに主鎖間の水素結合で結ばれている．βシートには2種類あり，水素結合する鎖が逆向きに走っている逆平行βシートと，同じ方向に走る平行βシートがある．このコンホメーションは，ペプチド鎖が完全に伸びた形ではなく，ひだ(プリーツ)ができる構造であることからβプリーツシートともよばれる．繰り返しのパターンは約0.7 nmである．各アミノ酸の側鎖は一つおきにシート平面の上下に突きでている．タンパク質中のβシートは2～12本程度のポリペプチド鎖（ストランドという）からなり，1本のシートのアミノ酸残基数はおおよそ15以下である(図7-20).

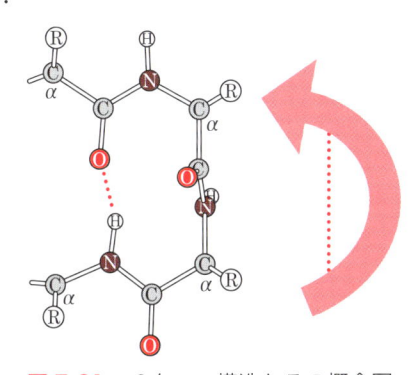

図7-21 βターン構造とその概念図

αヘリックスやβシートの末端がタンパク質表面で急激なカーブをとって曲がった構造をとることがあり，このような場合，多くが4アミノ酸残基からなるβターン構造をとっている．βターン構造では1番目と4番目の主鎖が水素結合で結ばれている．また，立体障害の少ないグリシンを含む場合が多い(図7-21)．

### 7.5.4 タンパク質の三次構造

球状タンパク質分子の場合，二次構造が寄り集まってさらに高度なポリペプチド鎖の折りたたみができる．これを三次構造という．三次構造形成にはアミノ酸側鎖間で次のような相互作用が働いている(図7-22)．

**疎水結合**：芳香環や脂肪族アミノ酸側鎖どうしの相互作用．水分子と水素結合をつくらない疎水性残基は，水溶液中ではそれら自身が集合して水分子を排除しようとする．疎水性残基はタンパク質の内部にあって，タンパク質の立体構造形成の核になっている．

**水素結合**：ポリペプチド間の主鎖の水素結合が，二次構造形成に役立っていることはすで述べたが，多くの極性アミノ酸側鎖も互いに水素結合を形成し，タンパク質の構造形成に役立っている．タンパク質分子内では非常に多くの水素結合が形成され構造の安定化に役立っている．球状タンパク質では表面を極性アミノ酸が覆い水分子と水和してタンパク質を水溶性にしている．

**イオン結合**：酸性アミノ酸と塩基性アミノ酸の静電的相互作用である．水分子のほとんど存在しないタンパク質内部の疎水的環境でのイオン結合は強固

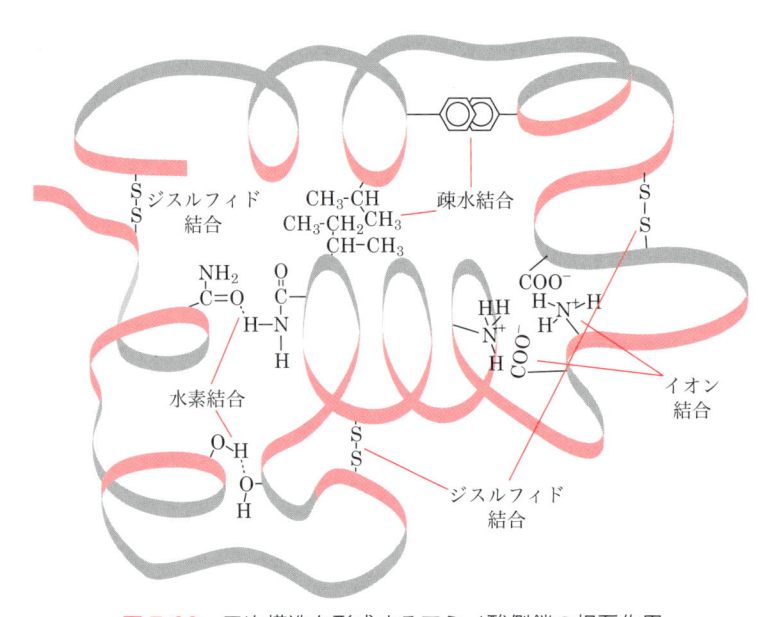

図 7-22 三次構造を形成するアミノ酸側鎖の相互作用

になる．表面では水和が起こるので，アミノ酸どうしはイオン結合しにくい．
**ジスルフィド結合**：システインの-SH基どうしは酸化されてジスルフィド結合-S-S-となる．これは共有結合であり，きわめて強固でタンパク質の三次構造の安定化に役立っている．

### 7.5.5 タンパク質の四次構造

　タンパク質によっては一つの分子だけでは活性をもたず，数分子のタンパク質(これらをサブユニットという)が集まってはじめて活性を表すものがある．タンパク質複合体をつくるサブユニットはすべて同一の場合もあるし，それぞれ異なっている場合もある．このようなタンパク質の会合した構造を四次構造とよぶ．これらの分子会合には疎水結合が大きな役割を果たしており，そのようなタンパク質には分子表面に疎水性アミノ酸残基が存在している．もちろんそのほかのジスルフィド結合や，静電的相互作用もある．

　次節では，タンパク質の三次構造と四次構造について，代表的な球状タンパク質であるミオグロビンとヘモグロビンを例にとって述べる．

## 7.6　ミオグロビンとヘモグロビン

　ミオグロビンとヘモグロビンは，生体に酸素を供給するために必須のタンパク質である．ミオグロビンもヘモグロビンも，それぞれピロール環4分子からなるポルフィリンの$Fe^{2+}$錯体であるヘムを一つずつもっており，ここが$O_2$と結合する．ヘムは可視光を吸収するため，深い赤色をしている．ミオグロビンは筋肉中にある単量体タンパク質で，$O_2$の不足に備えて組織中に$O_2$を保存しておく働きがある．一方，ヘモグロビンは赤血球に存在する四量体のタンパク質で，$O_2$を肺から組織に運び，$CO_2$やプロトンを肺に返す．ヘモグロビンの構成ユニットの三次構造はミオグロビンに似ているが，四次構造を介した効果により，ヘモグロビンはより複雑な生理活性をもつようになった．

ポルフィリン
ピロール(図7-23)が四つ組み合わさった環状化合物．鉄と安定な錯体を形成し，この鉄原子が酸素のだし入れを行う．またこの錯体をヘムという〔図7-24(b)も参照〕．

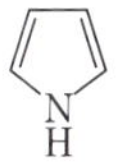

図7-23　ピロール

### 7.6.1 ミオグロビンの構造と機能

　ミオグロビンは153アミノ酸残基からなり，そのほとんどが八つのαヘリックス構造(ヘリックスA〜H)に組み込まれている．分子量は約17,000で，典型的な球状タンパク質である．ミオグロビンの親水性表面は極性アミノ酸で，内部は疎水性の非極性アミノ酸からなる．ただし，ヘリックスEの7番目(E7)とヘリックスFの8番目(F8)のヒスチジンは例外である．これらはヘムイオンに近く，鉄や$O_2$と結合する働きをもつ．ミオグロビンの

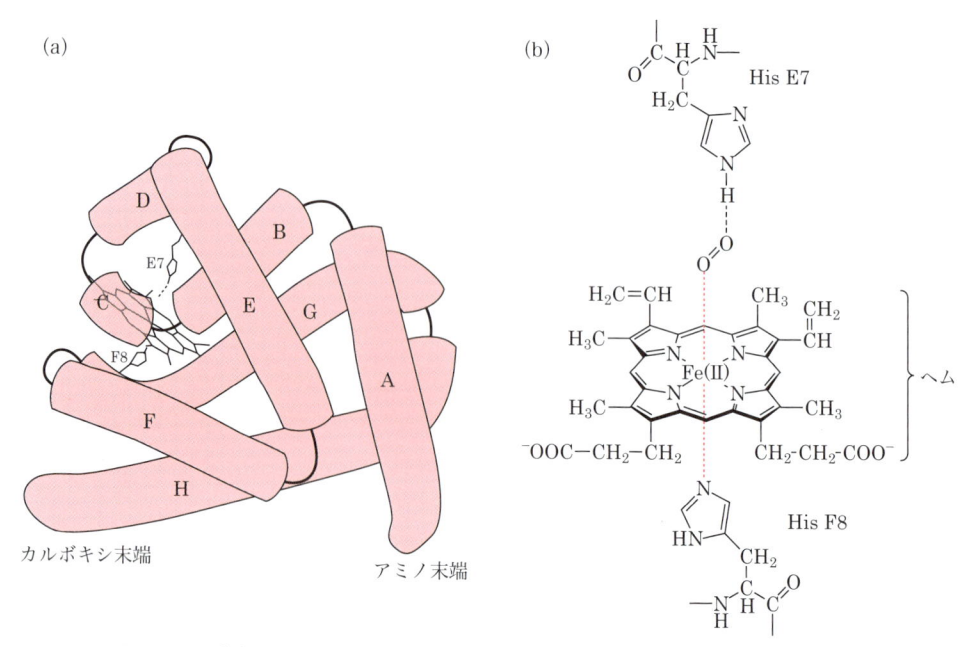

図 7-24 (a) ミオグロビンのヘリックス構造（A～H）とヘムの結合位置，(b) ヘムの鉄と酸素およびそれらに結合した His の関係

ヘムは，ヘリックス E と F にはさまれた疎水性のポケットに固定されている．鉄の四本の手はヘム分子と結合し，五番目の手はヒスチジン F8 の側鎖イミダゾール N 原子と結ばれており，六番目の手は $O_2$ の配位子となる．ヒスチジン E7 のイミダゾール N は，この $O_2$ 分子と水素結合をしている（図 7-24）．

筋肉は盛んに収縮を繰り返すと酸素を大量に消費するが，筋肉内の酸素分圧が下がるとミオグロビンは酸素を放出し，これが筋肉のミトコンドリアで ATP を合成するのに使われる．このように，ミオグロビンは筋肉細胞中にあって，酸素の貯蔵や筋肉内での酸素の拡散に役立っている．

### 7.6.2 ヘモグロビン

ヘモグロビン（Hb）の酸素をだし入れする性質は，その三次，四次構造に由来する．ヘモグロビンは二つの異なるポリペプチド鎖からなる四量体（テトラマー；$\alpha_2\beta_2$）である（図 7-25）．ミオグロビンとヘモグロビンのサブユニットは，アミノ酸の数や種類は異なるもののよく似た三次構造をしている．ヘモグロビンは一つのサブユニットにつき $O_2$ を 1 分子ずつ結合することができるが，一つ目の $O_2$ 分子が結合することにより，ほかのサブユニットのヘモグロビンに $O_2$ 分子がより結合しやすくなるという現象がみられる．この効果（アロステリック効果）のおかげで，ヘモグロビンはより効率的に酸素をだし入れすることが可能になっている．4 個の酸素を得たヘモグロビンは，

**ミトコンドリア**
真核細胞にある細胞小器官で，エネルギーをつくりだす役割をしている．

**ＡＴＰ**
ミトコンドリアで産生されるエネルギーの保存や消費に関する物質．図 8-3 (p.145) 参照．

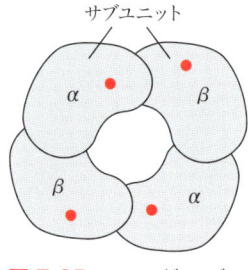

図 7-25 ヘモグロビンの四次構造
● は鉄原子の位置を示す．

酸素分圧の低い末梢組織にいって酸素をすべて放出し，代わりに $CO_2$ と結合して肺にもどり，これを放出するというサイクルを繰り返す．このように各サブユニット間の構造が一つの四次構造にまとめられて，呼吸の機能を果たすのである．

**アロステリック効果**
タンパク質（この場合はヘモグロビンのサブユニット）の一部分にほかの分子（酸素）が結合することにより，離れた部位の構造や活性が変化する現象をアロステリック効果という．アロステリック効果は，生体内のさまざまな場面で重要な役割を果たしている．

## 章末問題

1. グルタミン酸とリシンについてそれぞれの全電荷を表す式を書き，それらをもとに等電点 p$I$ を求めよ．

2. あるペプチドのアミノ酸組成は Ala,1; Leu,2; Arg,2; Gly,1; His,1; Ile,2; Trp,1 であった．このペプチドが直鎖状，環状のときの分子量はそれぞれいくらか計算せよ．

3. ペプチドをダンシル化したらダンシル-Ala が検出された．また，トリプシンで処理したところ，Tyr-Glu-Gln-Phe-Ile-Leu, Ala-Leu-Arg, Glu-Ser-Thr-Met-Arg, Gly-His-Ile-Trp-Lys が検出され，$V_8$ プロテアーゼでは Gln-Phe-Ile-Leu, Ala-Leu-Arg-Gly-His-Ile-Trp-Lys-Glu, Ser-Thr-Met-Arg-Tyr-Glu が検出された．このペプチドの全配列を求めよ．

4. Asn と Phe ではどちらがタンパク質の表面に見いだされやすいか．理由も述べよ．

5. 分子量 15,000，p$I$ が 8.1 のタンパク質と分子量 8,500，p$I$ が 6.5 のタンパク質では，ゲルろ過および陽イオン交換クロマトグラフィーではそれぞれどちらが先に溶出されるか．

## ■■■ 本章のまとめ ■■■

1. タンパク質の構成アミノ酸は L 型で 20 種類ある．
2. 側鎖によってアミノ酸の性質は異なる．
3. そのアミノ酸の配列（一次構造）によってペプチドやタンパク質の性質も決まってくる．
4. タンパク質にはそのほか二次，三次（四次）構造が存在する．
    a）二次構造は主鎖の水素結合によるもので，αヘリックス，βシート，βターンがある．
    b）三次構造は側鎖間の疎水結合，水素結合，イオン結合，ジスルフィド結合で安定化されている．
    c）四次構造は複数のタンパク質が集まって働くときの，それぞれのサブユニットの集合体の構造である．

# 8章 核酸の構造と役割

　基本的に核酸はアデニル酸，グアニル酸，シチジル酸，ウリジル酸（あるいはチミジル酸）の4種類からなる．それぞれに特異的な核酸塩基部分，リボース部分，およびリボースとエステル結合で結ばれているリン酸部分からなる．

　核酸は生体においてさまざまな役割を担っている．第一には遺伝情報の伝達である．生体は核酸に暗号化して蓄えた情報により，その増殖や生命維持活動を行う．また，ある種の核酸はタンパク質と結合して構造体となるし，触媒作用を行うものもある．さらに低分子の核酸は情報伝達やエネルギー産生など，代謝反応にも関与している．

**触媒機能をもつ核酸**
ある種のRNAにはRNAを切断する活性のあることが知られている．このようなRNAをリボザイムという．

## 8.1 核酸の構造

　核酸は糖，リン酸，核酸塩基からなる（図8-1）．糖はD-リボースで1′位のβ位にアグリコンとして核酸塩基がつく．リボ核酸（ribonucleic acid；RNA）のD-リボースの2′位のヒドロキシ基がなければデオキシリボ核酸（deoxyribonucleic acid；DNA）となる．リン酸がエステル結合するのはおもに5′位（と3′位）である．塩基と糖の結合したものをヌクレオシドといい，さらにリン酸がエステル結合したものをヌクレオチドという．ヌクレオチドが重合したものをポリヌクレオチドといい，これを核酸ということもある．それぞれの残基はリン酸エステルで結ばれており，遊離の5′-ヒドロキシ基または5′-リン酸の末端を5′末端といい，反対側の末端を3′末端とよぶ．

　核酸塩基のうち，プリンの誘導体であるプリン塩基にはアデニンとグアニンがあり，9位でD-リボースと結合している．一方，ピリミジンの誘導体であるピリミジン塩基にはシトシン，ウラシル（RNAに含まれる），チミン（DNAに含まれる）があり，1位で結合している（図8-2）．

　これらがヌクレオシドになるとアデノシン（A），グアノシン（G），シチジン

**アグリコン**
p.97参照．先にアルコールがつく場合を説明したが，核酸塩基の >N–H のHがはずれてD-リボースと結合する場合もアグリコンである．

**核酸の表記**
核酸の命名では，塩基の位置を表すのに1, 2, 3…を用い，リボースには1′, 2′, 3′…を用いる．

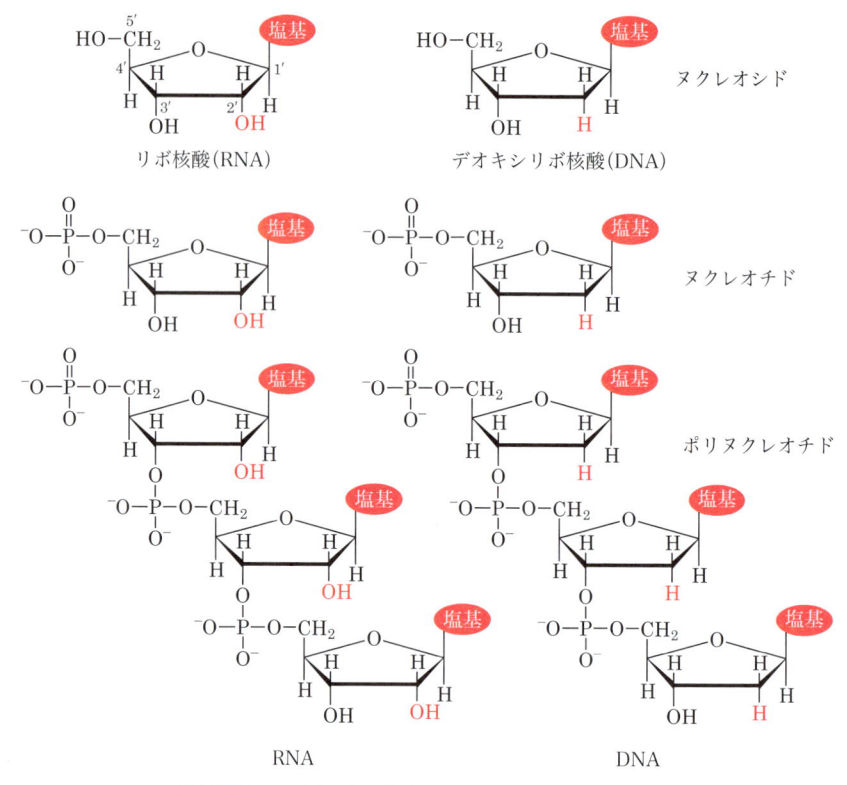

図 8-1　ヌクレオシドといろいろなヌクレオチド

(C)，ウリジン (U)，チミジン (T) となる．とくにデオキシリボヌクレオシドに限定するときは前にデオキシをつけ，デオキシアデノシン(dA)，デオキシグアノシン(dG)，デオキシシチジン(dC)，デオキシチミジン(dT) となる．

　リン酸が一つついた誘導体には，ヌクレオシド名に"一リン酸"をつける．二リン酸，あるいはエネルギーの貯蔵や DNA 鎖，RNA 鎖の生合成前駆体

図 8-2　核酸の塩基

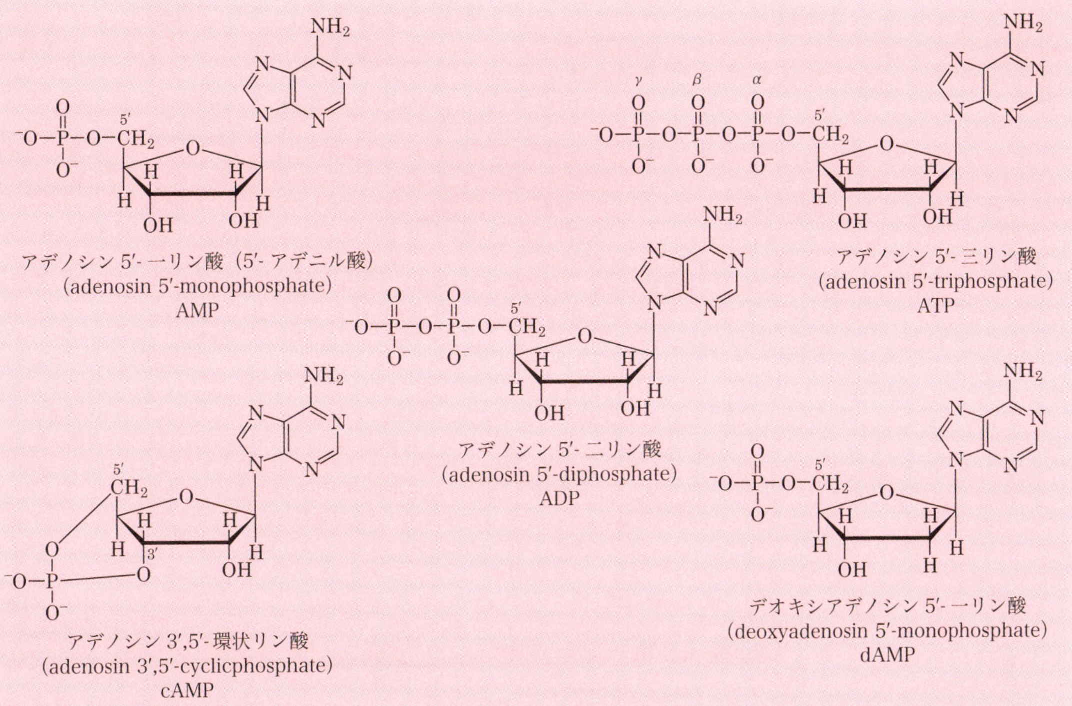

8.1 核酸の構造

**図 8-3** ヌクレオシドのいろいろなリン酸エステル誘導体（アデノシンを例にして）

として重要な三リン酸も同様である．さらには，ホルモン作用の情報伝達に重要な働きをする 3′,5′- 環状エステル（cAMP）もある（図 8-3）．

図 8-3 に示したように，アデノシン 5′- 三リン酸（ATP）には三つのリン酸基がある．これらを根元から α, β, γ リン酸とよぶ．これらのうち，α のリンと D- リボースの間はエステル結合であるが，α と β，β と γ の間はリン酸無水物の結合で加水分解されると大きなエネルギーが放出される．このため ATP の加水分解のエネルギーは，筋肉収縮のような運動や生体成分の生合成などに用いられる．

そのほかのヌクレオシド 5′- 三リン酸，デオキシリボヌクレオシド 5′- 三リン酸は，RNA ポリメラーゼや DNA ポリメラーゼの働きのもとに RNA 鎖や DNA 鎖合成の前駆体となる．ヌクレオチド鎖の 3′ ヒドロキシ基が，別のヌクレオシド三リン酸の α リン原子を求核攻撃することにより，ピロリン酸基が脱離し，新しいリン酸エステル（ホスホジエステル）結合ができる．図 8-4 では DNA 鎖の合成を示したが，RNA 鎖でも同じである．このように核酸ポリマーでは 5′→3′ 方向に鎖が伸張する．核酸の配列を表記する場合も 5′→3′ 方向に，ACGTGGCATTCC などと記す．

RNA ポリメラーゼ，DNA ポリメラーゼ
ヌクレオシド 5′- 三リン酸やデオキシリボヌクレオシド 5′- 三リン酸を原料に，これらを結合させて RNA 鎖や DNA 鎖を合成する酵素．

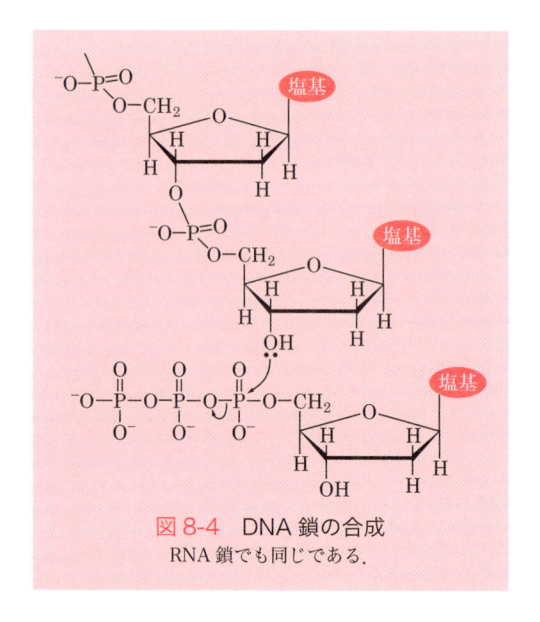

**図 8-4　DNA 鎖の合成**
RNA 鎖でも同じである．

## 8.2　核酸の立体構造

### 8.2.1　DNA の二重らせん構造

　J. D. Watson と F. H. C. Crick は DNA の二重らせん構造を提唱した（図8-5）．2 本のポリヌクレオチド鎖が極性の高い D-リボースとリン酸部分を外側にし，疎水性の塩基部分を中心部にしてらせん構造をとる．このとき 2 本のポリヌクレオチド鎖は互いに逆向きで，それらの鎖上にあるデオキシアデノシンとデオキシチミジン（dA–dT，もしくは A–T）とデオキシグアノシ

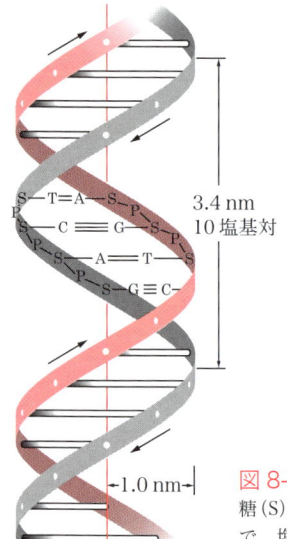

**James Dewey Watson**
（1928～　），アメリカの分子生物学者．DNA の構造解明で，1962 年ノーベル生理医学賞受賞．

**Francis Harry Compton Crick**
（1916～2004 年），イギリスの分子生物学者．DNA 二重らせん構造（ワトソン・クリックモデル）を解明．1962 年ノーベル生理医学賞受賞．

**図 8-5　DNA 二重らせんの模式図**
糖（S）とリン酸（P）の 2 本の鎖は –S–P–S–P–S– で，塩基対は –G≡C–，–A=T– で表す．塩基対が分子の芯をなす．矢印は結合の方向を表す．

8.2 核酸の立体構造

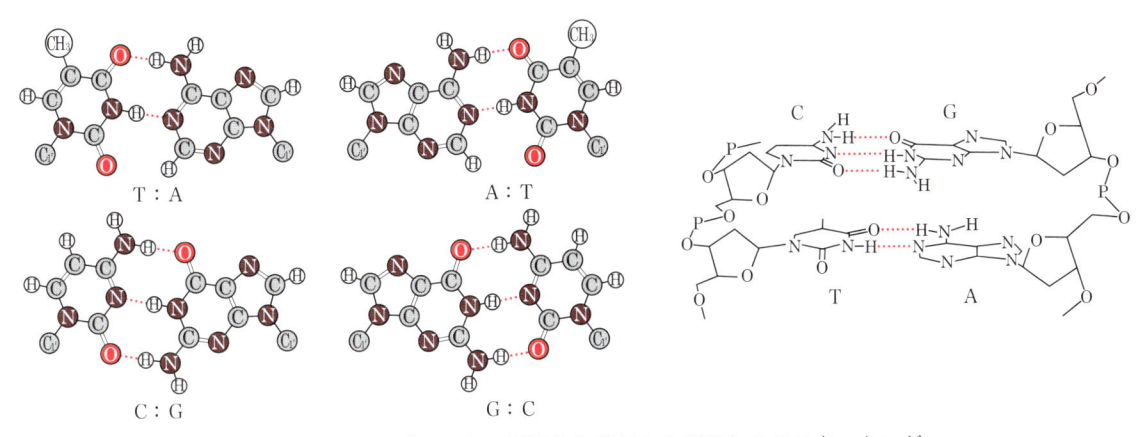

図 8-6 DNA 二重らせんの相補的塩基対およびそれらのスタッキング
……：水素結合．

ンとデオキシシチジン（dG–dC，もしくは G–C）はいつも水素結合で結ばれて対になっており（これを相補的塩基対という），それらの平面はらせん構造に対してほぼ水平である．これらの塩基対が二重らせんのなかでは階層的に連なり，DNA 鎖を安定化させている．これをスタッキングという．らせんの一巻きは 3.4 nm であり，10 塩基対を含んでいる（図 8-6）．

また図 8-6 でもわかるように，dA–dT の水素結合は 2 本，dG–dC では 3 本である．このモデルによって，核酸の遺伝子としての構造と機能が矛盾なく説明できるようになった．

二本鎖 DNA は温度を上げていくと二本鎖の水素結合が切れ，急に 260 nm 付近の紫外線吸収が上昇する．これは，常温では塩基どうしの重層による電子的な相互作用で紫外線吸収が抑えられているが，ある温度で二本鎖が

**相補的塩基対形成**
A–T, G–C の相補的塩基対の形成は，核酸の機能発現の最も基礎となる反応である．相補的塩基対の形成によってはじめて DNA の複製，mRNA の合成，PCR による DNA 増幅（p. 152 のコラム参照），DNA の塩基配列決定（p. 153 のコラム参照）などが可能となる．

図 8-7 DNA の融解曲線
GC 含量は (a) 30 %，(b) 45 %，(c) 60 %．溶液中でこれらの DNA を加熱し，260 nm での吸収曲線を描いた．3 種の DNA の $T_m$ は (a) 60 ℃，(b) 65 ℃，(c) 70 ℃．

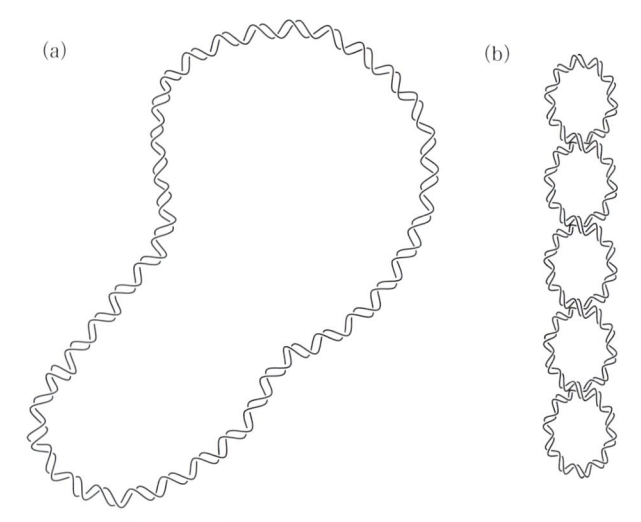

図 8-8　環状 DNA のスーパーコイル構造
環状 DNA(a)とスーパーコイル(b).

解けると個々の塩基が示す紫外線吸収に近づくためである．この二本鎖が解ける温度を核酸の融解温度 ($T_m$) とよぶ (図 8-7)．$T_m$ 値はその核酸の GC 含量が高いほど高くなる(G–C 塩基対には 3 本の水素結合が存在するからである)．この値はいろいろな DNA 操作に重要である．

　バクテリアの DNA のように，二本鎖 DNA には環状になったものもある〔図 8-8(a)〕．これらの DNA はそのひずみを解消するために自然にスーパーコイルを巻いている〔図 8-8(b)〕．このスーパーコイルの DNA は，ひずみのない環状 DNA よりもコンパクトで体積が小さい〔図 8-8 の(a)と(b)を比べよ〕．この現象は，ロープの両端をねじって環状にすることで再現できる．

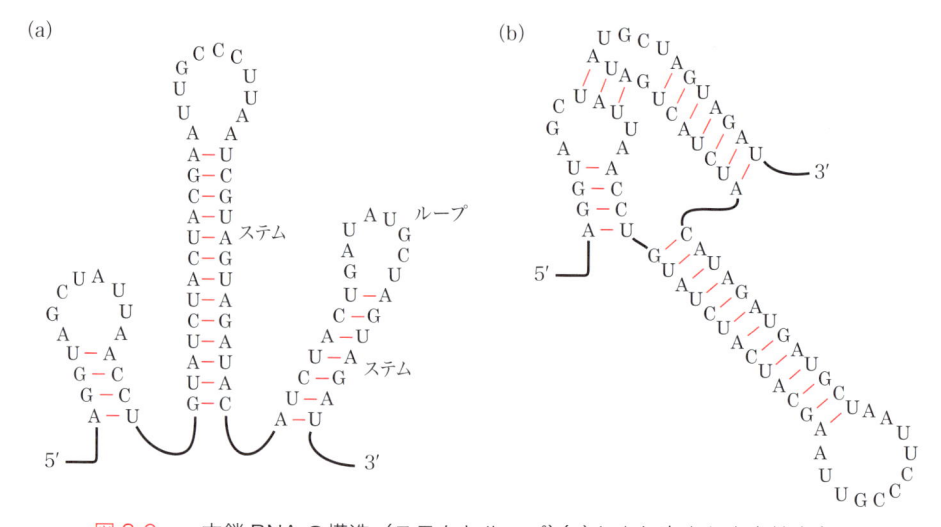

図 8-9　一本鎖 RNA の構造（ステムとループ）(a)とより高次な水素結合(b)

### 8.2.2 一本鎖 RNA 分子の構造

ほとんどの DNA が二重らせん構造をとっているのに対し，一本鎖 RNA では，部分的に形成される塩基対形成によるステム構造とループ構造をとる．この構造では，遠くに離れたループ部分でも塩基対を形成することができ，それらが重なってより高次な立体構造を形成する(図 8-9)．

## 8.3 核タンパク質

細胞内には核酸とタンパク質の複合体が存在する．クロマチンは DNA - タンパク質複合体で，真核生物の染色体の主成分である．リボソームは RNA - タンパク質複合体で，タンパク質の生合成の行われる場所である．これらの核酸とタンパク質は共有結合で結ばれているわけではなく，高度な構造複合体である．

### 8.3.1 クロマチン

ヒトの染色体に存在する DNA を伸ばして延長すると，約 2 m に達するといわれている．一方，細胞核の直径は 10 μm 以下である．このような長大な DNA を細胞の核のなかに折り込み，DNA の複製や RNA への転写の制御もすべて核のなかで行わなければならない．このためそれぞれの染色体では，クロマチンとよばれる一つの線形 DNA とタンパク質の複合体を形づくっている．

クロマチンには DNA が約 1/3，タンパク質が約 2/3 含まれ，タンパク質の半分はヒストンとよばれるアルギニンやリシンに富む塩基性タンパク質である．ヒストンはその塩基性により，DNA のリン酸基と静電的に引き合い，DNA と強く結合する．ヒストンには H1, H2A, H2B, H3, H4 がある．H1 ヒストンは分子量 21,000，そのほかのヒストンは 11,000 〜 14,000 である．

ヒストン H2A, H2B, H3, H4 がそれぞれ二量体をつくり，さらにそれら

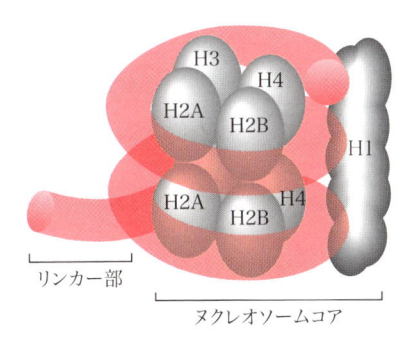

図 8-10　ヌクレオソーム

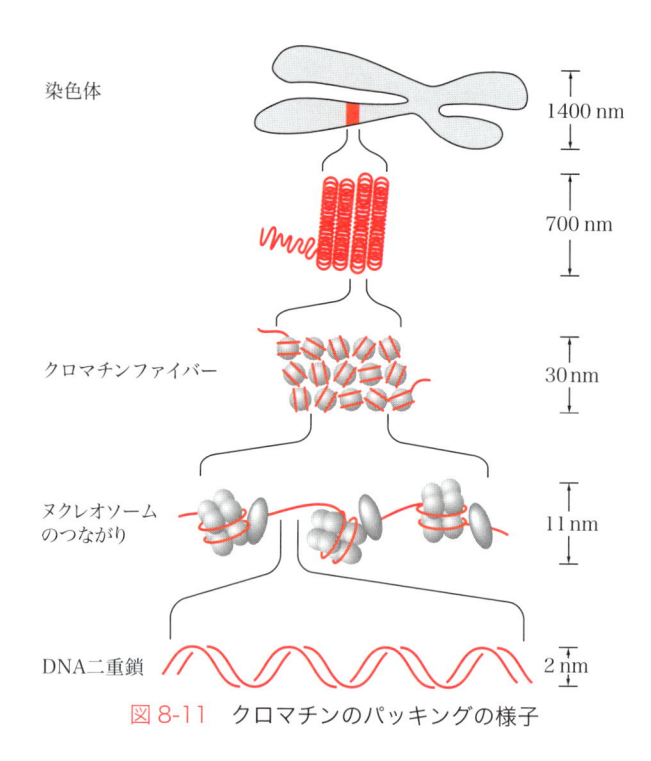

図8-11 クロマチンのパッキングの様子

が寄り集まって八量体となる．そこに約140塩基対のスーパーコイルDNAが2周巻きついている（図8-10；ヌクレオソームコア）．そして60塩基対のリンカー部を経て次のヌクレオソームコアへ連結する．このヌクレオソームコアとリンカー部分をあわせてヌクレオソームという．ヒストンH1はヒストン八量体とDNAスーパーコイルの複合体の安定性を高め，しかも，ヌクレオソームどうしを近づける役割をしている（図8-10）．

ヌクレオソームはさらにらせん化した30 nmファイバーになり，これが折りたたまって700 nmファイバーとなる．クロマチンはさらに高度な折り畳みをもって染色体に凝集されている（図8-11）．

### 8.3.2　リボソーム

RNA-タンパク質複合体であるリボソームは，赤血球を除く細胞のなかに必ず存在し，リボソームのRNAは全RNA量の80％を占める．原核生物では50Sと30Sのサブユニットからなる70Sリボソーム，真核生物では60Sと40Sのサブユニットからなる80Sリボソームとして存在する（図8-12）．

大腸菌リボソームタンパク質の構造はすべて明らかになっている．陰イオン性のRNAと結合しやすくするために，タンパク質には塩基性アミノ酸のリシンやアルギニンが多く含まれている．

**沈降係数(S)**
Sは沈降係数とよばれ，超遠心分離で高分子が沈降する速度である．沈降係数はその高分子の質量に関係する．Sの大きさは必ずしも分子量に依存しない．

図8-12　リボソームの構造

## 8.4 核酸の複製とタンパク質の合成

核酸の第一の役割が遺伝情報の伝達であるなら，それはどのようにして起こるのであろうか．細胞のDNAの情報がどのように分裂した細胞に受け継がれていくのか，またタンパク質の合成の場合，そのDNA情報がタンパク質の配列をどのように表すのかを，大腸菌（原核生物）の場合を例にとって簡単に説明する（真核生物の場合はより複雑である）．

> **原核生物**
> 真核生物は核膜に包まれた核をもつのに対して，細菌などのように核をもたない生物を原核生物という．真核生物よりも小さく，ミトコンドリアなどの細胞内小器官ももたない．

### 8.4.1 DNAの複製

DNAの複製は細胞分裂に伴って必ず起こり，もとの細胞の情報は分裂した細胞に伝えられる．DNAの二重鎖はともに相補的な新しいDNA鎖を合成するための鋳型として働く．ヒトゲノムは30億塩基対からなっているが，これがすべて複製される．先に記したように，もとの鎖がAなら複製された鎖はTが，もとの鎖がCなら複製された鎖はGという具合に合成が進む．この概念図を図8-13に示す．

このときの原料は各デオキシリボヌクレオシド三リン酸である．デオキシリボヌクレオチドどうしが結合してリン酸エステルが形成されると同時にピ

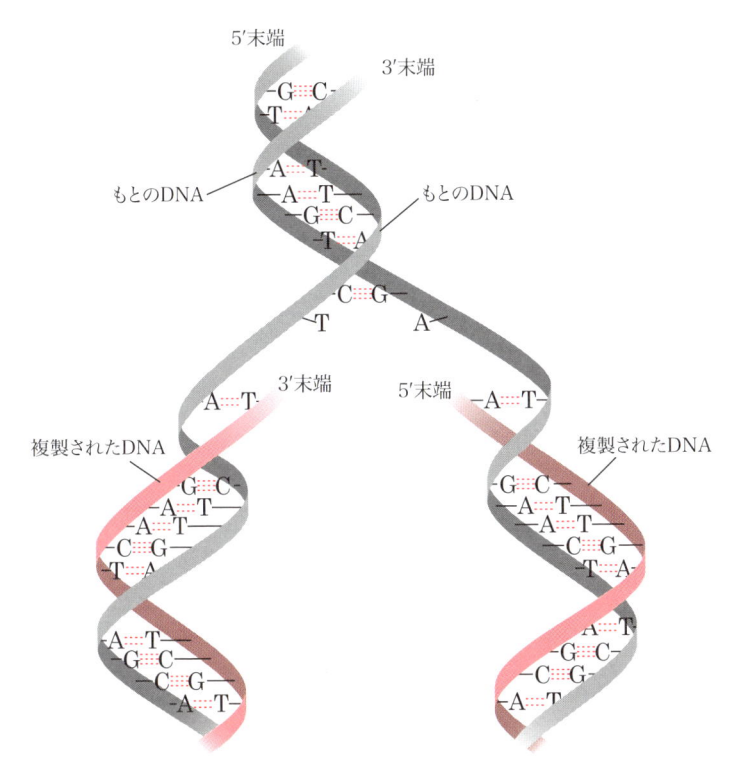

図8-13 DNA複製の概念図

**RNAのプライマー**
DNA合成を開始するにあたって3'-OHを供給する，親DNAに結合した小さなRNA分子（人工的には化学合成されたDNAプライマーがよく用いられる）．リーディング鎖とは複製部分のDNA鎖が5'→3'方向に連続的に伸びるほうの鎖をいい，ラギング鎖とはその反対側の鎖で不連続に複製される．

**DNAリガーゼ**
二本鎖のDNA鎖どうしを連結する酵素．

ロリン酸が放出される（p.146, 図8-4）．この反応を触媒する酵素がDNAポリメラーゼである．実際の複製では，核酸の合成を開始するには小さなRNAのプライマーが必要で，プライマーゼとよばれる酵素がこれを合成すると，これをもとにDNAポリメラーゼによる合成が始まる．核酸は5'→3'の方向にのみ合成が進むので，図8-14の下側（リーディング鎖）では相補鎖を連続的に合成できる．一方のラギング鎖のほうは連続して合成が進まず，ところどころにプライマーができ，これをもとに約1,000残基ずつ合成される．RNAのプライマーは酵素によって分解され，DNA鎖に置き換わる．最後に，これらのDNA断片をDNAリガーゼが連結する（図8-14）．

基本は以上のようであるが，そのほかに最初にDNAの二重鎖を解いたり，

## COLUMN

### PCR（Polymerase Chain Reaction；ポリメラーゼ連鎖反応）

PCRを用いると，数時間のうちに望んだDNAの配列を数百万倍に増やすことができます．まず，望みのDNAの両端の配列をもったDNAプライマー（20塩基ほど）を化学合成します．このプライマーと好熱性細菌から得られた耐熱性のDNAポリメラーゼ，四種類のデオキシリボ核酸5'-三リン酸（dATP, dGTP, dCTP, dTTP）と基質となるDNAを反応にかけます．この反応は次のようなサイクルで行われます．

1. 95℃に加熱して30秒間置く（二本鎖をバラバラにする）．
2. 40～60℃で1分間置く（プライマーと基質のDNAを沿わせる）．
3. 72℃で10分置く（DNAポリメラーゼでDNA鎖を延長させる）．

この反応を自動的に温度制御できる機械で20～40回繰り返すと，望みのDNAが$2^n$（$n$は反応の回数）倍に増えるというわけです．

この反応では，望みの配列よりも長いDNAも多少合成されますが，最終的には望みのDNAが圧倒的な量になります．次のコラムで述べるDNAの配列決定にも，この方法が用いられています．この方法のおかげで，遺伝子に関する科学は長足の進歩を遂げました．

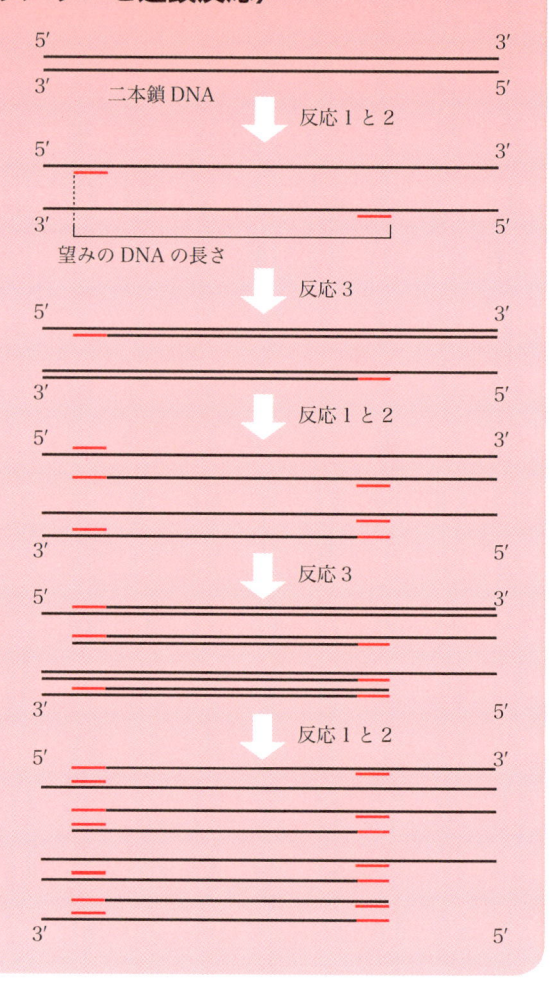

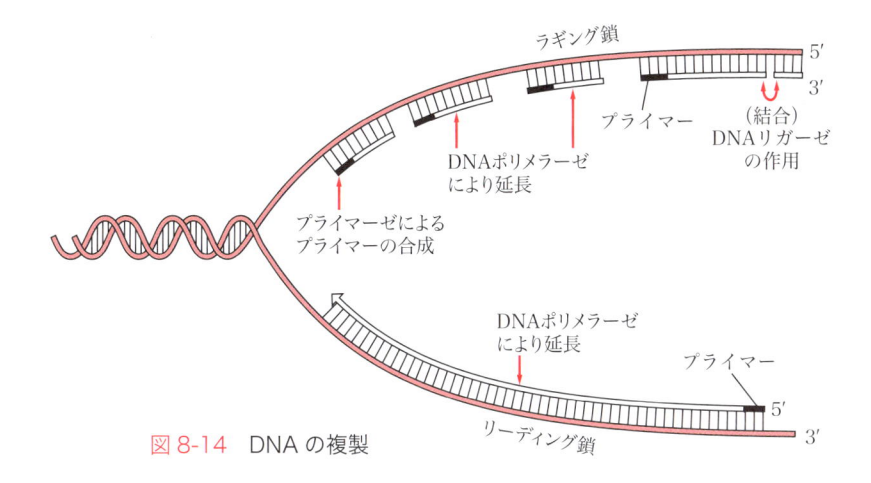

図8-14 DNAの複製

# COLUMN
## DNAの配列決定法（サンガー法）

　5′-AGATTCCGGGTTC-3′の配列を知りたいとします．必要な試薬はdATP, dGTP, dCTP, dTTPとそれらに対して少量の，それぞれ違った色の蛍光物質で標識した2′,3′-ジデオキシリボ核酸5′-三リン酸およびDNAポリメラーゼです．

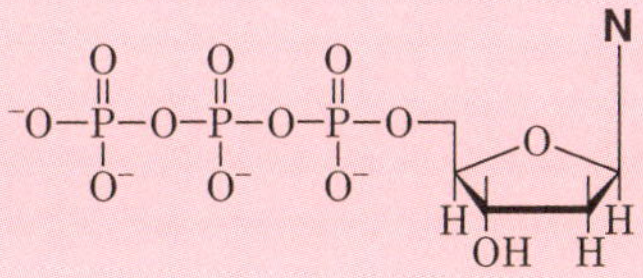

2′-デオキシ核酸5′-三リン酸

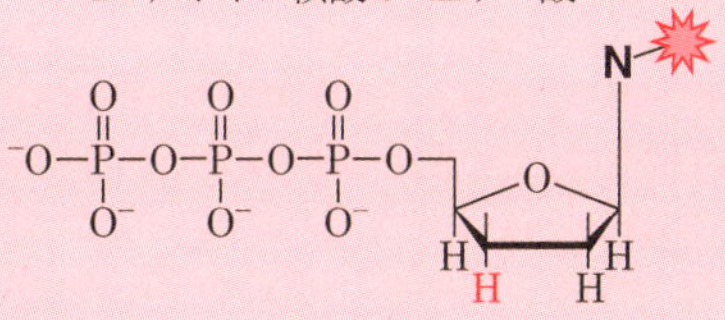

塩基を標識された2′,3′-ジデオキシリボ核酸5′-三リン酸

　さて，知りたい配列の相補鎖3′-TCTAAGGCCCAAG-5′（もちろんこの配列も不明）を用意し，これを鋳型に先のジデオキシリボ核酸三リン酸を少量含んだデオキシリボ核酸三リン酸とDNAポリメラーゼで反応させ，目的とする配列を合成させます．そうすると，一部含まれる2′,3′-ジデオキシ体のため，そこで配列合成が止まってしまう鎖ができます．しかも，止まってしまった塩基はそれぞれ違った色で蛍光標識が施されていますから，

その長さのDNAが光ることになります．2′,3′-ジデオキシリボ核酸5′-三リン酸が反応してDNAに取り込まれる部分をa, g, c, tで表すと下図のようになります．この反応物を電気泳動して蛍光色素の色を判別すれば配列がわかるというわけです．実際にはこれらの反応はPCRを用いて迅速に行われます．

a
AGATTCCGGGTTC（止まらずにのびた鎖）
Ag
AGATTCCGGGTTC
AGa
AGATTCCGGGTTC　　以下同様に

AGAt
AGATt
AGATTc
AGATTCc
AGATTCCg
AGATTCCGg
AGATTCCGGg
AGATTCCGGGt
AGATTCCGGGTt
AGATTCCGGGTTc

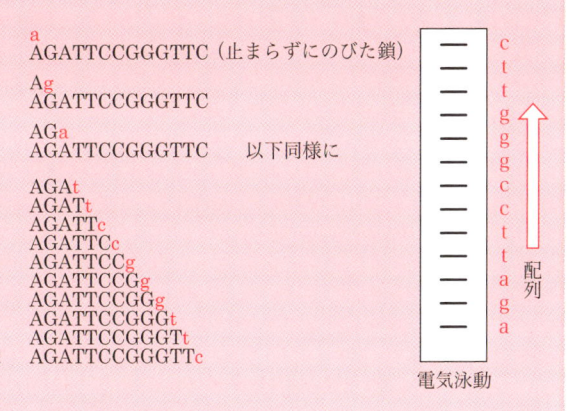

電気泳動

cttggccttaga　配列

　基本的にこの原理を用いて2004年，ヒトの全遺伝子配列が決定されました．それによると，これら遺伝子のうち，タンパク質をコードするものは約2万〜2万5000種類しかないとされています．遺伝子配列からタンパク質の配列を知ることもできますが，タンパク質には糖などによる翻訳後修飾などもあり，これからの研究が期待されます．

Frederick Sanger
(1918～ )，イギリスの生化学者．タンパク質のアミノ酸配列の決定法で，1958年ノーベル化学賞受賞．また，1980年ジデオキシヌクレオチドを用いたDNAの塩基配列決定法で2度目のノーベル化学賞を受賞．

複製の終点における作用などもあり，多くのエネルギーが供給され，酵素やATPが使われている．

### 8.4.2　RNAの生合成：転写

　遺伝子情報のアミノ酸配列への解読は二段階で行われる．まずDNAからメッセンジャーRNA（mRNA）に情報が写される．これを転写という．ついでmRNAがアミノ酸と結合したトランスファーRNA（tRNA）にコドンに従って読み取られ，リボソーム上でタンパク質が合成される．この過程を翻訳という．

　DNAの二重らせんのうち，転写の鋳型に使われるのは3′→5′方向の並びであり，したがって生成するmRNAは5′→3′方向である．mRNAの合成は，DNA上のプロモーターとよばれるRNAポリメラーゼ（mRNAを合成する酵素）の結合位置から始まる．RNAポリメラーゼは，DNAの二重らせん構造を開きながら転写を進める．使われる原料はリボヌクレオシド三リン酸であり，鋳型に対して相補鎖が合成され，ピロリン酸が放出される．この場合，鋳型DNAのGに対してはmRNAはCであるが，DNAのAに対してはmRNAはUである（DNA上のTに対してはmRNAはAとなる（図8-15）．

表8-1　遺伝コード

| 第一塩基 | 第二塩基 U | C | A | G |
|---|---|---|---|---|
| U | UUU, UUC ⟩Phe<br>UUA, UUG ⟩Leu | UCU, UCC, UCA, UCG ⟩Ser | UAU, UAC ⟩Tyr<br>UAA 停止<br>UAG 停止 | UGU, UGC ⟩Cys<br>UGA 停止<br>UGG Trp |
| C | CUU, CUC, CUA, CUG ⟩Leu | CCU, CCC, CCA, CCG ⟩Pro | CAU, CAC ⟩His<br>CAA, CAG ⟩Gln | CGU, CGC, CGA, CGG ⟩Arg |
| A | AUU, AUC, AUA ⟩Ile<br>AUG Met（開始） | ACU, ACC, ACA, ACG ⟩Thr | AAU, AAC ⟩Asn<br>AAA, AAG ⟩Lys | AGU, AGC ⟩Ser<br>AGA, AGG ⟩Arg |
| G | GUU, GUC, GUA, GUG ⟩Val | GCU, GCC, GCA, GCG ⟩Ala | GAU, GAC ⟩Asp<br>GAA, GAG ⟩Glu | GGU, GGC, GGA, GGG ⟩Gly |

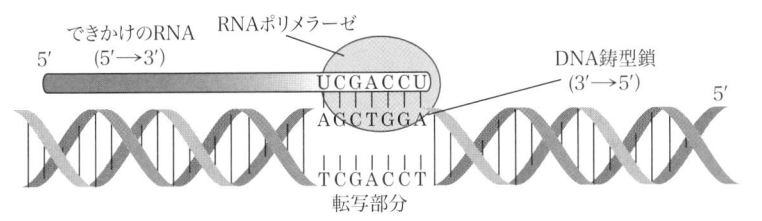

8.4 核酸の複製とタンパク質の合成

図 8-15 mRNA の合成（転写）

## COLUMN
### 抗ウイルス薬の仕組み

アシクロビルは抗ウイルス薬として開発され，単純疱疹や帯状疱疹，水疱瘡の治療に用いられています．ウイルスは細菌とは違い，ほかの生物の細胞内で，その生物の生物機能を借りて増殖します．この薬は，ウイルス感染細胞内で活性化されて三リン酸となり，それがグアノシンと間違えられてウイルスのDNA鎖に取り込まれます．しかし，アシクロビルを取り込んだ鎖には 3′-ヒドロキシ基がないため，ウイルスDNAはそれ以上伸張できません．このような仕組みでウイルスのDNAの複製が阻害されるのです．

ジドブジン（または AZT）は，エイズ（AIDS）の薬として最も早く開発されました．これもまず感染細胞で三リン酸の活性体になり，エイズウイルスが自分のRNA遺伝子をDNAに複製するときに取り込まれ，それ以上DNA鎖を伸びなくすることによって効果を発揮します．AZTも 3′-OH の代わりにアジド基をもつため，これより先にDNAを伸張することができません．AZTのほか，2′,3′-ジデオキシシチジン（DDC）や 2′,3′-ジデオキシイノシン（DDI）などの薬剤も開発されていますが，HIVはこれらに対しても耐性をもつようになり，新たな問題になっています．

### 8.4.3 タンパク質の生合成：mRNA の翻訳

先に転写された mRNA には，各アミノ酸に対する情報が 3 塩基ずつ並んだ 3 文字ずつのコドン（暗号）となって含まれている（表 8-1）。

たとえば GCA という塩基の並びは Ala，CAU は His に翻訳される．翻訳開始の信号となっているコドン AUG から停止コドンまでの一続きの配列が，一つのタンパク質ということになる．この mRNA がリボソームとゆるく結合し，タンパク質合成の"場"をつくる．

一方，タンパク質を構成するアミノ酸は，それぞれに特異的なトランスファー RNA（tRNA）と結合している．これをアミノアシル tRNA という．それぞれのアミノ酸に特異的な tRNA には，mRNA のコドンと相補的なアンチコドンと称する RNA 配列がある（図 8-16）。

アミノアシル tRNA は，まずアミノ酸のカルボキシ基が ATP と反応して AMP のリン酸無水物となり，このカルボキシ基活性体が tRNA の 3′ - A のヒドロキシ基と反応してできる（図 8-17）。

さて，mRNA 上の各アミノ酸を表す 3 文字のコドンは，tRNA の 3 文字のアンチコドンと相補関係になっている．そこで mRNA 上のコドンに一つずつアミノ酸のついた tRNA（アミノアシル tRNA）を対応させていけば，タンパク質のアミノ酸配列ができるわけである．

実際のタンパク質生合成過程を図 8-18 に示した．ここには合成しかけの

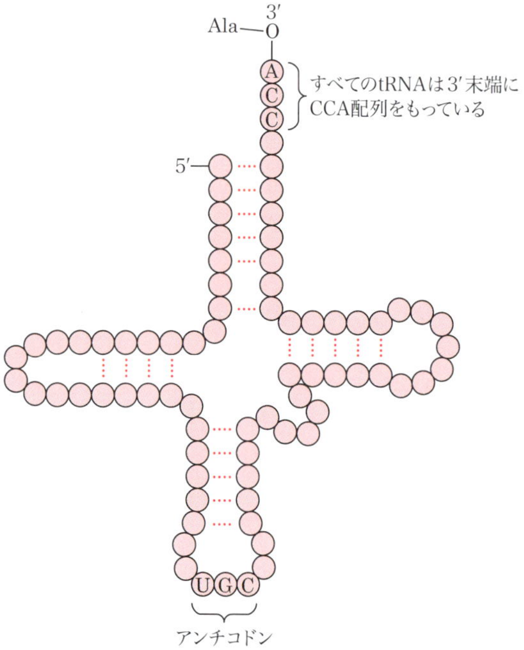

---

**開始コドン**
AUG はメチオニンのコドンであるが，開始コドンとしてホルミルメチオニンもコードしている．このコドンは原核生物でも真核生物でも同じである．

**停止コドン**
タンパク質の合成を止めるコドン．UAA, UAG, UGA の三つがある（表 8-1 参照）。

図 8-16　tRNA（Ala の tRNA の例）

8.4 核酸の複製とタンパク質の合成

図8-17 アミノアシルtRNAの合成

ポリペプチド鎖が示してあるが，この合成途上のポリペプチジルtRNAがリボソームのペプチド部位（P部位）にある．そのとき次のアミノアシルtRNAがくるアミノ酸部位（A部位）は空いている．このアミノ酸部位に，mRNA

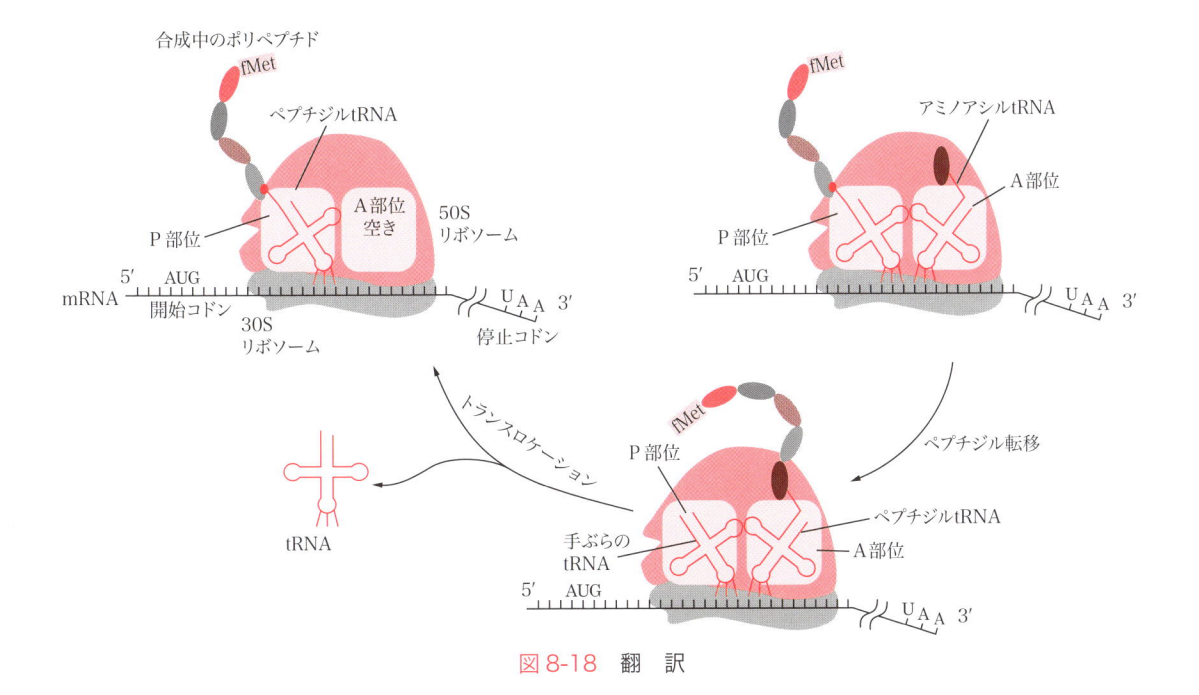

図8-18 翻訳

のコドンに対応するアンチコドンをもった次のアミノ酸のアミノアシル tRNA が入る．そうすると，ペプチドのカルボキシ基はアミノアシル tRNA のアミノ基に転移し，ペプチド結合ができる．ついで，ペプチドの取れた tRNA がリボソームからはずれ，リボソームがコドン一つ分だけ mRNA 上で移動する．この動作の繰り返しでそれぞれのアミノ酸がペプチド鎖に導入されたことになる（図8-18）．最後に停止コドンにくると翻訳が終わり，できたタンパク質や mRNA はリボソームから遊離する．

これらの反応には GTP がエネルギーとして用いられている．また翻訳開始，ペプチド鎖の延長，反応停止にもある種のファクターが使われている．

### 章末問題

1．DNA と RNA の構造上の違いを述べよ．

2．A の含量が20％の二重鎖 DNA がある．ほかの塩基 T, C, G の含量はいくらか．また，C の含量が38％の DNA 二本鎖では，ほかの塩基の含量はいくらか．この両者の融点の違いはどうか．理由も述べよ．

3．RNA がある．AUGCUUGUAUCAAAAGCGUUCGAAUAG はどんなペプチドに翻訳されるか．

4．次の用語は DNA，またはどの RNA に関係が深いかを述べよ．
　　コドン，リボソーム，クロマチン，アンチコドン

### ■■■ 本章のまとめ ■■■

1. 核酸には RNA と DNA があり，塩基〔A, G, C, U(T)〕とリボース，リン酸から成り立っている．
2. DNA の二重らせん構造では，A–T, G–C が対となって相補鎖を形づくっている．この構造から生物の遺伝現象を説明できる．
3. 核タンパク質にはクロマチンやリボソームなどがあげられる．
4. タンパク質の生合成は，DNA 鎖から mRNA 鎖ができる転写，mRNA の情報を tRNA を用いてアミノ酸配列に写す翻訳の二段階を経て行われる．

# 9章 代謝とエネルギー

　動物は食事をすることにより，エネルギーを得たり，食物を自己の体に必要な化合物に変化させる．これらの反応を代謝という．代謝は異化反応と同化反応に分けることができる．複雑な化合物を分解し，生体成分として必要な化合物を合成するための原料にしたり，エネルギーを得る反応を異化反応といい，逆にエネルギーを使って簡単な化合物から複雑な生体分子を得る反応を同化反応という．動物の体は，短い時間では異化反応と同化反応がほぼバランスよく成り立っており，これらは平衡状態にある．しかし，長い時間では，誕生→成長→老化→死の道筋を間違いなくたどっており，異化と同化のバランスもこの経路に沿っている．食物を消化して，これらの一連の反応を起こすのはすべて酵素の働きによる．本章ではまず酵素から述べる．

## 9.1 酵素

　酵素とは生体反応の触媒作用をするタンパク質である．これらの化学反応では，通常の化学反応では考えられない温和な条件(常温，常圧)で，しかも正しい立体配置のみの反応が進行する．酵素反応の反応物(原料)を基質，反応してできた化合物を生成物という．また，酵素タンパク質が基質と結合して，基質を生成物に変える部分を活性中心という．酵素タンパク質そのものだけでは働かず，タンパク質に組み込まれたほかの化合物(補因子という)が必要な場合もある．補因子には補酵素，補欠分子，金属などがある．補酵素にはビタミン由来の有機化合物，補欠分子にはミオグロビンやヘモグロビンに結合しているヘムなどがある．補因子も酵素の活性中心の近くに存在する(図9-1)．酵素から補因子を除いたタンパク質をアポ酵素，補因子が結合した状態をホロ酵素という．

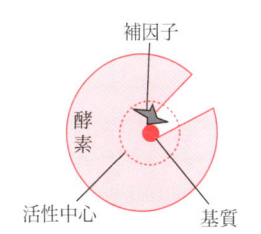

図 9-1　酵素の活性中心と基質，補酵素

## 9.2 補酵素の構造と機能

**ビタミン**
少量であるが生物に必須の栄養素で、欠乏すると病気になる有機化合物の総称. ほとんどの場合、生体内で合成することができず、食料から摂取される.

補酵素は摂取した水溶性ビタミンから体内で生合成される. 以下にその代表例をあげる.

### 9.2.1 ニコチンアミドアデニンジヌクレオチド(NAD)およびニコチンアミドアデニンジヌクレオチドリン酸(NADP)

ニコチンアミド型の補酵素にはニコチンアミドアデニンジヌクレオチド(NAD)とニコチンアミドアデニンジヌクレオチドリン酸(NADP)がある. それらは酸化型($NAD^+$ と $NADP^+$)あるいは還元型(NADHとNADPH)として存在する. これらはAMPとニコチンアミドの *N*-リボシル誘導体がリン酸無水物として結合している(図9-2).

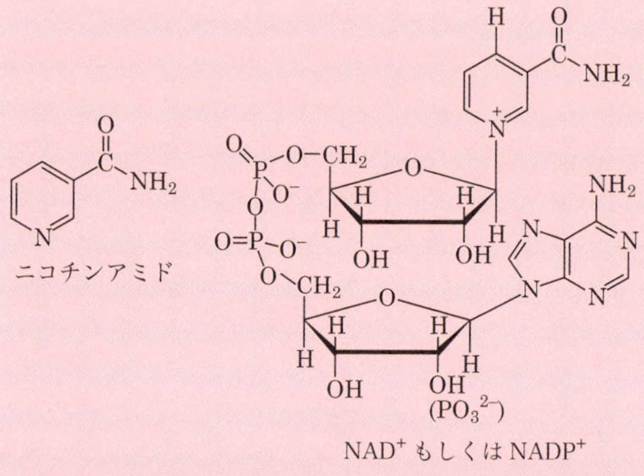

**図9-2 ニコチンアミドとNAD$^+$およびNADP$^+$**
NADP$^+$はアデノシンの2位ヒドロキシ基がリン酸エステル化されている.

酸化型の + は、ニコチンアミドのピリジン環窒素原子(1位)上の + を表す. 還元反応により4位にヒドリドイオン(:$H^-$ もしくは $H^+ + 2e^-$)がつき、NADHやNADPHとなる(図9-3).

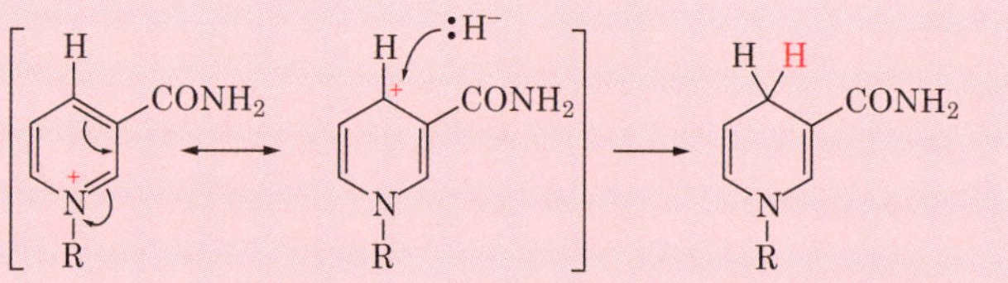

**図9-3 NADHとNADPHの生成(Rは反応に関与しない部分)**

9.2 補酵素の構造と機能

NAD$^+$ と NADP$^+$ はアルコール，アルデヒド，ヒドロキシカルボン酸，アミノ酸の酸化などに関与する．これらの反応は普通可逆的である．

アルコールデヒドロゲナーゼは，エタノールからアセトアルデヒドへの酸化を可逆的に触媒する．

$$CH_3\text{-}CH_2\text{-}OH + NAD^+ \rightleftarrows CH_3CHO + NADH + H^+$$

この反応では，NAD$^+$ が基質のエタノールからヒドリドイオンを受け取るとともに，プロトンが生じて2個の水素原子が基質から引き抜かれている．

### 9.2.2 フラビンモノヌクレオチド(FMN)およびフラビンアデニンジヌクレオチド(FAD)

リボフラビン(ビタミン B$_2$)はフラビンモノヌクレオチド(FMN)とフラビンアデニンジヌクレオチド(FAD)の構成成分として存在する(図9-4)．

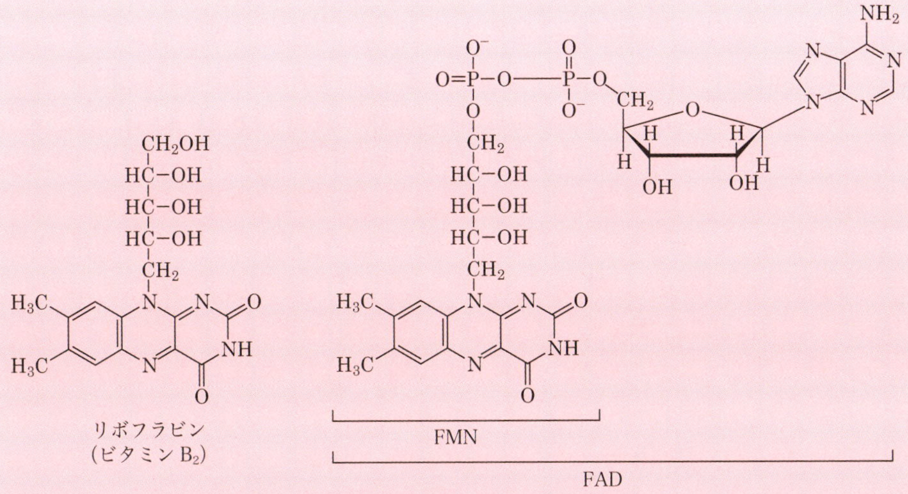

図9-4 リボフラビンと FMN および FAD

補酵素 FMN と FAD は酸化還元反応に関与し，還元反応では2個の水素原子が1,4付加をする(図9-5，還元型の生成)．

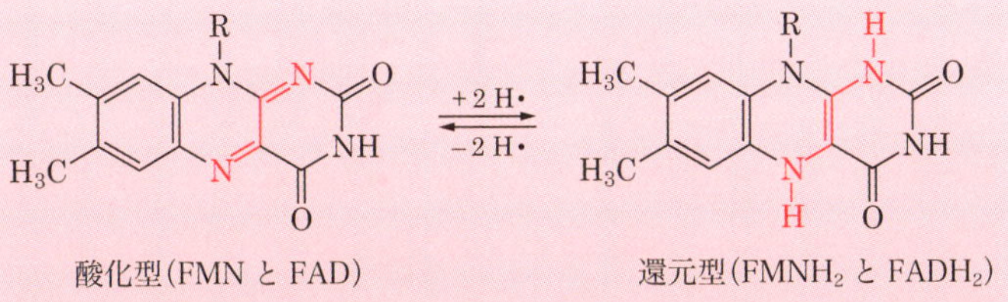

図9-5 酸化型と還元型のフラビン(Rは反応に関与しない部分)

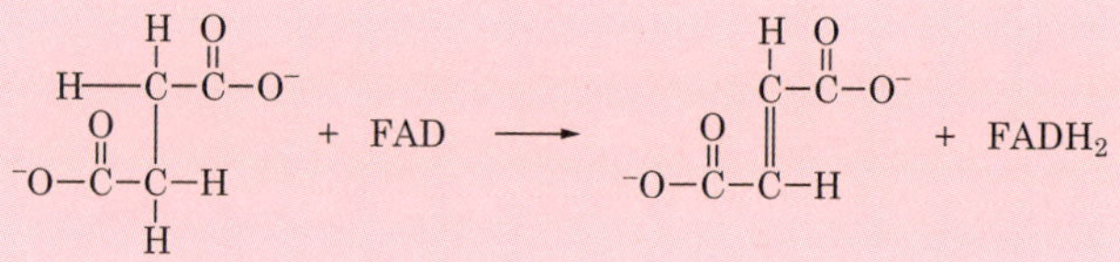

図9-6 コハク酸デヒドロゲナーゼの反応

これらはデヒドロゲナーゼ，オキシダーゼ，ヒドロキシラーゼなどの酵素に強く結合している．あとで述べるクエン酸回路におけるコハク酸デヒドロゲナーゼの反応などに関与している（図9-6）．

### 9.2.3 補酵素A（Coenzyme A；CoA）とアシルキャリアータンパク質（ACP）

CoAやACPは水溶性ビタミン，パントテン酸を含む（図9-7）．

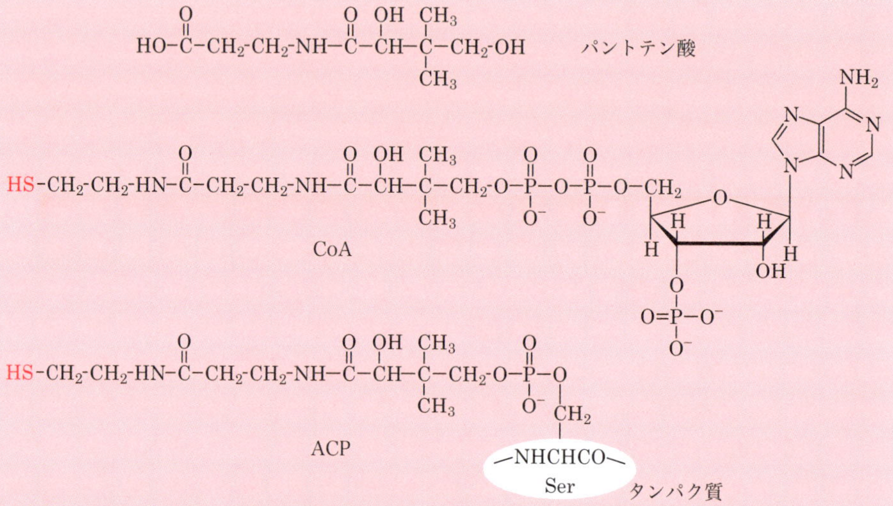

図9-7 パントテン酸とCoAおよびACP
ACPでは補酵素の結合部分のみが示してある．

**エステル交換反応**
p.72で述べたカルボン酸誘導体への付加・脱離反応によって進行する．

CoAがアシル基と結合したアシルCoAのチオエステルは求核試薬の攻撃を受けやすく，S-CoAとの交換反応が起こる（エステル交換反応）．

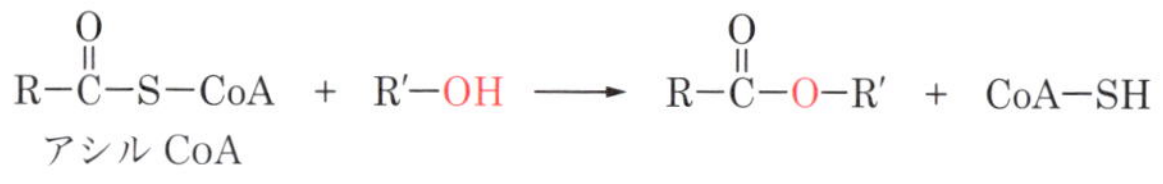

$$R-\overset{O}{\underset{}{C}}-S-CoA + R'-OH \longrightarrow R-\overset{O}{\underset{}{C}}-O-R' + CoA-SH$$
アシルCoA

**Claisen縮合**
エステルの縮合反応．p.80を参照のこと．

この反応はトリアシルグリセロールの生合成などで見られる．また，カルボニル炭素の隣のα炭素は求電子反応を受けやすく，Claisen縮合型反応を起こす．

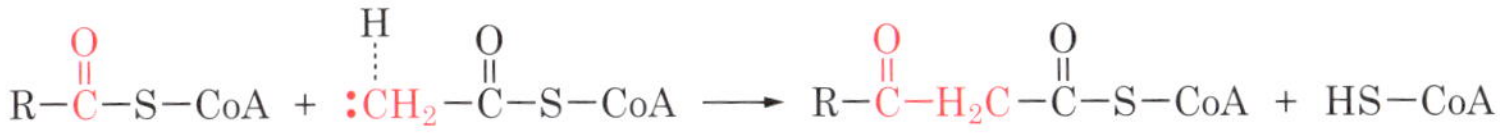

$$R-\overset{O}{\underset{}{C}}-S-CoA + \overset{H}{:CH_2}-\overset{O}{\underset{}{C}}-S-CoA \longrightarrow R-\overset{O}{\underset{}{C}}-H_2C-\overset{O}{\underset{}{C}}-S-CoA + HS-CoA$$

ACPについてもCoAと同様の反応が考えられる．この反応はとくに脂肪酸合成において重要な働きをしている(p.168を参照)．

### 9.2.4 ピリドキサル 5′-リン酸

ビタミン$B_6$にはピリドキサル，ピリドキサミンおよびピリドキシンがある．これらは体内でピリドキサル 5′-リン酸に変わり，補酵素として働く(図9-8)．

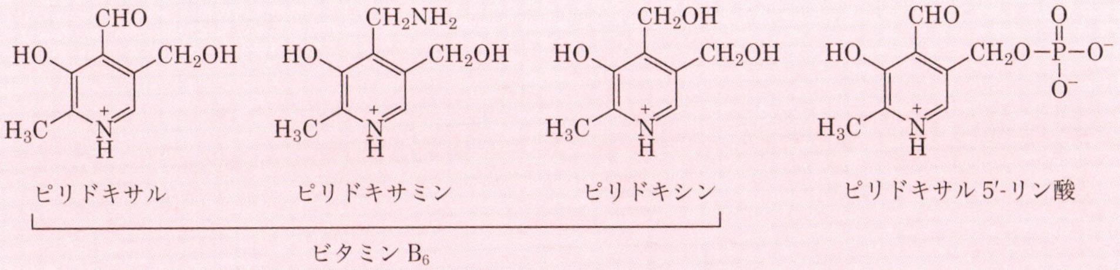

ピリドキサル　　ピリドキサミン　　ピリドキシン　　ピリドキサル 5′-リン酸

ビタミン$B_6$

**図 9-8** ビタミン$B_6$とピリドキサル 5′-リン酸

## COLUMN

### フェニルケトン尿症

　フェニルアラニンは必須アミノ酸ですが，正常人では大部分がフェニルアラニンヒドロキシラーゼによってベンゼン環がヒドロキシ化されてチロシンになります．しかし，フェニルケトン尿症ではこの酵素が遺伝的に欠損しており，フェニルアラニンが蓄積し，フェニルアラニントランスアミナーゼ活性が高まって脱アミノ反応を受け，フェニルピルビン酸に変換されます．フェニルピルビン酸はさらに代謝されてフェニル乳酸やフェニル酢酸になります．

　これらの副生成物が大脳に蓄積すると，脳の発達に支障をきたし，精神の発育が遅れたりします．このため，乳児のうちから母乳ではなくフェニルアラニンの濃度の低い食品が与えられます．血中フェニルアラニン濃度が高くならないように注意を払いながら，早期に治療を始めれば正常人と変わりなく生活することができます．

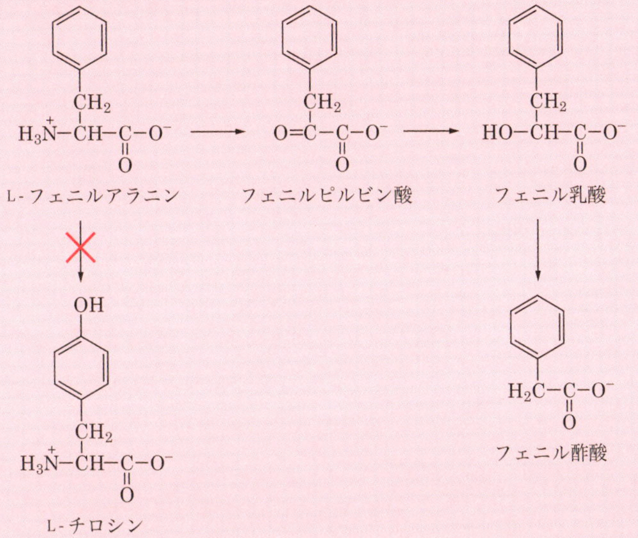

L-フェニルアラニン　→　フェニルピルビン酸　→　フェニル乳酸　→　フェニル酢酸

L-チロシン

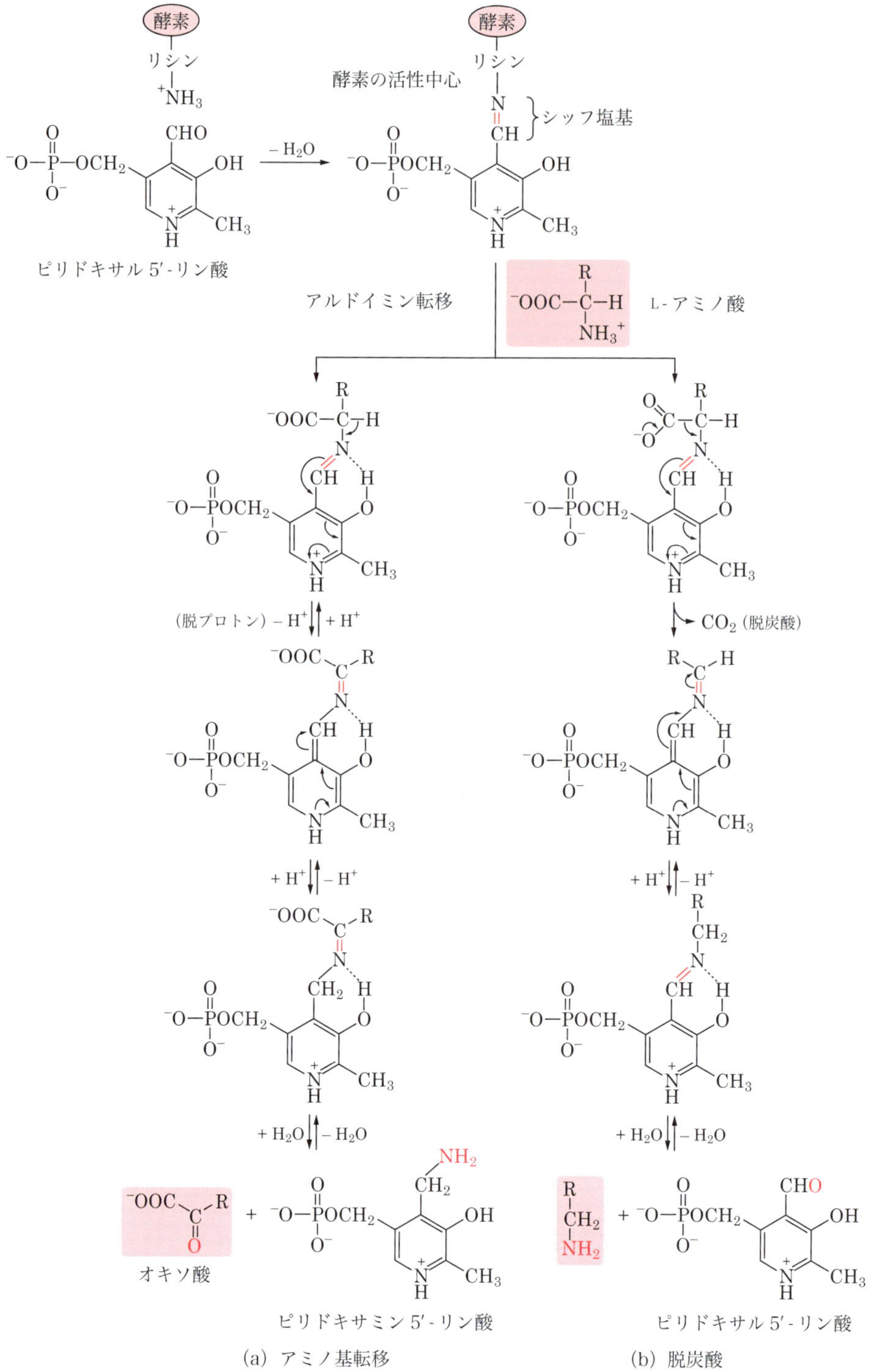

図9-9 ピリドキサル5′-リン酸を補酵素とする，(a) アミノ基転移反応と (b) 脱炭酸反応

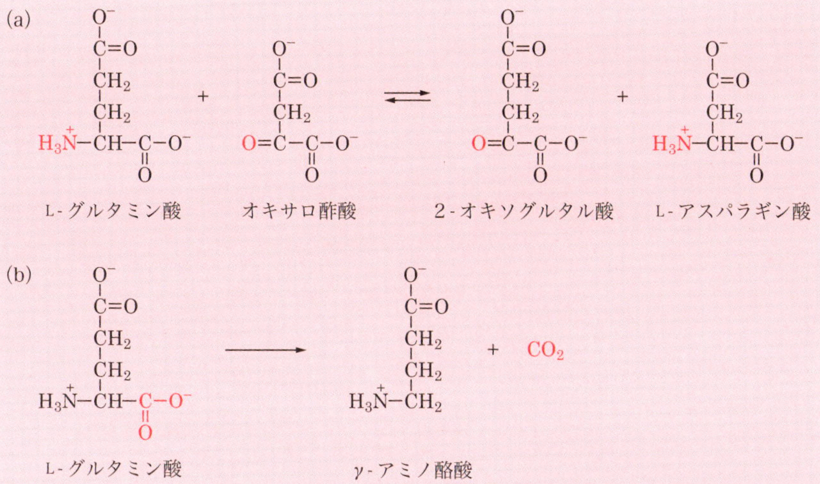

図 9-10 (a) アミノ基転移反応と (b) 脱炭酸反応

　この補酵素はアミノ酸の代謝で重要な働きをし，アミノ基の転移や脱炭酸などを担っている．ここで，補酵素ピリドキサル 5′-リン酸は酵素タンパク質のリシン残基の ε-アミノ基と Schiff 塩基を形成している (p.69 参照)．この Schiff 塩基がアミノ酸のアミノ基と交換するところから反応は始まる．交換した後，α炭素についている H が抜けるとアミノ基の交換，カルボキシ基が抜けると脱炭酸反応となる．アミノトランスフェラーゼによるアミノ基転移反応では最後にオキソ酸が放出されるが，ここにほかのオキソ酸が入り込み，反応が逆に進むことによってほかのアミノ酸が生合成できる．もちろんこれらの反応では，それぞれのアミノ酸，それぞれの反応によって異なる酵素が担当する (図 9-9)．

　アミノ基の転移反応では L-グルタミン酸のアミノ基が L-アスパラギン酸のアミノ基に，また脱炭酸反応では L-グルタミン酸の反応をあげておく (図 9-10)．

## 9.3　生体成分の同化反応

　生体の一連の反応は，上に述べた酵素およびその補因子の働きによって調節されている．先に記したように，同化反応では多くのエネルギーが消費されるが，これらは異化反応で生じたエネルギーでまかなわれる．

　ここでは糖新生，グリコーゲン，脂肪酸，アミノ酸の合成を取り上げる．タンパク質の合成は核酸の章ですでに述べた．

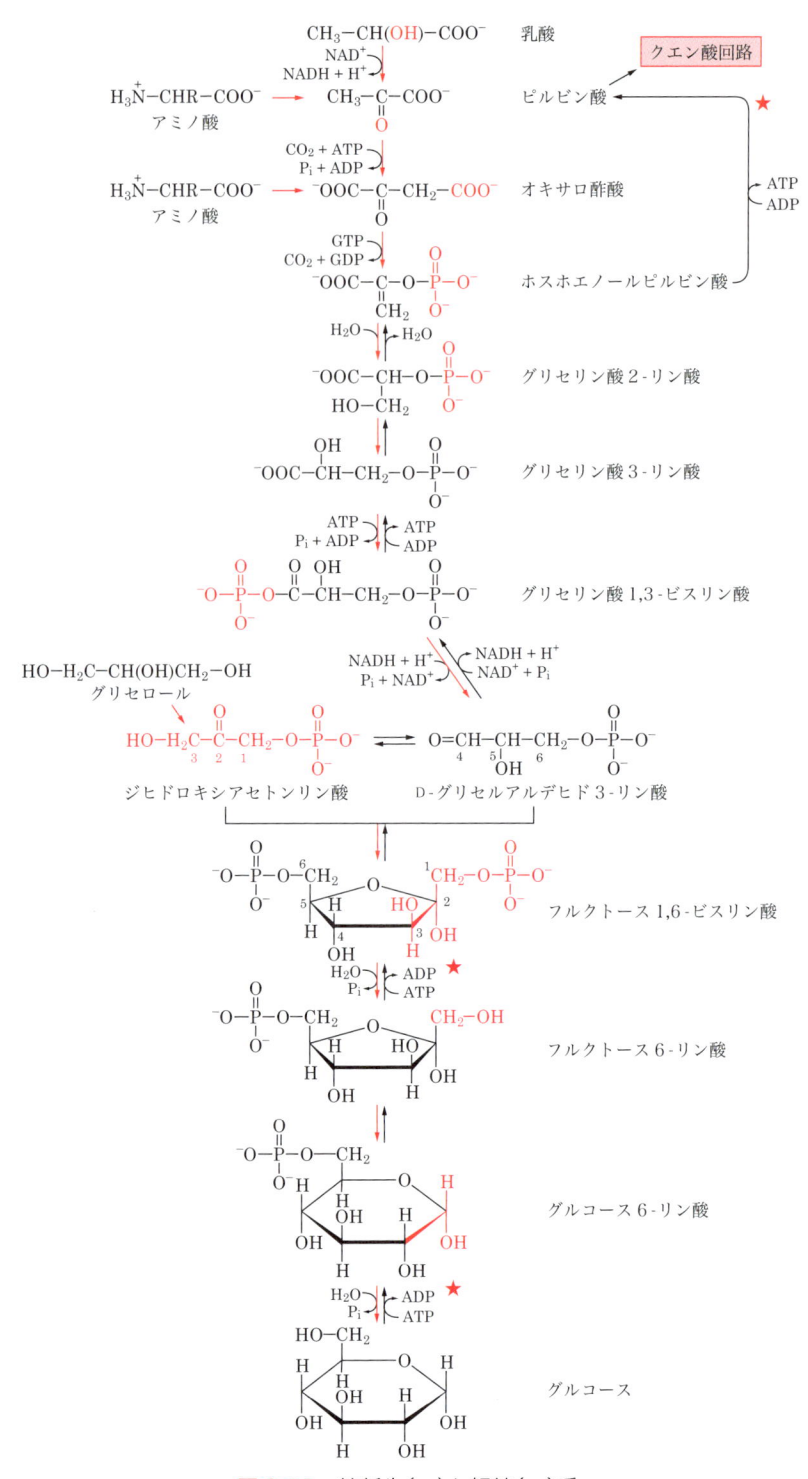

図9-11 糖新生(→)と解糖(→)系

## 9.3.1　糖 新 生

糖新生とは体内でグルコースが生産されることである．激しい運動などで肝臓のグリコーゲンが枯渇すると起こる．糖新生の原料は乳酸，ある種のアミノ酸，ピルビン酸などである（図9-11）．これらからさまざまな経路でオキサロ酢酸が生じ，これが糖新生系の出発物質となる．まずオキサロ酢酸が脱炭酸してホスホエノールピルビン酸が生じる．これに水が付加してグリセリン酸2-リン酸となる．ついでリン酸基の転位および付加を経て，D-グリセルアルデヒド3-リン酸となる．これと互変異性でジヒドロキシアセトンリン酸となった両者の間でアルドール反応が起こり，ついで環化するとフルクトース1,6-ビスリン酸となる（ヘミアセタールができる）．この分子からリン酸基が一つ失われてフルクトース6-リン酸となり，これがグルコース6-リン酸に変化し，最後に6位のリン酸基が取れてグルコースが生じる．いうまでもなくすべてこれらの反応ではそれぞれの酵素が関与しており，その大部分はあとで述べる解糖の逆反応である．図9-11で→は糖新生を，→は解糖を表すが，★の反応では糖新生と解糖で別の酵素が使われる．

**アルドール反応**
p. 74 および p. 77 を参照.

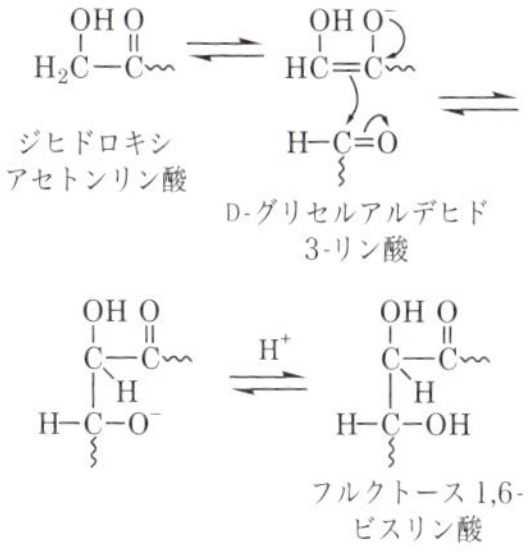


**ヘミアセタール**
p. 66 を参照.

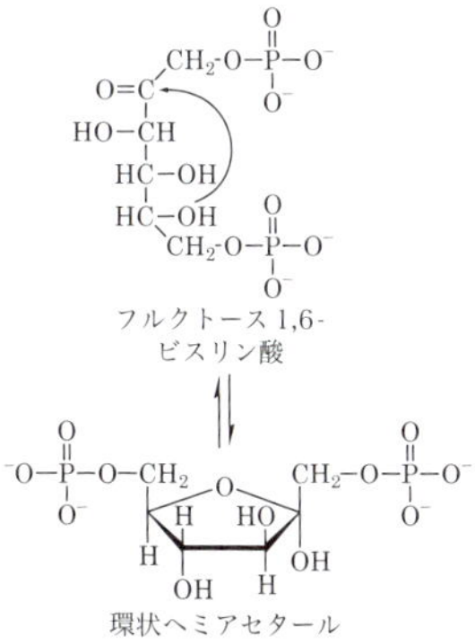


## 9.3.2　グリコーゲンの合成

グルコースは細胞に入るとATPの作用によりグルコース6-リン酸となる．このリン酸基が転位してグルコース1-リン酸となり，これとUTPが反応してUDP-グルコースが生成する．ついで，酵素の働きで，UDP-グルコースがすでに存在するグリコーゲン前駆体と反応して一残基のグルコースを増

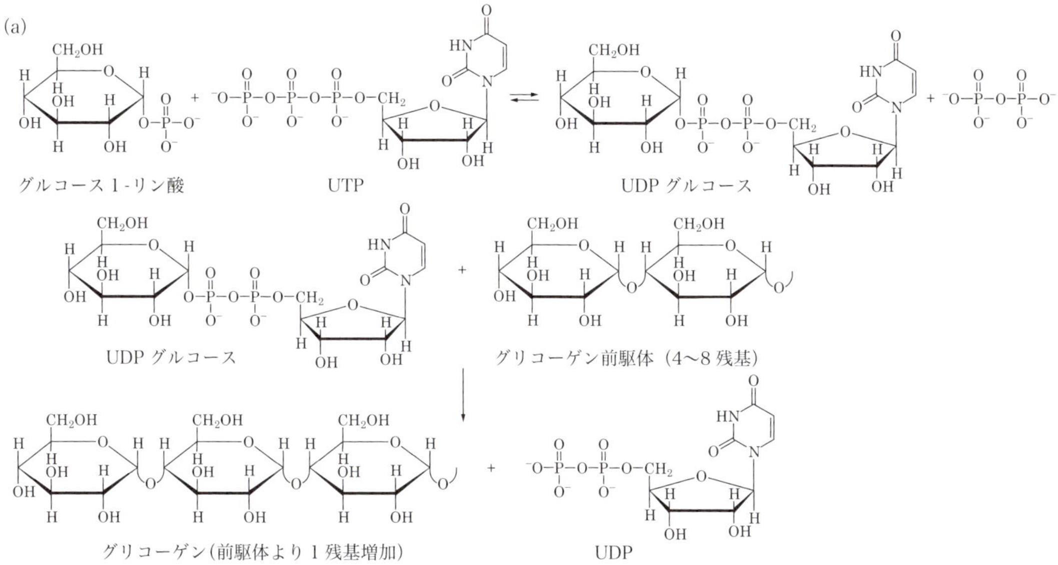


図9-12　(a)グリコーゲンの合成

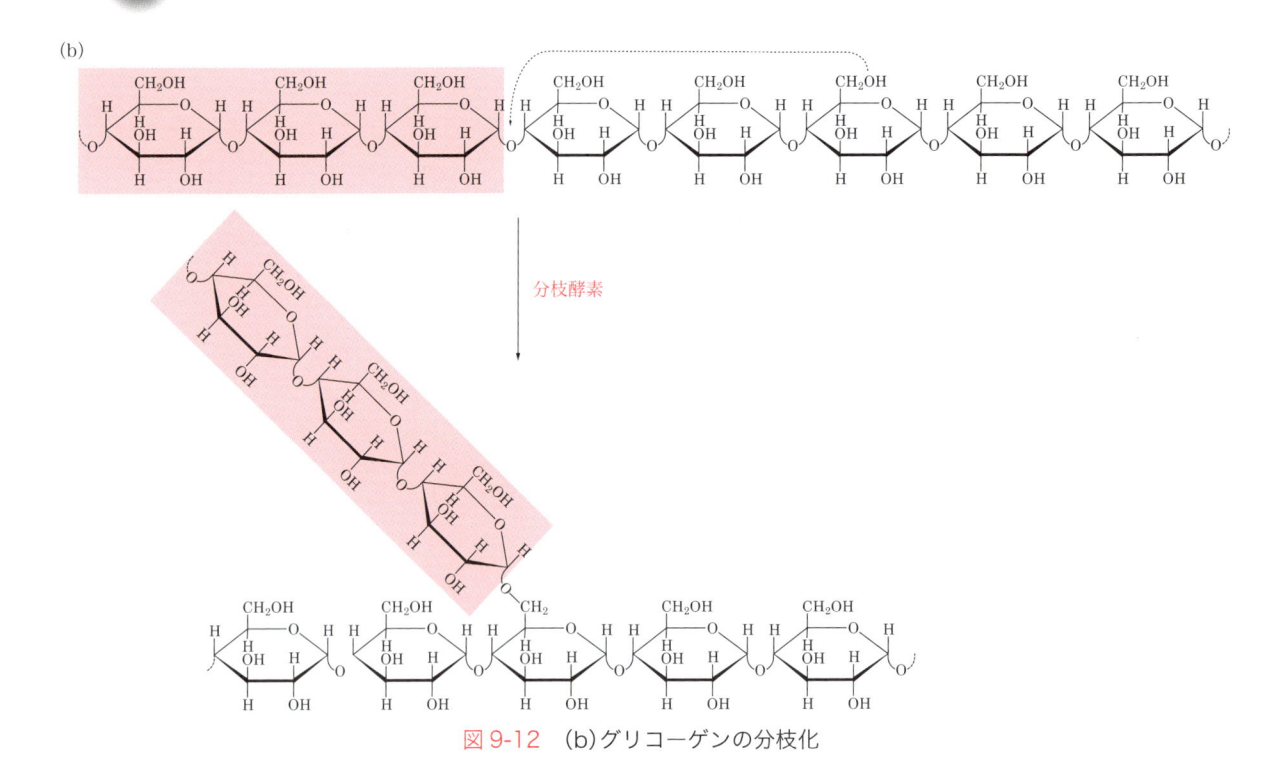

図 9-12 (b) グリコーゲンの分枝化

やす．この反応を繰り返して直鎖のグリコーゲンが合成される〔図 9-12(a)〕．ある程度グリコーゲンが長くなると，6〜7個連なった位置の（α1→4）結合が C6 のヒドロキシ基に転移して枝分れが生じる〔図 9-12(b)〕．

### 9.3.3 脂肪酸の合成

ほとんどの脂肪酸は食事からのグルコースに由来する．グルコースは細胞内でピルビン酸を経てアセチル CoA になり，これに $CO_2$ がつくとマロニル CoA となる．アセチル CoA とマロニル CoA の両者は，アシルキャリアータンパク質に転移する（図 9-13, 化合物 **3**）．マロン酸の脱炭酸により生じる求核剤が Claisen 型縮合反応を起こし，アセチル基の転移が起こる（化合物 **4**）．ここで生成したケトンを還元し（化合物 **5**），脱水（化合物 **6**）により生じた二重結合を再び還元して，炭素数4の飽和カルボン酸を得る（化合物 **7**）．以上の反応によりマロン酸由来の炭素2個分が延長されたことになる．この反応を繰り返すことによって2個ずつ炭素鎖を延長し，適当な長さの脂肪酸チオエステル（おもにパルミチン酸チオエステル）が合成されると，グリセロールとエステル交換反応を起こし系外へ放出される．

Claisen 縮合
p. 80, p. 162 を参照のこと．

エステル交換反応
p. 162 を参照のこと．

9.3 生体成分の同化反応

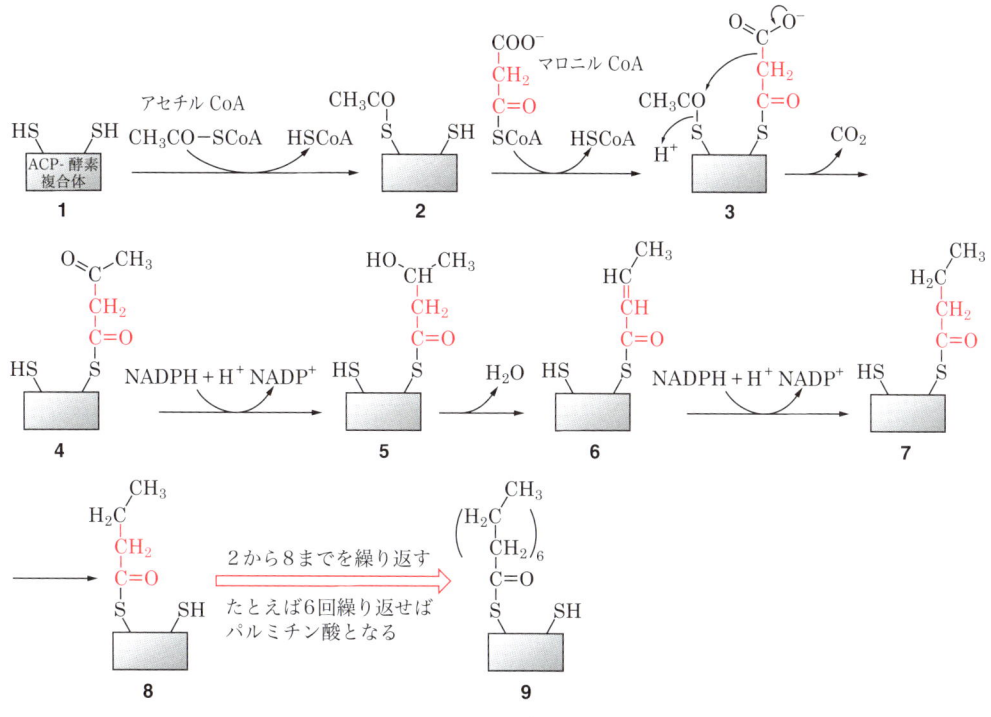

図 9-13 長鎖脂肪酸の生合成反応

### 9.3.4 アミノ酸の生合成

動物は食べたタンパク質を消化酵素でアミノ酸に加水分解して吸収し，一部を特殊な生合成に用いるほか，再び自己のタンパク質合成に用いる．動物のほとんどの窒素源は食物由来のタンパク質であるから，これらのタンパ

図 9-14 (a)グルタミンと(b)グルタミン酸の合成

質の窒素源となる植物のグルタミン合成は重要である．植物においては，まずグルタミン酸と$NH_4^+$からグルタミンを合成する．グルタミンは2-オキソグルタル酸をグルタミン酸に変換すると同時に，自身もグルタミン酸に変わる(図9-14)．グルタミン酸以外のアミノ酸は，先に説明したアミノトランスフェラーゼによるアミノ基の転移反応で合成できる(図9-15)．したがって，グルタミン酸がほかの大部分のアミノ酸のアミノ基の窒素源となっている．

**アミノ基転移反応**
ピリドキサル5′-リン酸を利用するアミノ基転移の反応機構についてはp.164を参照のこと．

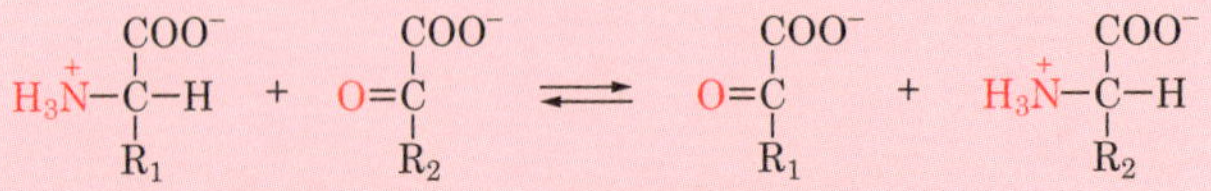

図9-15 アミノ基転移反応

この反応の基質には，解糖系(p.172参照)やクエン酸回路(p.173参照)の中間体であるピルビン酸，オキサロ酢酸，2-オキソグルタル酸などがなりうる．また微生物ではグルコースや酢酸などからタンパク質合成に必要な全アミノ酸を合成することができる．しかし動物では一部のアミノ酸の基本骨格を生合成することができず，これらが必須アミノ酸とよばれる．

**必須アミノ酸**
動物が体内で必要十分な量を合成できず，食物から摂取しなければならないアミノ酸．ヒトではL-バリン，L-イソロイシン，L-ロイシン，L-トレオニン，L-リシン，L-メチオニン，L-フェニルアラニン，L-トリプトファンの8種．

## 9.4 生体成分の異化反応

ここでは脂肪酸の酸化的分解($\beta$酸化)，アミノ酸の分解，および糖の嫌気的分解反応である解糖経路とそれに続くクエン酸回路について述べるが，これも生体の異化反応のごく一部である．これらの異化反応によってFADからFADH$_2$，NADからはNADH + H$^+$が，ADPからはATPが生みだされることに注意してほしい．こうして得られたエネルギーが体温の維持や運動，生体成分の同化反応に用いられる．

### 9.4.1 脂肪酸のβ酸化

脂肪酸は，カルボキシ末端から炭素が2個ずつ次つぎに除かれる$\beta$酸化とよばれる分解を受ける．この反応では，アシルCoAのカルボニル基の隣の$\alpha$炭素と，そのもう一つ外側の$\beta$炭素の結合とが切れる(図9-16)．

カルボニル化合物のα位とβ位
$$\overset{\beta}{-CH_2}-\overset{\alpha}{CH_2}-CO-S-CoA$$

この反応は，マロン酸の脱炭酸で$CH_2$–COのユニットで炭素鎖が増えていく脂肪酸生合成の反応の逆とよく似ている．$\beta$酸化反応に用いられるNAD$^+$とFADは，それぞれNADHとFADH$_2$に変換され，これらは電子伝達系を経て，酸化的リン酸化を受けATPを産生する(p.175で後述)．また，$\beta$酸化で生じるアセチルCoAはクエン酸回路を通じてエネルギーを産生したり，ほかの物質の合成の原料に使用される．長い脂肪酸を分解すると，

図9-16 アシルCoAのβ酸化

NADHやFADH₂とともにアセチルCoAが何分子も生成し，効率的にエネルギーを産生できる．

### 9.4.2 アミノ酸の分解
#### (a) 脱アミノ反応

アミノ酸はアミノトランスフェラーゼの反応で自身は2-オキソ酸に変換される．このときアミノ基は2-オキソグルタル酸に与えられグルタミン酸が生じる（p.169）．このグルタミン酸は再び酵素によりアンモニアと2-オキソグルタル酸に変換される（図9-17）．この反応で使われる2-オキソグルタル酸はクエン酸回路の中間代謝物である．

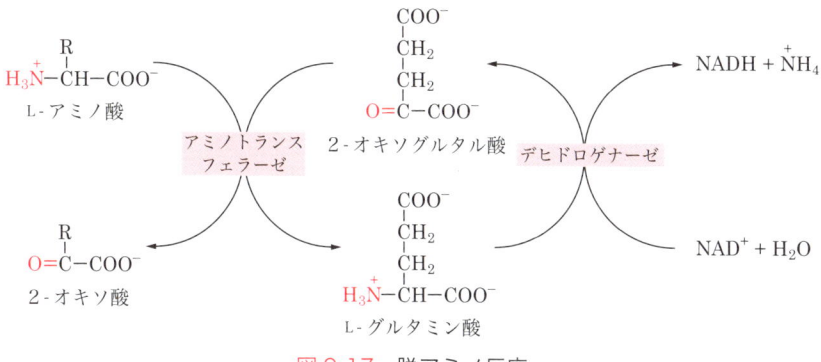

図9-17 脱アミノ反応

図9-18 尿素回路

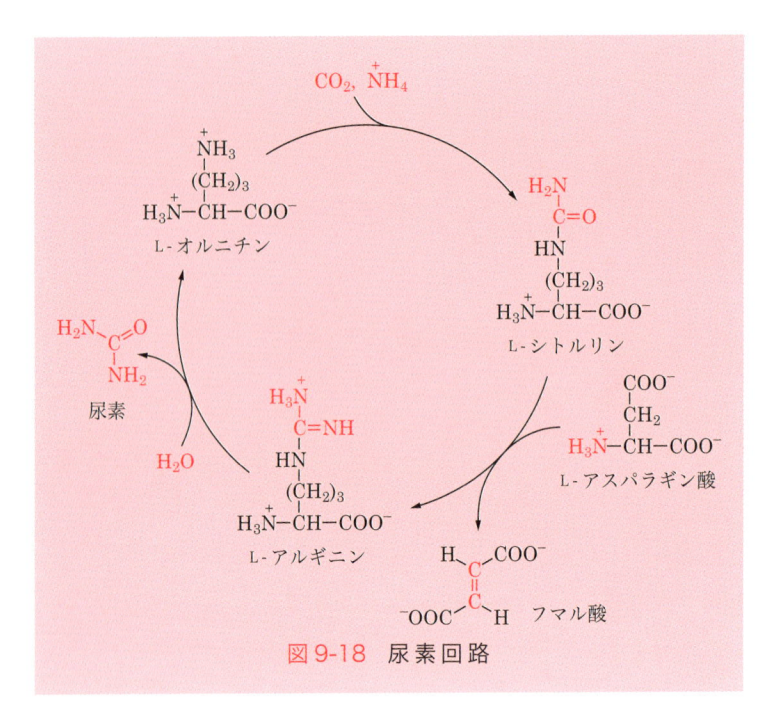

　ここで生じるアンモニアは，植物ではL-グルタミンやL-アスパラギンに貯蔵されるが，動物では尿素回路で解毒され，尿素として排出される（図9-18）．アンモニアと二酸化炭素がまずL-オルニチンと反応してL-シトルリンを生じる．L-シトルリンはL-アスパラギン酸から窒素を得て自身はL-アルギニンとなり，フマル酸を放出する．生じたL-アルギニンは酵素による加水分解を受けて尿素を放出し，自身はL-オルニチンにもどる．

### (b) 脱炭酸反応

　アミノ酸はデカルボキシラーゼで脱炭酸される（図9-19）．この酵素の補酵素はピリドキサル5′-リン酸である．脱炭酸反応は単なるアミノ酸の分解反応ではなく合成反応の一つと考えられる．すなわちこの反応を用いてさまざまなアミンが合成できる（図9-9，p. 164 も参照）．

図9-19 アミノ酸の脱炭酸反応

### 9.4.3 解　糖

　解糖の反応は大部分が糖新生反応の逆反応である．しかし，解糖系ではグルコースからグルコース6-リン酸，フルクトース6-リン酸からフルクトース1,6-ビスリン酸，およびホスホエノールピルビン酸からオキサロ酢酸を

経ずにピルビン酸が生じる反応では糖新生とは異なる酵素が用いられ，糖新生の逆反応ではない（図9-11を逆に下から上に反応をたどる）．解糖はほとんどすべての生物で行われている嫌気的反応で，それに使われる酵素群は原核生物，真核生物にかかわらずほとんど同一である．解糖系ではグルコース1分子(6炭素化合物)は2分子のピルビン酸(3炭素化合物)に酸化される．ここで得られるエネルギーは2分子ずつのATPとNADHである．その際，グルコースからフルクトース1,6-ビスリン酸まででATPが2分子消費され，グリセルアルデヒド3-リン酸からピルビン酸まででは4分子のATPと2分子のNADHとH$^+$ができる．すなわち解糖はD-グルコースからピルビン酸まで，次の反応式にまとめることができる．

D-グルコース ＋ 2 ADP ＋ 2 P$_i$ ＋ 2 NAD$^+$
⟶ 2 ピルビン酸 ＋ 2 ATP ＋ 2 NADH ＋ 2 H$^+$ ＋ 2 H$_2$O

嫌気性生物では，ピルビン酸はエタノール，乳酸，酢酸などに変換される．これを発酵という．好気的条件ではピルビン酸は脱炭酸を受けてアセチルCoAに変換され（図9-20），これがクエン酸回路に入って大量のATPが生産される(図9-21も参照)．

図9-20 ピルビン酸からアセチルCoAの合成

## 9.4.4 クエン酸回路

クエン酸回路はKrebs（クレブス）回路，トリカルボン酸（TCA）回路ともいわれ，好気的な細胞においては，ミトコンドリアにあってエネルギーを得るための中心的役割をしている．この回路の出発原料であるアセチルCoAは糖，脂肪酸，アミノ酸の分解によって得られる．クエン酸回路は8段階の反応を通じて，アセチルCoAを2個のCO$_2$に酸化するとともに，3分子のNADHと1分子のFADとGTPを生じ，こうして蓄えられた電子は電子伝達系を通って，最終的に酸化的リン酸化(p.175参照)を促し，エネルギー（ATP）を生みだす．

アセチルCoAはまずオキサロ酢酸と反応して回路に入り，ついで2分子のCO$_2$を生じる．次は2炭素原子が減った化合物からオキサロ酢酸が再生する反応である(図9-21)．

クエン酸回路の正味の反応は

Hans Adolf Krebs
（1900～1981年），イギリスの生化学者．クレブス回路（クエン酸回路）の提唱者．1953年ノーベル生理医学賞受賞．

# 9章 ◆ 代謝とエネルギー

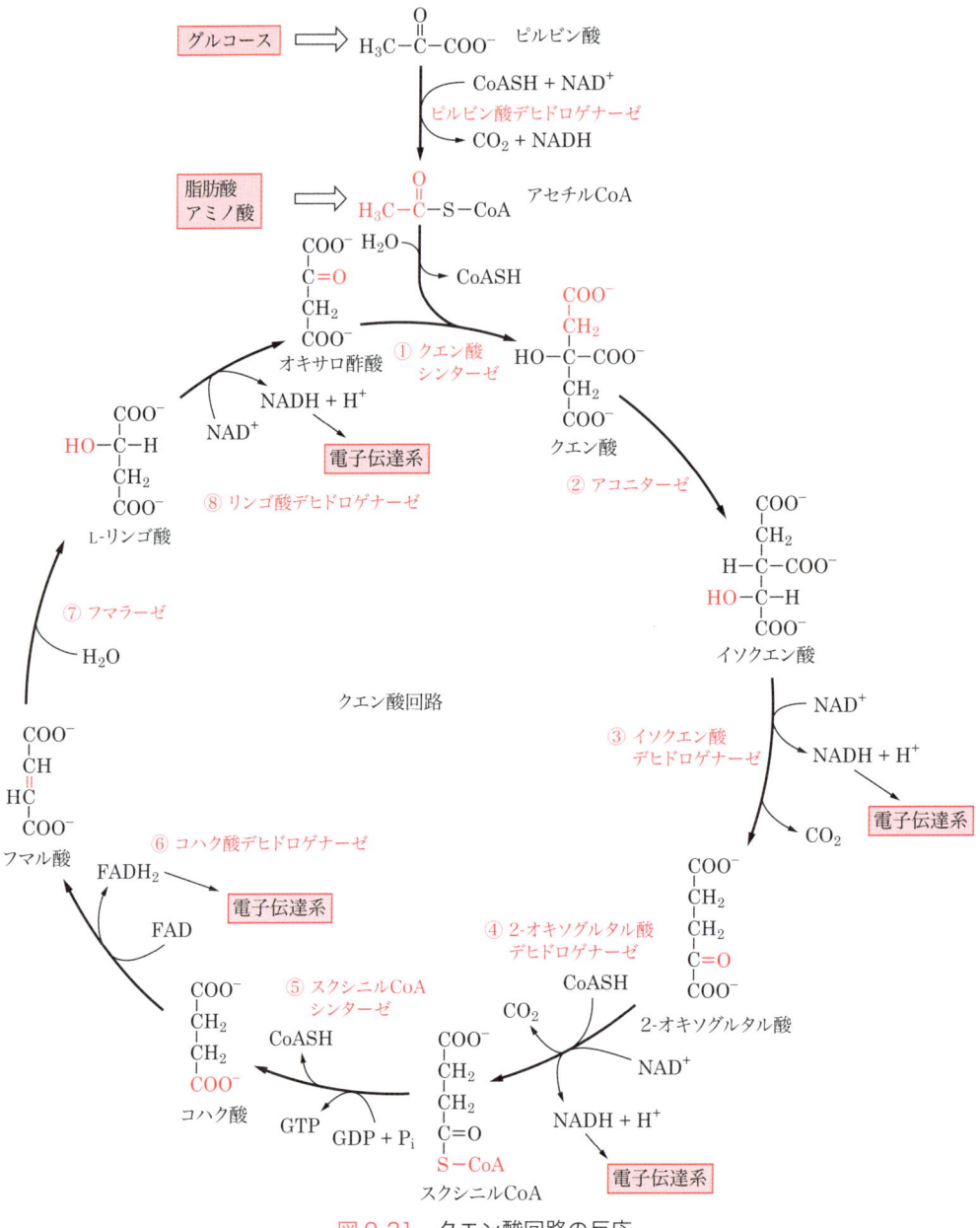

図 9-21 クエン酸回路の反応

$$\text{アセチル CoA} + 3\,\text{NAD}^+ + \text{FAD} + \text{GDP} + \text{P}_i + 2\,\text{H}_2\text{O}$$
$$\longrightarrow 2\,\text{CO}_2 + 3\,\text{NADH} + \text{FADH}_2 + \text{CoASH} + \text{GTP} + 3\,\text{H}^+$$

である．

各反応は次のとおりである．① アセチル CoA とオキサロ酢酸によるアルドール型反応（p.77 参照）による炭素‐炭素結合の形成．CoASH がはずれ

**クエン酸回路の各反応**
本文中の①から⑧の番号は図 9-21 の番号に対応している．また，図では各反応の酵素名もあげてあるが，その反応と酵素名との対応を認識してほしい．

てクエン酸が生成する，② ヒドロキシ基の移動，③ 酸化と脱炭酸による炭素 - 炭素結合の開裂，④ 酸化的脱炭酸反応，⑤ チオエステルの加水分解でCoASHがはずれ，GTPが生成する，⑥ 酸化的不飽和結合の生成，⑦ 水の付加によるヒドロキシ基の導入，⑧ ヒドロキシ基の酸化によるカルボニル基の生成(オキサロ酢酸の生成).

一方，この回路の中間物質はいろいろな生体物質を合成する際の原料としても用いられる．

### 9.4.5 電子伝達系と酸化的リン酸化

クエン酸回路で生じた NADH や FADH$_2$ は，ATP のエネルギーとして蓄えられる．これにはまず，これらが電子に変換され，その電子がミトコンドリア膜組織に存在する電子伝達系を移動しなければならない．NADH は複合体 I とよばれる組織で，また FADH$_2$ は複合体 II とよばれる組織で電子に変換される．それらから複合体 III，IV を通って最後に酸素に電子を与え，これがプロトンと反応して水が生成する．

このようにして電子が電子伝達系を流れると，プロトンがミトコンドリア内部から外側に放出される．外側に放出されたプロトンは，今度は逆に ATP 合成酵素活性をもつチャネルを介してミトコンドリア内部にもどる．この際に ATP が産生されるのである．この過程を酸化的リン酸化という(図 9-22)．

これらのクエン酸回路におけるアセチル CoA の酸化を通して生成する ATP (実際には酸化的リン酸化において生成する) の数は表 9-1 のとおりである．このように酸化的リン酸化を通じて 12 個の ATP が合成される．

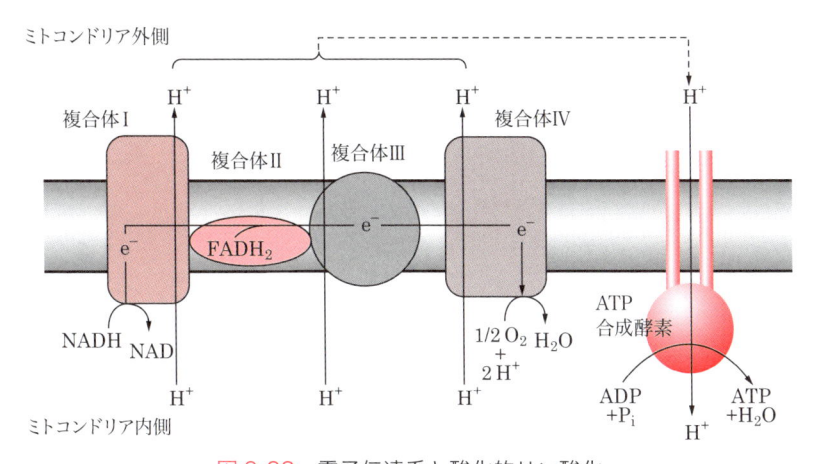

図 9-22　電子伝達系と酸化的リン酸化

表 9-1　クエン酸回路によるアセチル CoA の酸化で生成する ATP

| 反　応 | 補酵素 | 生じる ATP の数 |
|---|---|---|
| イソクエン酸 ⟶ 2-オキソグルタル酸 + $CO_2$ | $NAD^+$ | 3 |
| 2-オキソグルタル酸 ⟶ スクシニル CoA + $CO_2$ | $NAD^+$ | 3 |
| スクシニル CoA ⟶ コハク酸 | GDP | 1 |
| コハク酸 ⟶ フマル酸 | FAD | 2 |
| リンゴ酸 ⟶ オキサロ酢酸 | $NAD^+$ | 3 |
| 合　計 | | 12 |

### 9.4.6　異化経路の概観

　以上，アミノ酸，糖，脂肪酸の代謝経路はおおよそ図 9-23 に示したようになる．すなわち脂質や糖は脂肪酸とグルコースに分解され，これが共通の中間体であるアセチル CoA に変えられる．アセチル CoA はクエン酸回路に入り酸化を受け，$CO_2$ と NADH と $FADH_2$ に変換される．NADH と $FADH_2$ は電子伝達系の電子に変えられそれら自身は $NAD^+$ や FAD に戻る．電子は酸素に与えられプロトンと反応して水になる．電子が電子伝達系を動く間にプロトンの移動が起こり，それが ATP 合成酵素を通って再還流するときに ATP が産生される．

　こうして合成された ATP が，たとえば同化反応のエネルギー，そして，この本では取り上げなかったが筋肉収縮のエネルギーなどとして用いられる．

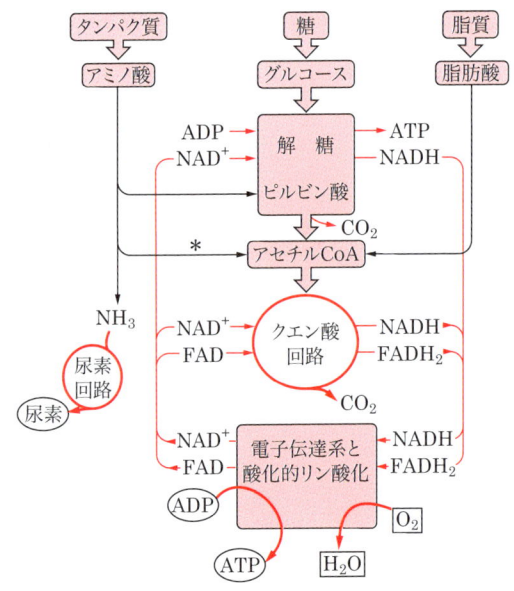

図 9-23　糖，脂肪酸，アミノ酸の異化経路
＊の経路は本書では取り上げていない．

### 章末問題

1. NADHもしくはNADPHの酸化型と還元型を示し，その関与する反応を一つあげよ．

2. ピリドキサル5′-リン酸の関与するアミノ基交換反応を説明せよ．

3. 解糖の反応は二段階で起こる．それぞれの段階では最終的にどのような物質が生じ，エネルギーのやりとりはどうかを述べよ．

4. クエン酸回路後のNADHやFADH$_2$のゆく末と，ATPの生成過程を述べよ．

---

### 本章のまとめ

1. ほとんどすべての生体反応は酵素が担っている．酵素は補因子（補酵素など）と一体となってその活性を現す場合がある．
2. 補酵素にはNADやNADP，FMNやFAD，CoA，ピリドキサル5′-リン酸などがあり，それらを結合している酵素とともにさまざまな代謝反応を担っている．
3. 生体成分の同化反応としては，糖新生，グリコーゲンの合成，脂肪酸の合成，アミノ酸の生合成を取り上げた．
4. 異化反応としては，脂肪酸のβ酸化，アミノ酸の分解，解糖，クエン酸回路を取り上げた．とくにクエン酸回路は，エネルギー産生の中心的役割を担っている．

## 参考図書

- P. Y. Bruice 著,大船・香月・西郷・富岡 監訳,『ブルース 有機化学概説』,化学同人(2006).

- J. McMurry 著,伊東・児玉 訳,『マクマリー 有機化学概説 第6版』,東京化学同人(2007).

- J. McMurry 著,伊東・児玉・荻野・深澤・通 訳,『マクマリー 有機化学 第6版(上・中・下)』,東京化学同人(2005).

- Clayden, Greeves, Warren, Wothers 著,野依・奥山・柴﨑・檜山 監訳,『ウォーレン 有機化学(上・下)』,東京化学同人(2003).

- P. Laszlo 著,尾中・正田 訳,『有機合成のロジック』,化学同人(1994).

- P. Sykes 著,久保田 尚志 訳,『有機反応機構 第5版』,東京化学同人(1984).

- P. Sykes 著,奥山 格 訳,『基本有機反応機構』,東京化学同人(1996).

- H. B. Kagan 著,小田順一 訳,『カガン 有機立体化学』,化学同人(1981).

- D. Voet, J. G. Voet 著,田宮・村松・八木・吉田・遠藤 訳,『ヴォート 生化学 第3版(上・下)』,東京化学同人(2005).

- T. McKee, J. R. McKee 著,市川 厚 監修,福岡伸一 監訳,『マッキー 生化学』,化学同人(2003).

- R. K. Murray, D. K. Granner, V. W. Rodwell 著,上代淑人 監訳,『イラストレイテッド ハーパー・生化学 原書27版』,丸善(2007).

- 相本三郎・赤路健一 著,『生体分子の化学』,化学同人(2002).

そのほか読み物として,

- 山崎幹夫 著,『薬の話』,中公新書(1991).

- マーティン・ガードナー 著,坪井・小島・藤井 訳,『新版 自然界における左と右』,紀伊国屋書店(1992).

- リチャード・ドーキンス 著,日高・岸・羽田・垂水 訳,『利己的な遺伝子』,紀伊国屋書店(1991).

- スティーヴン・ジェイ・グールド 著,渡辺政隆 訳,『ワンダフル・ライフ』,早川書房(1993).

# 索引

## あ行

| | |
|---|---|
| アキシアル | 24 |
| アグリコン | 97, 143 |
| アジド | 86 |
| アシルキャリアータンパク質（ACP） | 162, 168 |
| アシル CoA | 162 |
| アスパラギン | 123, 172 |
| ——酸 | 124 |
| アスパルテーム | 129 |
| アセタール | 66, 97 |
| アセチル化 | 127 |
| アセチル CoA | 168, 170, 173, 176 |
| アセト酢酸エステル | 76 |
| ——合成 | 79 |
| アゾ化合物 | 87 |
| アデニル酸 | 143 |
| アデノシン（A） | 143 |
| アニオン | 5 |
| アノマー | 94 |
| ——炭素原子 | 94 |
| α- —— | 94 |
| β- —— | 94 |
| アミド | 71 |
| ——結合 | 121 |
| アミノアシル tRNA | 156 |
| アミノ基転移反応 | 165 |
| アミノ酸 | 121, 167, 176 |
| ——残基 | 122 |
| ——自動分析装置 | 133 |
| ——フェニルチオヒダントイン（PTH） | 135 |
| ——分析 | 133 |
| アミノトランスフェラーゼ | 165, 170, 171 |
| アミロース | 98 |
| アミロペクチン | 98 |
| アミン | 81 |
| アルキル—— | 83 |
| 環式 —— | 82 |
| 芳香族 —— | 81 |
| アラニン | 123 |
| RS 表示法 | 27, 29 |
| RNA ポリメラーゼ | 154 |
| アルカロイド | 83 |
| アルカン | 33 |
| アルギニン | 124, 172 |
| アルキルオキソニウムイオン | 60 |
| アルケン | 35 |
| アルコキシドアニオン | 67 |
| アルコールデヒドロゲナーゼ | 161 |
| アルデヒド | 63 |
| アルドース | 91 |
| アルドステロン | 115 |
| アルドール縮合 | 77 |
| アルドール反応 | 74, 77 |
| アルドン酸 | 95 |
| α 炭素 | 75 |
| α ヘリックス | 135, 136 |
| アロステリック効果 | 140 |
| アンギオテンシン | 128 |
| アンチ形 | 22 |
| アンチコドン | 156 |
| アンチ付加 | 37 |
| アンチペリプラナー配座 | 55 |
| アンモニア | 172 |
| イオン結合 | 4, 138 |
| イオンチャネル | 119 |
| イオン反応 | 18 |
| 異化反応 | 159 |
| いす形配座 | 24 |
| 異性体 | 21 |
| イソプレノイド | 109, 114 |
| イソプレン | 114 |
| イソペンテニルピロリン酸 | 114 |
| イソロイシン | 123 |
| 一次構造 | 131 |
| 1,2- 付加 | 39 |
| 1,4- 付加 | 39 |
| E2 反応 | 53 |
| 移動相 | 131 |
| イミニウムイオン | 69 |
| イミン | 69, 86 |
| E1 反応 | 53 |
| インスリン | 129 |
| Williamson のエーテル合成法 | 62 |
| ウリジル酸 | 143 |
| ウリジン（U） | 144 |
| エクアトリアル | 24 |
| $S_N2$ | 50 |
| $S_N1$ | 50 |
| s 軌道 | 3, 10 |
| エステル | 71 |
| ——交換反応 | 162 |
| ——の加水分解 | 71 |
| エストラジオール | 115 |
| $sp^3$ 軌道 | 11 |
| $sp^2$ 混成軌道 | 12 |
| エタノール | 173 |
| ATP | 140, 145, 173, 176 |
| ——合成酵素 | 175, 176 |
| エドマン分解法 | 135 |
| エナンチオマー | 27 |
| NADH | 170, 173, 175, 176 |
| $NADP^+$ | 160 |
| $NAD^+$ | 160 |
| エノラートアニオン | 75 |
| エノール形 | 74 |
| エピマー | 30 |
| $FADH_2$ | 170, 175, 176 |
| エポキシド | 62 |
| 塩化チオニル | 61, 73 |
| 塩基 | 57 |
| ——性基 | 124 |
| エンケファリン | 128 |
| オキサロ酢酸 | 170, 173 |
| オキシダーゼ | 162 |
| オキシトシン | 127 |
| オキシラン | 62 |
| 2- オキソグルタル酸 | 170, 171 |
| 2- オキソ酸 | 171 |
| オルト - パラ配向性 | 44 |
| オルニチン | 172 |

## か行

| | |
|---|---|
| 解糖 | 167, 172 |
| 可逆反応 | 67 |
| 核酸 | 143 |
| カチオン | 5 |
| 活性中心 | 159 |
| D - ガラクツロン酸 | 96 |
| D - ガラクトース | 93 |
| カルボカチオン中間体 | 38, 50, 54 |
| カルボキシペプチダーゼ | 133 |
| カルボニル基 | 63 |
| カルボン酸 | 69 |
| 含窒素複素環化合物 | 82 |
| 官能基 | 15 |
| 基質 | 159 |

# 索 引

| | | | | | |
|---|---|---|---|---|---|
| D-キシリトール | 96 | ゲルろ過 —— | 131 | ジアゾニウムイオン | 86 |
| キチン | 103 | 高速液体 —— | 132 | シアノヒドリン | 68 |
| 軌道(原子軌道) | 3, 9 | 疎水性 —— | 131 | —— 合成法(Killiani-Fischer 合成法) | |
| 求核剤 | 19 | 結合エネルギー | 6 | | 92 |
| 求核置換反応 | 50 | ケトース | 91 | 1,3-ジカルボニル化合物 | 76 |
| 求核付加反応 | 64 | ケト形 | 74 | σ軌道 | 10 |
| 求電子剤 | 19 | ケトン | 63 | σ結合 | 12 |
| 求電子付加反応 | 36 | ゲラニオール | 114 | 脂質二分子膜 | 118 |
| 共鳴 | 8 | けん化 | 112 | システイン | 123 |
| —— 効果 | 43 | 限界構造式 | 8 | ジスルフィド結合 | 139 |
| 共役塩基 | 57 | 原核生物 | 151 | シチジル酸 | 143 |
| 共役酸 | 57, 83 | 嫌気性生物 | 173 | シチジン(C) | 143 |
| 共役ジエン | 39 | 原子番号 | 2 | Schiff 塩基 | 69, 86, 165 |
| 共有結合 | 5 | 光学活性化合物 | 26 | シトルリン | 172 |
| キラル | 26 | 好気的条件 | 173 | 脂肪酸 | 109, 176 |
| キロミクロン | 117 | 交差アルドール反応 | 78 | —— チオエステル | 168 |
| グアニル酸 | 143 | 甲状腺刺激ホルモン放出ホルモン | 127 | 不飽和 —— | 109 |
| グアノシン(G) | 143 | 構造異性体 | 74 | 飽和 —— | 109 |
| クエン酸 | 175 | 50 S | 150 | 周期表 | 2 |
| —— 回路 | 170, 171, 173, 175, 176 | ゴーシュ形 | 22 | 主鎖 | 122 |
| Claisen 縮合 | 80, 162 | 固定相 | 131 | d-ショウノウ | 114 |
| グリコーゲン | 99, 167 | コドン | 156 | 真核生物 | 151 |
| グリコシド | 97 | 互変異性 | 74 | 親水性基 | 124 |
| —— 結合 | 97 | コラーゲン | 127 | 水素結合 | 33, 124, 138, 147 |
| グリコプロテイン(糖タンパク質) | | 孤立電子対 | 7 | 水和 | 38 |
| | 105 | コルチゾール | 115 | —— 反応 | 61 |
| グリシン | 123 | コレステロールエステル | 115 | スクロース(ショ糖) | 98 |
| グリセルアルデヒド | 27, 91 | 混成軌道 | 11 | ステロイド | 114 |
| グリセロリン脂質 | 112 | コンホーマー | 21 | —— ホルモン | 115 |
| グリセロール-3-リン酸 | 112 | | | ストランド | 137 |
| D-グルクロン酸 | 96 | ## さ 行 | | スーパーコイル | 148 |
| グルコース | 93, 167, 168, 173, 176 | | | スフィンゴ脂質 | 113 |
| —— 1-リン酸 | 167 | 最外殻電子 | 3 | スフィンゴシン | 113 |
| —— 6-リン酸 | 167 | Zaitzev 則 | 54 | スフィンゴミエリン | 113 |
| UDP- —— | 167 | 酢酸 | 173 | 生成物 | 159 |
| グルココルチコイド | 115 | サブスタンス P | 128 | 性腺刺激ホルモン放出ホルモン | 127 |
| D-グルコン酸 | 95 | サブユニット | 139 | 静電的相互作用 | 124 |
| D-グルシトール(ソルビトール) | 96 | 酸 | 57 | セッケン | 112 |
| グルタチオン | 127 | —— 解離定数 | 58 | セラミド | 113 |
| グルタミン | 123, 170, 172 | 酸化的分解 | 170 | セリン | 123 |
| —— 酸 | 124, 170, 171 | 酸化的リン酸化 | 173, 175 | セルロース | 103 |
| グレリン | 128 | 三次構造 | 131 | セレブロシド | 113 |
| クロマチン | 149 | 30 S | 150 | ガラクト —— | 114 |
| クロマトグラフィー | 131 | 酸ハロゲン化物 | 71 | 遷移状態 | 19 |
| アフィニティ —— | 131 | 酸無水物 | 71 | 旋光性 | 26 |
| イオン交換 —— | 131 | ジアステレオマー | 30 | 側鎖 | 122 |
| カラム —— | 131 | ジアゾカップリング | 87 | 疎水基 | 122 |

索 引

| 疎水結合 | 123, 138 |
|---|---|

### た 行

| 代謝 | 159 |
|---|---|
| 脱水反応 | 61 |
| 脱炭酸 | 172 |
| 脱離反応 | 53 |
| ダンシルクロリド | 133 |
| タンパク質 | 121 |
| 　球状 —— | 131 |
| 　繊維状 —— | 131 |
| 置換反応 | 41 |
| チミジル酸 | 143 |
| チミジン(T) | 144 |
| 中性脂肪 | 111 |
| チロシン | 123 |
| 沈降係数 | 150 |
| DNA ポリメラーゼ | 152 |
| DL 表示法 | 27 |
| Dieckmann 縮合 | 81 |
| デオキシアデノシン(dA) | 144 |
| デオキシグアノシン(dG) | 144 |
| デオキシシチジン(dC) | 144 |
| デオキシチミジン(dT) | 144 |
| デオキシリボ核酸(DNA) | 143 |
| デオキシリボヌクレオシド 5′-三リン酸 | 145 |
| デカルボキシラーゼ | 172 |
| テストステロン | 115 |
| デヒドロゲナーゼ | 162 |
| 　コハク酸 —— | 162 |
| テルペン | 114 |
| 電気陰性度 | 7 |
| 電子 | 175 |
| 　—— 殻 | 3 |
| 　—— 求引性 | 43 |
| 　—— 供与性 | 38, 43 |
| 　—— 伝達系 | 173, 175 |
| 転写 | 154 |
| デンプン | 98 |
| 糖 | 176 |
| 同化反応 | 159 |
| 糖新生 | 167, 172 |
| 同族体 | 33 |
| 糖タンパク質 | 105 |
| 　N-結合型 —— | 105 |
| 　O-結合型 —— | 106 |

| 等電点(p$I$) | 125 |
|---|---|
| トランス体 | 54 |
| トランスファー RNA(tRNA) | 154, 156 |
| トランス付加 | 37 |
| トランスポータータンパク質 | 119 |
| トリアシルグリセロール | 111 |
| トリプシン | 133 |
| トリプトファン | 123 |
| トレオニン | 123 |

### な 行

| ニコチンアミド | 160 |
|---|---|
| 　—— アデニンジヌクレオチド(NAD) | 160 |
| 　—— アデニンジヌクレオチドリン酸 (NADP) | 160 |
| 二次構造 | 131 |
| 二重結合 | 7 |
| 二重らせん構造 | 146 |
| ニトリル | 86 |
| N-ニトロソアミン | 86 |
| ニトロソニウムイオン | 86 |
| 乳酸 | 167, 173 |
| Newman 投影式 | 22 |
| ニューロペプチド Y | 128 |
| 尿素 | 172 |
| 　—— 回路 | 172 |
| ヌクレオシド | 143 |
| 　—— 5′-三リン酸 | 145 |
| ヌクレオソーム | 150 |
| 　—— コア | 150 |
| ヌクレオチド | 143 |

### は 行

| π 軌道 | 11 |
|---|---|
| π 結合 | 12 |
| 配向性 | 44 |
| 配座異性体 | 21 |
| 配置異性体 | 21 |
| バリン | 123 |
| パルミチン酸チオエステル | 168 |
| 反転(フリップ) | 25 |
| パントテン酸 | 162 |
| ヒアルロン酸 | 105 |

| p 軌道 | 3, 10 |
|---|---|
| 非共有電子対 | 7 |
| 非局在化 | 8 |
| p$K_a$ | 58 |
| ヒスチジン | 124 |
| ヒストン | 149 |
| ひだ(プリーツ) | 137 |
| ビタミン A | 114 |
| ビタミン B$_6$ | 163 |
| 必須アミノ酸 | 170 |
| ヒドリドイオン | 68, 160 |
| ヒドロキシ化 | 127 |
| ヒドロキシ(水酸)基 | 57 |
| ヒドロキシラーゼ | 162 |
| Hückel 則 | 40 |
| ピラノース | 94 |
| ピリドキサミン | 163 |
| ピリドキサル | 163 |
| 　—— 5′-リン酸 | 163, 165, 172 |
| ピリドキシン | 163 |
| ピリミジン | 143 |
| 　—— 塩基 | 143 |
| ピルビン酸 | 167, 168, 170, 173 |
| ピログルタミン酸 | 127 |
| ファンデルワールス力 | 34 |
| Fischer エステル合成法 | 71 |
| Fischer 投影式 | 122 |
| Fischer 投影法 | 27 |
| V$_8$ プロテアーゼ | 133 |
| フェニルアラニン | 123 |
| 付加・脱離過程 | 81 |
| 付加・脱離反応 | 72 |
| 不活性気体 | 4 |
| 複合体 I〜IV | 175 |
| 不斉炭素 | 26 |
| 舟形配座 | 24 |
| フマル酸 | 172 |
| プライマー | 152 |
| プライマーゼ | 152 |
| フラノース | 94 |
| フラビンアデニンジヌクレオチド(FAD) | 161 |
| フラビンモノヌクレオチド(FMN) | 161 |
| Friedel-Crafts アシル化反応 | 43 |
| Friedel-Crafts アルキル化反応 | 43 |
| プリン | 143 |
| 　—— 塩基 | 143 |

# 索引

| | | |
|---|---|---|
| D-フルクトース | 93 | |
| フルクトース 1,6-ビスリン酸 | 173 | |
| プロゲステロン | 115 | |
| プロテオグリカン | 105 | |
| ブロモシアン | 134 | |
| ブロモニウムイオン中間体 | 36 | |
| プロリン | 123 | |
| 分極 | 7 | |
| 分子間力 | 33 | |
| 分子軌道 | 10 | |
| 分子内ヘミアセタール | 68 | |
| ヘキソース | 91 | |
| β-カロテン | 114 | |
| β酸化 | 170 | |
| βシート | 135, 137 | |
| βターン構造 | 135, 138 | |
| βプリーツシート | 137 | |
| ヘテロ多糖類 | 98 | |
| ペニシリン | 129 | |
| Benedict 試薬 | 95 | |
| ヘパリン | 105 | |
| ペプチド | 121 | |
| ——グリカン | 103 | |
| ——結合 | 121 | |
| ポリ—— | 121 | |
| ヘミアセタール | 66, 94 | |
| ヘミアミナール | 69 | |
| ヘモグロビン | 139 | |
| 変旋光 | 95 | |
| ペントース | 91 | |
| 補因子 | 159 | |
| 芳香族化合物 | 40 | |
| 芳香族求電子置換反応 | 42 | |
| 芳香族性 | 40 | |
| 補欠分子 | 159 | |

| | | |
|---|---|---|
| 補酵素 | 159, 163 | |
| ——A(CoA) | 162 | |
| ホスファチジルエタノールアミン | 113 | |
| ホスファチジルコリン | 113 | |
| ホスファチジン酸 | 113 | |
| Hofmann 型反応 | 56 | |
| ホモ多糖 | 98 | |
| ポリペプチジル tRNA | 157 | |
| ポルフィリン | 139 | |
| ホロ酵素 | 159 | |
| 翻訳 | 154 | |

## ま 行

| | |
|---|---|
| 膜構造 | 113 |
| Markovnikov 則 | 38 |
| マロニル CoA | 168 |
| マロン酸エステル合成 | 79 |
| マロン酸ジエチル | 79 |
| D-マンノース | 93 |
| ミオグロビン | 139 |
| ミセル | 112 |
| みつろう | 110 |
| ミトコンドリア | 173 |
| ミネラルコルチコイド | 115 |
| メソ化合物 | 31 |
| メタ配向性 | 44 |
| メチオニン | 123 |
| メチル化 | 127 |
| メチレン | 33 |
| メッセンジャー RNA(mRNA) | 154 |

## や, ら 行

| | |
|---|---|
| 融解温度($T_m$) | 148 |

| | |
|---|---|
| 誘起効果 | 43 |
| 有機ハロゲン化合物 | 49 |
| 溶媒和 | 52 |
| 四次構造 | 131, 139 |
| 40 S | 150 |
| ラギング鎖 | 152 |
| ラクトース(乳糖) | 97 |
| ラジカル反応 | 19, 34 |
| ラジカル連鎖機構 | 35 |
| ラセミ体 | 27 |
| リシルエンドペプチダーゼ | 133 |
| リシン | 124 |
| 立体異性体 | 21 |
| リーディング鎖 | 152 |
| リボ核酸(RNA) | 143 |
| D-リボース | 93, 143 |
| リボソーム | 149, 150 |
| 70 S —— | 150 |
| 80 S —— | 150 |
| リポタンパク質 | 117 |
| アポ —— | 117 |
| 高密度 ——(HDL) | 118 |
| 中間密度 ——(IDL) | 117 |
| 超低密度 ——(VLDL) | 117 |
| 低密度 ——(LDL) | 118 |
| リボフラビン | 161 |
| 両親媒性物質 | 112 |
| 両性イオン(zwitterion) | 121 |
| リン酸 | 143 |
| ——エステル | 127 |
| Lewis 酸 | 42 |
| ロイシン | 123 |
| ろう | 110 |
| 60 S | 150 |

■ 著 者 ■

赤路　健一（あかじ　けんいち）
1954 年　大阪府生まれ
1980 年　京都大学大学院薬学研究科博士課程中退
現　在　京都薬科大学大学院薬学研究科教授
専　門　生物有機化学，医薬品化学，タンパク質化学
薬学博士

福田　常彦（ふくだ　つねひこ）
1944 年　ソウル市生まれ
1971 年　大阪大学大学院理学研究科修士課程修了
1971 年　武田薬品中央研究所に勤務
現　在　長浜バイオ大学名誉教授
専　門　ペプチド化学，分子設計化学
理学博士

生命系の基礎有機化学

| 2008 年 10 月 15 日　第 1 版　第 1 刷　発行 |
| 2025 年 2 月 10 日　　　　　第 12 刷　発行 |

検印廃止

JCOPY 〈出版者著作権管理機構委託出版物〉
本書の無断複写は著作権法上での例外を除き禁じられています．複写される場合は，そのつど事前に，出版者著作権管理機構（電話 03-5244-5088，FAX 03-5244-5089，e-mail: info@jcopy.or.jp）の許諾を得てください．

本書のコピー，スキャン，デジタル化などの無断複製は著作権法上での例外を除き禁じられています．本書を代行業者などの第三者に依頼してスキャンやデジタル化することは，たとえ個人や家庭内の利用でも著作権法違反です．

著　者　赤路　健一
　　　　福田　常彦
発行者　曽根　良介
発行所　（株）化学同人
〒600-8074　京都市下京区仏光寺通柳馬場西入ル
編 集 部 TEL 075-352-3711　FAX 075-352-0371
企画販売部 TEL 075-352-3373　FAX 075-351-8301
　　　　　振　替　01010-7-5702
e-mail　webmaster@kagakudojin.co.jp
URL　https://www.kagakudojin.co.jp
印刷
製本　創栄図書印刷（株）

Printed in Japan　© K. Akaji, T. Fukuda　2008　　ISBN978-4-7598-1157-5
乱丁・落丁本は送料小社負担にてお取りかえします．　無断転載・複製を禁ず